高等职业教育"十三五"规划教材

信息技术基础
——二级 Office 教程

主　编　赵建成　余　淼
副主编　刘宁波　李桂秋
　　　　陈嘉奇　刘　军
编　委　李卫峰　周斌斌

U0281594

电子工业出版社

Publishing House of Electronics Industry

北京·BEIJING

内 容 简 介

本书从实际出发，根据高职学生的特点，结合教育部考试中心制定的《全国计算机等级考试大纲》中对二级 MS Office 的要求进行编写，具有很强的实用性和针对性。内容包括计算机二级公共基础知识，Windows 7 操作、Word 2010 文字处理、Excel 2010 电子表格、PowerPoint 2010 演示文稿等。

本书可以作为计算机等级考试二级 MS Office 高级应用复习用书及各类计算机培训机构教学用书，也可作为高等院校和职业学校的相关课程教材。

图书在版编目（CIP）数据

信息技术基础：二级 Office 教程 / 赵建成，余淼主编. —北京：电子工业出版社，2018.6
ISBN 978-7-121-34593-7

Ⅰ. ①信… Ⅱ. ①赵… ②余… Ⅲ. ①办公自动化－应用软件－高等职业教育－教材 Ⅳ. ①TP317.1

中国版本图书馆 CIP 数据核字（2018）第 137797 号

策划编辑：祁玉芹
责任编辑：祁玉芹
印　　刷：中国电影出版社印刷厂
装　　订：中国电影出版社印刷厂
出版发行：电子工业出版社
　　　　　北京市海淀区万寿路 173 信箱　邮编　100036
开　　本：787×1092　1/16　印张：20　字数：487 千字
版　　次：2018 年 6 月第 1 版
印　　次：2020 年 11 月第 3 次印刷
定　　价：48.50 元

凡所购买电子工业出版社图书有缺损问题，请向购买书店调换。若书店售缺，请与本社发行部联系，联系及邮购电话：（010）88254888，88258888。

质量投诉请发邮件至 zlts@phei.com.cn，盗版侵权举报请发邮件至 dbqq@phei.com.cn。

本书咨询联系方式：qiyuqin@phei.com.cn。

前言

现代信息技术的核心是计算机技术，它是当今世界发展最快、应用最广的科技领域。计算机常用操作已成为人们日常工作、生活必不可少的技能。

本书从实际出发，根据高职学生的特点，结合教育部考试中心制定的《全国计算机等级考试大纲》中对二级 MS Office 的要求进行编写，具有很强的实用性和针对性。内容包括计算机二级公共基础知识，Windows 7 操作、Word 2010 文字处理、Excel 2010 电子表格、PowerPoint 2010 演示文稿等。

本书编写充分考虑学生的主体地位，考虑让学生在"学中做""做中学"，以任务为导向，学生练习为主，教师引导为辅，通过课堂练习和课后练习的结合，使学生掌握相关的知识和操作技能。

本书由常州机电职业技术学院赵建成、重庆三峡职业学院余淼担任主编，常州机电职业技术学院刘宁波、李桂秋、广州松田职业学院陈嘉奇、重庆电信职业学院刘军担任副主编，嵩山少林武术职业学院李卫峰、周斌斌参与编写。

本书编写时参考了大量近年来出版的相关技术资料，吸取了许多专家和同仁的宝贵经验，在此向他们表示衷心的感谢。由于作者水平有限，书中不当之处仍在所难免，欢迎广大读者批评指正。

为了使本书更好地服务于授课教师的教学，我们为本书配了教学讲义，期中、末考卷答案，拓展资源，教学案例演练，素材库，教学检测，案例库，PPT 课件和课后习题、答案。请使用本书作为教材授课的教师，如果需要本书的教学软件，可到华信教育资源网 www.hxedu.com.cn 下载。如有问题，可与我们联系，联系电话：（010）69730296/13331005816。

目 录

项目 1 Windows 操作系统

任务 1-1 Windows 基本操作

一、教学目标

（1） 认识 Windows 7 操作系统的功能和作用，了解系统软件和应用软件的区别。

（2） 认识 Windows 7 的桌面组成，能对桌面进行个性化设置。

（3） 能根据需要设置开始菜单，并能充分利用任务栏的特性更好地进行 Windows 基础操作。

（4） 认识 Windows 7 窗口的组成，能熟练进行窗口的各项操作。

（5） 掌握一些 Windows 7 的小技巧，方便日常的操作。

二、重难点

（1） 桌面进行个性化设置。

（2） 根据需要设置开始菜单。

（3） 熟练进行窗口的各项操作。

三、课堂练习

（1） 填写图 1-1 所示的表，通过对比常用的手机操作系统，来认识 Windows 7 的功能和作用。

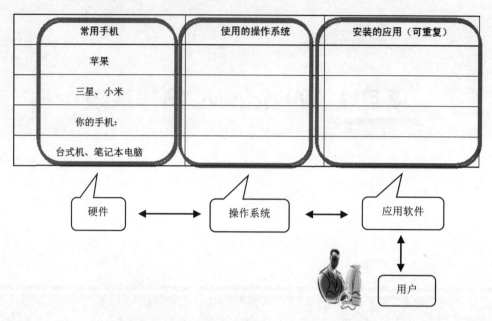

图 1-1　操作系统及其相关应用

（2）　填写图 1-2，认识 Windows 7 的桌面组成。

关键词：桌面图标、桌面背景、桌面小工具、开始按钮、程序按钮区、任务栏、输入法和通知区域、显示桌面按钮。

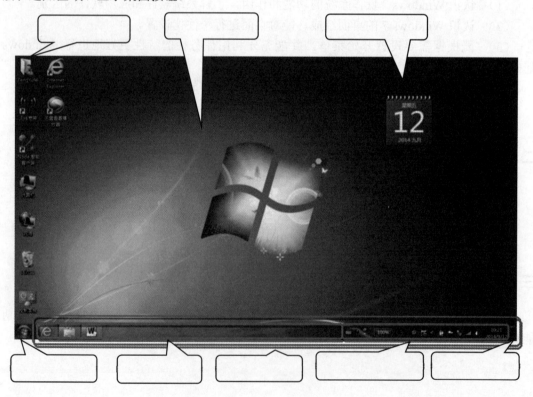

图 1-2　认识桌面

（3）　个性化桌面。

1）　为了使桌面更加生动，将桌面背景设置为多幅图片切换的动态效果：图片位置设置为填充，图片的时间间隔设置为 10 s，无序播放。

2）　在桌面上删除或者添加常用图标：计算机、回收站、用户的文件、控制面板、网络。

3）　临时隐藏所有桌面图标，而实际并不删除它们。

4）　调整桌面上图标的大小。

5）　在桌面上添加"时钟"和"日历"小工具。

6）　排列桌面上的图标：体验"自动排列图标"和"将图标和网格对齐"功能，并按照自己的意愿排列图标。

（4）　认识任务栏的结构和功能。

1）　将"Word 2010""Excel 2010"程序锁定到任务栏。

2）　使用和清除"Word 2010""Excel 2010"跳转列表中的项目，并自定义项目数。

3）　移动任务栏位置，尝试调整任务栏的大小。

4）　隐藏任务栏。

5）　设置任务栏图标完全展开，相同程序窗口不会折叠成一个图标。

（5）　认识 Window 7 的窗口，如图 1-3 所示。打开桌面上的"计算机"图标，打开的窗口称为"资源管理器窗口"，请标示出"资源管理器窗口"中的各部分名称。

关键词：标题栏、地址栏、当前文件夹图标、即时搜索框、最小化最大化关闭按钮、后退前进按钮、工具栏、导航窗格、工作区、文件列表、细节窗格。

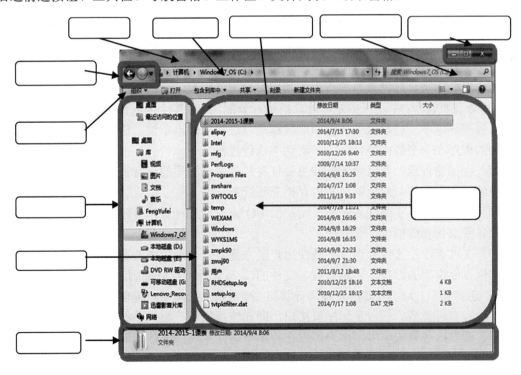

图 1-3　认识窗口

（6） 窗口的基本操作。

1） 移动、最小化、最大化、关闭窗口：打开一个窗口，然后尝试多种不同的方法执行各种操作。（针对 Winodows 7 新特性，拖动窗口到桌面顶部可以最大化窗口）

2） AeroShake 功能：打开多个窗口，选择一个窗口，在标题栏按住鼠标左键不放，晃动窗口，其他窗口就会最小化到任务栏中，只剩下选定的那个窗口。如果继续晃动选定窗口，那么其余已经被最小化的窗口又会被还原。

3） 在窗口之间快速切换：使用组合键"Alt+Tab"可以循环切换已经打开的窗口，还可以使用组合键"Windows+Tab"。

4） 窗口的排列：拖动窗口到屏幕一侧可以半屏显示窗口（Windows+←），再拖动其他窗口到屏幕另一侧（Windows+→），那么两个窗口将并排显示。在任务栏空白处单击右键弹出的快捷菜单中，尝试"层叠""堆叠""并排"显示窗口，观察不同的窗口排列效果，以方便窗口的操作。

5） 快速切换到桌面：在桌面上打开的窗口过多，想要切换到桌面，可以单击任务栏最右端的"显示桌面"按钮，再次单击，则恢复原来状态，还可以使用组合键 Windows+D 达到相同的效果。

四、知识点

1. 操作系统的基本概念

操作系统（OperatingSystem，OS）是现代计算机系统中不可缺少的系统软件，是其他系统软件和应用软件运行的基础。操作系统控制和管理整个计算机系统中多种硬件、软件资源，并为用户使用计算机提供一个方便灵活、安全可靠的工作环境。

（1） 操作系统的功能。

操作系统的宗旨是提高系统资源的利用率和方便用户。

1） 处理机管理：主要任务是对处理机进行分配，并对其运行进行有效的控制和管理。在多道程序环境下，处理机的分配和运行都是以进程为基本单位。进程是一个具有一定独立功能的程序在一个数据集合上的一次动态执行过程。

2） 存储器管理：存储器管理的主要任务是为多道程序的运行提供良好的环境，进行内存分配、内存保护、地址映射和内存扩充等管理。

3） 设备管理：主要任务是完成用户的 I/O 请求，进行缓冲管理、设备分配、设备处理、设备独立性和虚拟设备等管理。

4） 文件管理：文件管理主要是使用户能方便、安全地使用各种信息资源，主要功能包括文件存储空间的管理、目录管理、文件的读/写管理和存取控制。

5） 用户接口：为了方便用户使用计算机，操作系统又向用户提供了友好的用户接口。用户接口有两种类型。一种是程序级接口，即系统提供了一组"系统调用"供用户在编程时调用。通过这些系统调用，用户可以在程序中访问系统的一些资源，或要求操作系统完成一些特定的功能。另一种是作业级接口，也就是大家熟悉的操作系统用户界面，如 Windows 界面、DOS 命令、UNIX 系统的 Shell 命令等。

（2）　主要操作系统介绍。

1）　DOS 操作系统：DOS（DiskOperationSystem）即磁盘操作系统，它是一个单用户、单任务操作系统。DOS 操作系统是字符界面，采用命令行方式进行人机对话。

2）　Windows 操作系统：Windows 系列操作系统是由微软公司从 1985 年起开发的一系列窗口操作系统产品，包括个人（家用）、商用和嵌入式 3 条产品线。

3）　UNIX 操作系统：UNIX 是一个强大的多用户、多任务操作系统，支持多种处理器架构。由于其最初的简洁、易于移植等特点很快得到注意、发展和普及，成为从微型机跨越到巨型机范围的唯一操作系统。

4）　Linux 操作系统：Linux 是一个多用户操作系统，它的最大特点在于其内核源代码可以免费自由传播。常见的 Linux 系统有 Slackware、RedHat、Debian、红旗 Linux 等。

5）　MacOS 操作系统：MacOS 操作系统是美国苹果计算机公司为它的 Macintosh 计算机设计的操作系统，是首个在商用领域取得成功的图形用户界面操作系统。该系统于 1984 年推出，率先采用了一些我们至今仍为人称道的技术，例如，图形界面、多媒体和鼠标等。

2．Windows 基本知识和操作

微软公司于 2009 年 10 月正式推出了 Windows 7 操作系统。与 Windows XP、Vista 相比，Windows 7 系统运行更加快速、更加安全，窗口、工具栏和桌面等界面元素的处理提高了智能化和个性化，硬件兼容性进一步提高。

（1）　Windows 7 的启动与退出。

1）　启动。

在启动 Windows 7 系统前，首先应确保主机和显示器接通电源，然后依次按下显示器和主机的电源开关。主机启动后，计算机开始自检并进入 Windows 操作系统。

Windows 7 正常启动后，会显示出登录界面。登录界面中列出了可用的用户账户，并且每个用户名前都配有一个图标。对于没有设置密码的账户，单击相应的图标即可登录。单击欲登录的账户图标，如果该账户设置有密码，则输入密码后，按下 Enter 键即可登录。登录完成后，系统将显示一个欢迎画面，片刻后进入 Windows 7 的桌面。

2）　退出。

当用户不再使用 Windows 7 时，应当及时关闭 Windows 7 操作系统，执行关机操作。在关闭计算机前，应当关闭所有应用程序，以免数据丢失。关闭计算机不能直接按主机电源按钮，更不能直接拔掉电源，这样对计算机的硬盘等部件损害很大。正确的方法是单击"开始"按钮，在弹出的"开始"菜单中选择"关机"命令。如果计算机设置为接收自动更新，并且已经准备安装更新，则在单击"关机"按钮时，Windows 7 将首先安装更新文件，然后关闭计算机。

单击"关机"按钮右侧的箭头按钮，将弹出菜单。该菜单中有如下选项。

➢ 切换用户：保留当前用户打开的所有程序和文件，切换到其他用户环境。

➢ 注销：当前用户被注销，正在使用的所有程序和文件都会关闭，回到登录界面。

➢ 锁定：进入登录界面，如果有设置密码，必须输入密码才能进入锁定前的状态。

➢ 重新启动：相当于关机后再开机工作，一般适用于用户在系统出现问题或做了新的设置以后，重新进入系统，以消除问题或使设置生效。

➢ 睡眠：是操作系统的一种节能状态，此时计算机进入低功耗模式，它只需维持内存中的工作。若要唤醒计算机，只需移动一下鼠标或按键盘上的任意键，或快速按一下计算机的电源按钮即可。

➢ 休眠：一种主要为便携式计算机设计的电源节能状态，将打开的文档和程序保存到硬盘中，然后关闭计算机，再次打开计算机时，系统会还原数据。

（2）鼠标的基本操作。

在 Windows 环境下，绝大部分的操作都可以通过鼠标来实现，常见鼠标形状及其表示状态如表 1-1 所示。

➢ 指向：将指针移到要操作的对象或区域内部。

➢ 单击：按下并释放左键一次，用来选定对象或者执行菜单。

➢ 双击：连续两次快速按下并释放左键，此操作常用来打开对象。

➢ 右键单击：按下并释放右键一次，系统将弹出相应的快捷菜单。

➢ 拖动：先指向对象，按下左键并移动指针到目的位置再释放左键。

注：本书中操作提示未指明操作均指单击。

表 1-1　常见鼠标形状及其表示状态

指针形状	表示的状态	指针形状	表示的状态	指针形状	表示的状态
	正常选择		文本选择		沿对角线调整 1
	帮助选择		手写		沿对角线调整 2
	后台操作		不可用		移动
	忙		垂直调整		候选
	精度选择		水平调整		链接选择

（3）Windows 7 的桌面。

桌面是组织和管理资源的一种有效方式。桌面上主要有桌面背景、桌面图标和任务栏三部分内容。

1）桌面图标。

图标是系统中应用程序、文件、文件夹和一些其他计算机信息的图形表示。通过双击图标就可以打开相应的文档或运行相应的程序。常见的系统图标主要有以下几种。

➢ 计算机：用于管理磁盘、文件和文件夹等。

➢ 网络：用来查看网络中的其他计算机，访问网络中的共享资源，进行网络设置等。

➢ 回收站：用于暂时存放用户已经删除的文件或文件夹等信息。

桌面图标的操作主要有以下几种。

➢ 添加系统图标。

➢ 排列桌面图标。

2）任务栏。

任务栏主要包括"开始"按钮、任务区、语言栏、通知区域和"显示桌面"按钮等几部分，如图 1-4 所示。

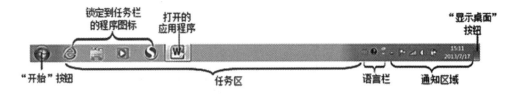

图 1-4　任务栏

➢ 开始按钮：使用频率最多的一个按钮，用以打开"开始"菜单，如图 1-5 所示，在其中可以启动各种程序。

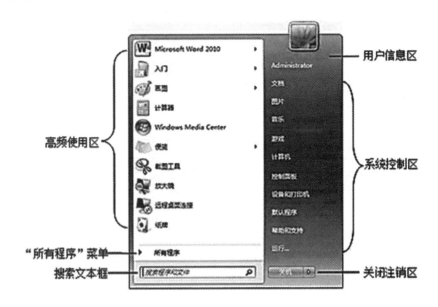

图 1-5　开始菜单

➢ 程序按钮区：显示已经打开的程序和文件，并可以通过鼠标单击的方式在它们之间快速切换。将鼠标在任务栏程序按钮上悬停时可以显示窗口的缩略图，如果将鼠标移动到缩略图上，则可以切换、关闭窗口。

➢ 输入法和通知区：用于输入法切换、显示时钟以及一些特定程序，该区域有一些小图标，称为指示器。这些指示器代表一些运行时常驻内存的应用程序，如音量、时钟、病毒防火墙、上网状态等。单击音量指示器可调整扬声器的音量或关闭声音，若双击音量指示器，可以调整音量控制、波形、麦克风等各项内容，双击时间指示器，可以调整当前日期、时间和时区，单击输入法指示器，可以选择其中的一种输入法。

任务栏操作如图 1-6 所示，主要有以下两种。

➢ 调整任务栏大小和位置。

➢ 设置任务栏显示效果。

图 1-6　任务栏设置

（4）窗口及其基本操作。

1）窗口的组成如图 1-7 所示。

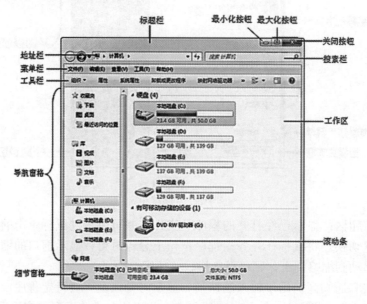

图 1-7　窗口的组成

2）窗口的操作。

➢ 移动窗口：拖动窗口的标题栏至新位置。

➢ 改变窗口大小：将鼠标指针指向窗口的边框，鼠标指针自动变成双向箭头，沿箭头方向拖动。

➢ 最小化、最大化和还原窗口：单击右上角的相应按钮。

➢ 窗口的切换预览：

利用任务栏中的按钮切换。

按"Alt+Tab"组合键切换。

按"Windows+Tab"组合键切换。

> 窗口的排列：窗口排列分为横向平铺窗口、纵向平铺窗口、层叠窗口。右键单击任务栏上空白处，弹出快捷菜单，用户可从中选择相应的命令以设置窗口的排列方式。

（5）对话框与菜单。

1）对话框如图 1-8 所示。

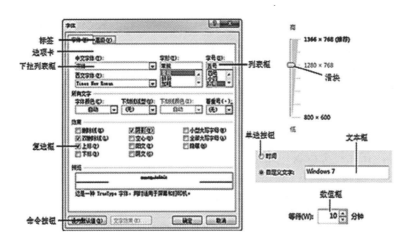

图 1-8　认识对话框

2）菜单及其操作。

菜单是一张命令列表，用来完成已经定义好的命令操作。Windows 7 中有三种菜单形式，一是桌面"开始"菜单，二是下拉式菜单，三是快捷菜单（右键菜单）。

菜单中命令的约定有以下情况：

> 可用命令与暂时不可用的命令。
> 含有快捷键的命令。
> 带有字母的命令。
> 级联菜单。
> 设置命令。
> 复选命令。
> 单选命令。

（6）Windows 7 的帮助系统。

Windows 帮助和支持是 Windows 的内置帮助系统。利用它可以快速获取常见问题的答案、疑难解答提示以及操作执行说明。选择"开始"菜单中的"帮助与支持"命令或按"F1"键，可打开"Windows 帮助和支持中心"窗口。

（7）Windows 7 个性化设置。

"控制面板"是 Windows 的控制中心，它集 Windows 外观设置、硬件设置、用户账户设置以及程序管理等功能于一体，是用户对计算机系统进行配置的重要工具。

选择"开始"菜单中的"控制面板"命令或打开"计算机"窗口，单击工具栏中的"打开控制面板"按钮，即可打开"控制面板"。

1）设置桌面小工具。

Windows 7 提供了时钟、天气、日历等一些桌面小工具。用鼠标右键单击桌面空白处，在弹出的快捷菜单中选择"小工具"命令，打开"小工具"窗口，双击将要使用的小工具即可在桌面的右上角显示，也可直接将其拖动到桌面。

用户可以轻松设置小工具的属性。以时钟小工具为例，当鼠标指向时钟小工具时，"关闭"和"选项"按钮将出现在小工具的右上角附近。单击"选项"按钮，打开时钟属性设置对话框，在此用户可以选择时钟的外观、是否显示秒针等。

2）　设置外观和主题。

单击"控制面板"中的"个性化"链接，或右键单击桌面空白处，在弹出的快捷菜单中选择"个性化"命令，打开"个性化"窗口。用户可以通过"个性化"窗口对 Windows 7 系统的外观进行设置，如更换主题、修改桌面背景、设置窗口的颜色、选择屏幕保护程序等。

➢　设置界面外观

在"个性化"窗口中，用户可以单击窗口下方的"窗口颜色"链接，打开"窗口颜色和外观"窗口，在此可更改窗口边框、任务栏和"开始"菜单的颜色。单击该窗口下方的"高级外观设置"链接，打开"窗口颜色和外观"对话框，用户可以在此对各个项目，如桌面、标题按钮、菜单、超链接和滚动条等的外观进行更详细的设置。

➢　设置屏幕保护程序

当系统空闲时间超过指定的时间长度时，屏幕保护程序将自动启动，在屏幕上展示移动的画面或动画。如今的屏幕保护程序更多地被赋予了娱乐功能。

在"个性化"窗口中，用户可以单击窗口下方的"屏幕保护程序"链接，打开"屏幕保护程序设置"对话框，用户可以在此设置屏幕保护程序，还可以在该对话框中指定等待时间、是否在恢复时显示登录屏幕等。当计算机的闲置时间达到指定值时，屏幕保护程序将自动启动。要清除屏幕保护画面，只需移动鼠标或按任意键。

➢　设置系统声音

系统声音是在系统操作过程中产生的声音，如 Windows 登录和注销的声音、关闭程序的声音、操作错误系统提示音等。声音方案是应用于 Windows 和程序事件中的一组声音。

在"个性化"窗口中，用户可以单击窗口下方的"声音"链接，打开"声音"对话框，在该对话框的"声音"选项卡上，用户可以选择使用系统提供的某种声音方案，也可根据需要对方案中的某些声音进行修改，用计算机中的其他声音替代。

➢　设置主题

主题是图片、颜色和声音的组合。在 Windows 7 中，用户可以通过使用主题立即更改计算机的桌面背景、窗口边框颜色、屏幕保护程序和声音。Windows 7 系统为用户提供了多种风格主题，主要分为"Aero 主题"和"基本和高对比度主题"两大类，用户还可以到网上下载更多的主题。

➢　设置屏幕分辨率和刷新频率

屏幕分辨率是指屏幕上的水平和垂直方向最多能显示的像素点，它以水平显示的像素数乘以垂直扫描线数表示。例如，1024×768 表示每帧图像由水平 1024 个像素、垂直 768 条扫描线组成。分辨率越高，屏幕中的像素点越多，可显示的内容就越多，所显示的对象就越小，图像就越清晰。在桌面的空白处右键单击鼠标，在弹出的快捷菜单中选择"屏幕分辨率"命令，打开"屏幕分辨率"窗口，在"分辨率"下拉列表框中拖动滑块选择合适的分辨率，单击"确定"按钮即可完成屏幕分辨率的设置。

屏幕刷新频率是指屏幕每秒的刷新次数。如果刷新频率设置过低，画面就有闪烁和抖动现象，人眼容易疲劳。在"屏幕分辨率"窗口中，单击"高级设置"链接，弹出"通用即插即用监视器"对话框，选择"监视器"选项卡，在"屏幕刷新频率"下拉列表框中选择合适的刷新频率，单击"确定"按钮即可完成屏幕刷新率的设置。

3）　设置键盘和鼠标。

➢　设置键盘

单击"控制面板"中的"键盘"链接，打开"键盘属性"对话框。在"字符重复"选项区中通过拖动滑块，可以分别设置字符的"重复延迟"和"重复速度"。字符的"重复延迟"时间越长，则从按键到出现字符的时间间隔也就越长，"重复速度"越快，则按住键盘上的某个按键时，该键重复出现的时间间隔也就越短。另外，在"光标闪烁速度"选项区中拖动滑块，可以改变在文本编辑中，文本插入点光标的闪烁速度。

➢　设置鼠标

单击"控制面板"中的"鼠标"链接，或单击"个性化"窗口左侧的"更改鼠标指针"链接，打开"鼠标属性"对话框。

◆　"按钮"选项卡

如果用户习惯左手使用鼠标，则要在"鼠标键配置"选项区中选定"习惯左手"单选按钮，这样，鼠标左键、右键的功能将被交换，在"双击速度"选项区中，拖动滑块可以设置鼠标双击速度的快慢，双击右侧测试区的图标可以测试双击速度。"速度"越快，双击时两次按键之间的时间间隔也就越短，选定"单击锁定"选项区中的"启用单击锁定"复选框后，不用一直按着鼠标按钮就可以突出显示或拖动。

◆　"指针"选项卡

在"方案"下拉列表框中，可以选择系统设置好的指针方案，也可以利用"浏览"按钮选择其他的鼠标指针形状，并且通过单击"另存为"按钮，把自己设计的方案保存下来。

4）　设置输入法。

➢　添加/删除输入法

中文 Windows 7 系统默认安装了一些中文输入法，如全拼、微软拼音等。如果要使用其他汉字输入法，用户要安装相应的应用程序，添加输入法的具体操作步骤如下。

◆　单击"控制面板"中的"区域和语言"链接，打开"区域和语言"对话框。

◆　在"键盘和语言"选项卡的"键盘和其他输入语言"选项区中，单击"更改键盘"按钮，进入"文本服务和输入语言"对话框。

◆　单击"添加"按钮，打开"添加输入语言"对话框，在此双击要添加的语言，双击"键盘"，选择要添加的某种输入法。

◆　单击"确定"按钮，返回"文本服务和输入语言"对话框，可看到添加的新输入法已出现在"已安装的服务"列表框中。

删除输入法只需在"文本服务和输入语言"对话框的"已安装的服务"列表框中，选择要删除的输入法，然后单击"删除"按钮即可。

➢　输入法的切换

单击语言栏上的"输入法"按钮，然后单击要使用的输入法即可完成输入法的切换。另外，用户可以使用"Ctrl+Space"组合键启动或关闭中文输入法，"Ctrl+Shift"组合键在各种输入法之间进行切换。

　　5）　设置用户账户。

Windows 7 中有三种类型的账户，每种类型为用户提供不同的计算机控制级别。

管理员账户拥有对本机资源的最高管理权限。计算机至少要有一个管理员账户。在只有一个管理员账户的情况下，该账户不能将自己修改为标准账户。

标准账户是权力受到一定限制的账户，此类用户可以访问已经安装在计算机上的程序，可以设置自己账户的图片、密码等，但是不能执行影响该计算机其他用户的操作。

来宾账户是专为那些在计算机上没有用户账户的人设置的，仅有最低权限，没有密码，可快速登录。使用来宾账户的人无法安装软件或硬件，无法更改设置或者创建密码。由于来宾账户允许用户登录到网络、浏览 Internet 以及关闭计算机，因此应该在不使用时将其禁用。

　　➢　创建新账户

用户在安装完 Windows 7 系统后，第一次启动时系统自动建立的用户账户是管理员账户，在管理员账户下，用户可以创建新的用户账户，单击"控制面板"中的"用户账户"链接，打开"用户账户"窗口进行相关操作。

　　➢　管理账户

计算机中创建了多个账户，自然需要对其管理，如更改账户权限、删除无人使用的账户等。但是要管理账户，则当前使用的账户必须具有管理员权限。

在"用户账户"窗口中单击"管理其他账户"链接，打开"管理账户"窗口，在窗口中单击某个账号的图标，在打开的"更改账户"窗口中即可更改该账户的名称、密码、图片、类型，甚至可以删除该账户。注意不能删除当前登录的用户账户，对于来宾账户只能修改其图片或设置其是否启用。

五、答案解析

（1）　填图：略。

（2）　认识 Windows 7 的桌面组成，如图 1-9 所示。

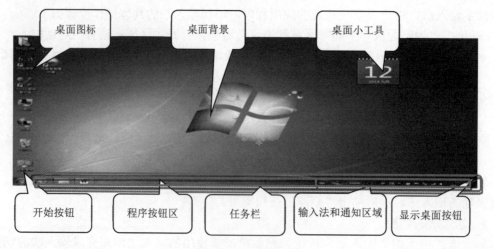

图 1-9　桌面组成

（3）个性化桌面。

1）右键单击桌面→个性化桌面→桌面背景，在打开的窗口（如图 1-10 所示）中进行相应设置。

图 1-10　更改桌面背景

2）右键单击桌面→个性化桌面→更改桌面图标，在打开的对话框（如图 1-11 所示）中进行相应设置。

图 1-11　更改桌面图标

3）右键单击桌面→查看→显示桌面图标。

4）右键单击桌面→查看→大图标、中等图标、小图标。

5）右键单击桌面→小工具，拖动相应程序图标到桌面。

6）右键单击桌面→查看，进行相应设置。

（4）　认识任务栏的结构和功能。

1）　右键单击开始→所有程序→Microsoft Office→右键单击 Microsoft Word 2010→锁定到任务栏，Excel 2010 同理。

2）　右键单击开始→属性→开始菜单→自定义→要显示在跳转列表中的最近作用的项目数，进行相应设置。

3）　拖动任务栏到屏幕四边改变位置，拖动任务栏边框改变大小。

4）　右键单击任务栏→属性→任务栏→自动隐藏任务栏。

5）　右键单击任务栏→属性→任务栏→任务栏按钮，进行相应设置。

（5）　认识 Window 7 的窗口（如图 1-12 所示）。

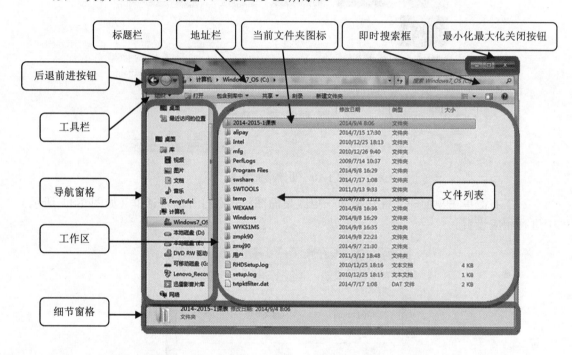

图 1-12　窗口的组成

（6）　窗口的基本操作，略。

六、课后练习

（1）　创建一个新用户，"新用户名"为自己的姓名，账户类型为"标准用户"，并以此用户名登录。

（2）　将显示器的"屏幕分辨率"设置为"1024*768"像素。

（3）　设置"屏幕保护程序"为"气泡"，等待时间为 1 分钟。

（4）　将"桌面主题"设置为"中国"，并将"桌面背景"的"更改图片时间间隔"设置为"10 秒钟"、"无序播放"。

（5）　将系统日期设置为"2013 年 11 月 11 日"，系统时间设置为"11 时 11 分 11 秒"。

（6）　设置桌面的"背景颜色"为"纯色"，颜色参数：色调 133、饱和度 240、亮度

15、红 0、绿 21、蓝 32。

（7） 将"PowerPoint 2010"程序锁定到任务栏。

（8） 将任务栏放置在屏幕上方并隐藏。

（9） 隐藏桌面图标后进行切换用户，观察效果。

任务 1-2 Windows 资源管理与系统管理

一、教学目标

（1） 能正确打开资源管理器，了解资源管理器窗口结构。

（2） 进一步熟悉掌握文件的有关操作（选定文件，移动或复制文件、文件夹，更名文件，删除文件）。

（3） 培养文件资料归类存储的良好习惯，能利用资源管理器解决实际问题。

二、重难点

培养文件资料归类存储的良好习惯，能利用资源管理器解决实际问题。

三、课堂练习

（1） 对 U 盘上的文件资料进行合理归类，参照图 1-13，建立文件存储的目录结构。

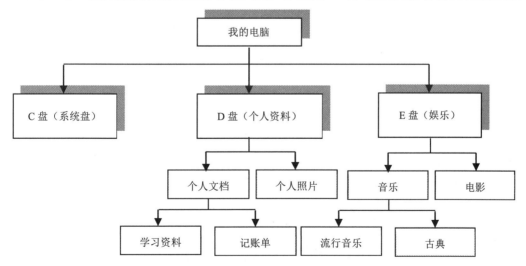

图 1-13 文件存储目录结构

（2） 在资源管理器窗口中，将文件资料按照设定好的文件夹进行整理归类。

在进行文件管理时，用鼠标拖动的方法移动和复制文件或文件夹，至于拖放操作到底是执行复制还是粘贴，取决于对象和目的对象的位置关系。请你根据自己操作的实际情况，进行填空。

1）　相同磁盘：在同一磁盘拖放文件或文件夹，默认执行（　　）操作。若拖放对象时按下 Ctrl 键，则执行（　　）操作。

2）　不同磁盘：在不同磁盘之间拖放文件或文件夹默认执行（　　）命令。若拖放文件或文件时按下 Shift 键，则执行（　　）操作。

3）　在拖放文件的过程中，可以观察鼠标形状，当鼠标右下角有 ➕ 时，表示该文件处于（　　）状态，当鼠标右下角没有任何标记时，表示该文件处于（　　）状态。

（3）　将"电影"文件夹删除到回收站并进行还原操作。

（4）　将"音乐"文件夹的属性设置为"只读""隐藏"。

（5）　查找"记事本"应用程序"notepad.exe"在磁盘中的位置，在桌面上建立"记事本"应用程序的快捷方式，并将其复制到学习资料文件夹。

（6）　将桌面上的"记事本"应用程序的快捷方式彻底删除。

（7）　练习安装和卸载"二级 MS Office 模拟考试软件"。

四、知识点

1.　文件和文件夹管理

（1）　基本概念。

1）　磁盘驱动器和盘符。

磁盘驱动器是读取、写入信息的硬件设备。硬盘及其驱动器被做成一个不可随意拆卸的整体，软盘和光盘可以从其驱动器中取出。

系统为每个磁盘驱动器分配一个字母标识名，称为盘符或驱动器号。如果将一块硬盘分成多个分区，则每个分区都分配一个盘符。一般来讲，盘符 A、B 分配给软盘驱动器，盘符 C 分配给主分区，依次排列。当有新的驱动器加入系统时（如移动硬盘或 U 盘），系统会自动分配新的盘符。

2）　文件。

文件是具有文件名的一组相关信息的集合。在文件中可以存放文字、数字、图像和声音等各种信息。如图 1-14 所示的是在 Windows 7 系统中平铺显示方式下文件的显示外观，主要由文件名（包括文件主名、分隔点和文件扩展名）、文件图标及文件描述信息等部分组成，各组成部分的作用如下。

图 1-14　文件信息

➢ 文件名：用于标识当前文件，用户可以根据需求来自定义文件的名称。
➢ 文件扩展名：标识当前文件的系统格式。为了方便管理和控制文件，常将系统中的文件分为若干类型，每种类型有不同的扩展名与之对应。

文件类型	扩展名	文件类型	扩展名
可执行文件	EXE、COM	批处理文件	BAT
源程序文件	C、CPP、JAVA、ASM	系统配置文件	SYS
目标文件	OBJ	帮助文件	HLP
图像文件	PNG、BMP、JPG、GIF	备份文件	BAK
视频文件	WMV、RM、ASF	文本文件	TXT
音频文件	WAV、MP3、MID	网页文件	HTM、ASP
压缩文件	ZIP、RAR	Microsoft Office 文档文件	DOCX、XLSX、PPTX

3） 文件夹。

计算机中的文件各式各样，为了更好地区分和管理它们，在 Windows 系统中引入了文件夹的概念。形象地说，文件夹就是用来存放文件的夹子。文件夹的外观由文件夹图标和文件名组成，如图 1-15 所示。

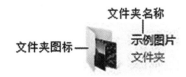

图 1-15　文件夹信息

在 Windows 7 中，文件或文件夹的名字最多可以包含 255 个字符，可以是字母（不区分大小写）、数字、下画线、空格以及一些特殊字符，如"@""#""$""%""^""!""{}"等，但不能包含"\""/"":""*""?"" """<"">""|"等字符。

文件夹不但可以存放文件，也可以包含子文件夹，子文件夹内又可以包含文件和子文件夹，以此类推。每一个磁盘分区中所有的文件和文件夹就构成了以该磁盘分区为根的一棵倒置的树，如图 1-16 所示。

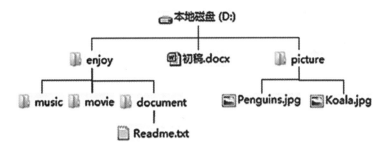

图 1-16　文件目录

4） 路径。

路径指的是文件或文件夹在计算机中存储的位置。路径的结构一般包括：盘符、从根到指定文件（夹）所经过的各级文件夹名、文件（夹）名，它们之间用"\"隔开。例如，上图中文件"Readme txt"的路径为"D：\enjoy\document\Readme.txt"，文件夹"picture"的路径为"D：\picture"。

（2） 资源管理器和库。

"资源管理器"是 Windows 系统提供的资源管理工具，用户使用它可以查看计算机中的所有资源，特别是它提供的树形文件系统结构，能够让使用者更方便地对文件进行浏览、查看、移动以及复制等各种操作。

在 Windows 7 中，"资源管理器"默认显示的是"库"窗口，用户可以单击"开始"按钮，选择"所有程序"|"附件"|"Windows 资源管理器"命令，打开"库"窗口。

所谓"库"，就是专用的虚拟视图，用户可以把计算机上不同位置的文件夹添加到库中，在库这个统一的视图中浏览并操作。注意，并不是将文件夹真正复制到了"库"中，而是在"库"中"登记"了那些文件夹的位置（类似于快捷方式）。一个库中可以包含多个文件夹，而同时，同一个文件夹也可以被包含在多个不同的库中。

1） 创建新库。

Windows 7 有四个默认库：文档、音乐、图片和视频，用户还可以根据需要创建新库。单击"库"窗口工具栏中的"新建库"按钮，此时窗口出现一个"新建库"图标，直接输入新库名称即可。

2） 添加文件夹到库中。

用鼠标右键单击需要添加的目标文件夹，在弹出的快捷菜单中选择"包含到库中"命令，并在其子菜单中选择某个库（例如，"图片"）即可。

3） 从库中删除文件夹。

在"资源管理器"左侧的导航窗格中，展开"库"类别，定位到要删除的文件夹，鼠标右键单击，在弹出的快捷菜单中选择"从库中删除位置"命令即可。从库中删除文件夹时，不会从原始位置中删除该文件夹及其内容。

（3） 文件与文件夹的基本操作。

1） 打开、关闭文件或文件夹。

打开文件或文件夹的常用方法如下：

➢ 双击需要打开的文件或文件夹。

➢ 右键单击需要打开的文件或文件夹，在弹出的快捷菜单中选择"打开"命令。

关闭文件或文件夹的常用方法如下：

➢ 在打开的文件或文件夹窗口中单击"文件"菜单，选择"退出"或"关闭"命令。

➢ 单击窗口中标题栏上的"关闭"按钮或双击控制菜单区域。

➢ 使用"Alt+F4"组合键。

2） 新建文件或文件夹。

新建文件或文件夹的具体步骤如下。

➢ 在"资源管理器"中，选择需要新建文件或文件夹的位置。

➢ 单击窗口的"文件"菜单，选择"新建"级联菜单中的"文件夹"命令或需要创建的文件类型命令，或用鼠标右键单击工作区的空白处，利用弹出的快捷菜单也可完成。

➢ 此时在窗口中就会显示一个新的文件夹或文件，直接输入名称即可。

3）　选定文件或文件夹。

➢ 选定单个文件或文件夹：找到要选取的文件或文件夹后，直接单击该对象即可选定。

➢ 选定多个连续对象。

按下鼠标左键拖动鼠标即出现一深色矩形框，释放鼠标将选定矩形框中的所有对象。

单击要选定的第一个文件或文件夹，然后按住"Shift"键的同时单击需要选取的最后一个文件或文件夹。

单击要选定的第一个文件或文件夹，按住"Shift"键的同时利用方向键移动深色亮条到需要选取的最后一个文件或文件夹。

➢ 选定多个不连续对象：按住"Ctrl"键，然后依次单击要选定的文件或文件夹即可。

➢ 全部选定和反向选定：在"编辑"菜单中，系统提供了"全部选定"和"反向选定"两个用于选定对象的命令。

4）　重命名文件或文件夹。

文件或文件夹的名字是可以随时改变的，以便更好地描述其内容。重命名的方法有以下几种。

➢ 菜单方式：选定文件或文件夹后，从菜单栏中选择"文件"|"重命名"命令。

➢ 右键方式：选定文件或文件夹后，用鼠标右键单击选定的对象，在弹出的快捷菜单中选择"重命名"命令。

➢ 二次选择方式：选定文件或文件夹后，再在文件或文件夹名字位置处单击（注意不要快速单击两次，以免变成双击操作）。

采用上述三种方式执行操作后，文件或文件夹名字的位置即可输入新的名字，然后按下"Enter"键即可。

5）　复制、移动文件或文件夹。

➢ 使用鼠标"拖放"。

直接用鼠标把选定的文件或文件夹图标拖放到目标位置。至于鼠标"拖放"操作到底是执行复制还是移动，取决于源文件夹和目标文件夹的位置关系。

✧ 同一磁盘内：在同一磁盘内拖放文件或文件夹执行移动命令。若拖放对象时按下"Ctrl"键则执行复制操作。

✧ 不同磁盘间：在不同磁盘之间拖放文件或文件夹执行复制命令。若拖放文件时按下"Shift"键则执行移动操作。

也可用鼠标右键把对象拖放到目标位置。当释放右键时，将弹出一个快捷菜单，从中可选择是移动还是复制该对象。

➢ 利用剪贴板实现。

6）　创建文件或文件夹的快捷方式。

快捷方式是一种特殊的文件，仅包含链接对象的位置信息，当双击快捷方式图标时，系统首先检查该快捷方式文件的内容，找到它所指向的对象，然后打开这个对象。创建快捷方式的常用方法如下。

> 用鼠标右键单击要创建快捷方式的对象，在弹出的快捷菜单中若选择"创建快捷方式"命令，则在当前位置创建了该对象的快捷方式。若选择"发送到桌面快捷方式"，则在桌面创建了该对象的快捷方式。

> 使用"创建快捷方式"向导：在目标位置右键单击鼠标，在弹出的"新建"级联菜单中选择"快捷方式"命令，打开"创建快捷方式"对话框。在该对话框中，单击"浏览"按钮，选定将创建快捷方式的对象，单击"下一步"按钮，输入快捷方式名称，然后单击"完成"按钮。

7) 搜索文件或文件夹。

Windows 7 将搜索栏集成到了资源管理器的各种视图（窗口右上角）中，不但方便随时查找文件，更可以在指定位置进行搜索。如果需要在所有磁盘中查找，则打开"计算机"窗口；如果需要在某个磁盘分区或文件夹中查找，则打开该磁盘分区或文件夹窗口，然后在窗口地址栏后面的搜索框中输入关键字。搜索完成后，系统会在窗口工作区以高亮形式显示与关键字匹配的记录，让用户更容易锁定所需的结果。

> 搜索筛选器。

如果要按文件属性（例如，按大小或按修改日期）搜索文件或文件夹，则可以使用搜索筛选器。单击搜索框，可以看到一个下拉列表，这里会列出之前的搜索历史和搜索筛选器。

如图 1-17 所示的是"计算机"窗口的搜索筛选器，只包括"修改日期"和"大小"两个条件。

图 1-17　"计算机"窗口的搜索筛选器

对于库中的"视频""图片""文档""音乐"窗口，筛选的条件会丰富很多，如图 1-18 所示的是"文档"库的搜索筛选器。

图 1-18　"文档"库的搜索筛选器

① 打开要搜索的文件夹、库或驱动器。

② 单击搜索框，然后单击蓝色的筛选文字（例如，"图片"库中的"拍摄日期:"）。

③ 单击其中一个可用选项（例如，如果单击了"拍摄日期:"，请选择一个日期或日期范围）。

④ 重复执行步骤②和③，可建立基于多个属性的复杂搜索。

在步骤③中，如果用户觉得系统给出的选项不符合需要，还可以在冒号后手动输入条件。例如，用户想搜索大于 600MB 的文件，添加搜索筛选器"大小"后，系统自动给出的选项是"空""微小""中""大""特大"和"巨大"，此时用户可直接在"大小："后输入">600M"，系统会搜索大于 600MB 的文件。用户还可以将搜索筛选器与常规搜索词一起混合使用，以便进一步细化搜索。

➤ 保存搜索。

如果用户需要经常进行某一个指定条件的搜索，可以在搜索完成之后单击窗口工具栏中的"保存搜索"按钮，系统会将这个搜索条件保留起来，可以在资源管理器左侧导航窗格的"收藏夹"下面看到，单击它即可打开上次的搜索结果。

8）设置文件或文件夹属性。

右键单击文件或文件夹，在弹出的快捷菜单中选择"属性"命令，打开"属性"对话框。注意文件和文件夹的"属性"对话框略有不同。利用文件或文件夹的"属性"对话框，用户不但可以查看其具体属性信息，如大小、创建时间、是否只读、是否隐藏等，而且还可以根据需要对其属性进行新的设置。

➤ 更改文件或文件夹只读属性。

设置为只读属性的文件和文件夹只能查看，不能修改或删除。设置方法如下：

① 打开要设置为只读属性的文件或文件夹的"属性"对话框。

② 在"常规"选项卡的"属性"选项区中选中"只读"复选框（取消该复选框即取消其只读属性）。

③ 单击"确定"按钮即可。

➤ 加密文件或文件夹。

当用户对自己的一些文件和文件夹加密后，其他任何未授权的用户，甚至是管理员，都无法访问其加密的数据。加密文件夹的具体步骤如下：

① 打开要加密的文件夹的"属性"对话框。

② 在"常规"选项卡上，单击"高级"按钮，打开"高级属性"对话框。

③ 选定"加密内容以便保护数据"复选框，单击"确定"按钮返回"属性"对话框。

④ 在返回的"属性"对话框中单击"确定"按钮，将弹出"确认属性更改"对话框。

⑤ 选中"将更改应用于此文件夹、子文件夹和文件"单选按钮。

⑥ 单击"确定"按钮，系统将对其中的所有文件和文件夹进行加密。

完成加密设置后，该文件夹将呈绿色显示，其中的所有文件和文件夹也都呈绿色。当他人用其他账号登录该计算机时，将无法打开该文件夹。

2. Windows 7 软硬件管理

（1）软件的安装与卸载。

1）安装软件。

当用户在安装新软件前，必须确定该软件与自己的计算机系统是兼容的，而且计算机硬件配置应满足或超出该软件的系统需求。在安装过程中，软件中的程序和数据复制到计算机系统的硬盘上，其中一些特殊的文件复制到操作系统的文件夹中，并在操作系统中登记注册。

应用程序一般都自带安装程序，绝大多数安装程序的可执行文件扩展名为".exe"，也有极少数为".bat"，用户只要双击该文件，根据安装提示向导顺序进行就可成功安装。

2）　卸载软件。

大部分软件都提供了内置的卸载功能，启动卸载程序，用户只需按照卸载提示一步步做下去，软件就会从计算机中删除。

如果软件没有自带卸载功能或不想使用自带的卸载程序，则可使用系统提供的卸载程序。具体方法如下：在"控制面板"中，单击"程序和功能"链接，打开"程序和功能"窗口，在"当前安装的程序"列表中右键单击要删除的软件，弹出"卸载"命令，选择该命令即可删除这个程序。

（2）　运行不兼容软件。

Windows 7 的系统代码是建立在 Vista 基础上的，某些在旧版本 Windows 中能运行的应用程序，在 Windows 7 系统中可能无法安装运行，或者运行过程中发生错误问题，这就被称为软件的不兼容。为了使用户可以在 Windows 7 里使用针对早期 Windows 版本开发的应用程序，用户可以使用兼容模式来运行该程序。

1）　手动选择兼容模式。

2）　系统自动选择兼容模式。

（3）　任务管理器。

Windows 7 中的任务管理器显示了计算机上正在运行的应用程序、进程和服务等详细信息，并为用户提供了有关计算机性能的信息，如 CPU 和内存使用情况、联网状态等。这里只介绍应用程序的管理功能，如结束一个程序或启动一个程序等功能。

按下"Ctrl+Shift+Esc"组合键，或右键单击任务栏空白处，在弹出的快捷菜单中选择"启动任务管理器"，就打开了"Windows 任务管理器"窗口。

在"任务管理器"窗口中，单击"应用程序"选项卡，用户可看到系统中已启动的应用程序及当前状态。在该窗口中，用户可以关闭正在运行的应用程序、切换到其他应用程序或启动新的应用程序。

（4）硬件设备管理。

1）　查看设备属性。

在"设备管理器"窗口中，单击每一种设备类型前的下三角按钮即可展开该属于该类型的所有具体设备。双击要查看的设备，或用右键单击该设备，在弹出的快捷菜单中选择"属性"命令，则打开"设备属性"对话框，用户可以在其中查看设备的运行状态、占用资源、驱动程序等信息。

2）　启用或禁用设备。

用户近期不想使用某一设备时，可以将其停用。当需要时，可以将停用的设备重新启用。对于今后不使用的设备，可以将其卸载。具体操作方法如下：在"设备管理器"窗口中，右键单击要操作的设备，在弹出的快捷菜单中选择"禁用"或"启用"命令，即可停用或重新启用该设备，选择"卸载"命令即可卸载此设备。

3）　更新设备驱动程序。

由于技术的更新，硬件设备的驱动程序也在逐步升级，新的驱动程序能够更好地支持硬件设备，提高计算机系统的整体性能。若有新的硬件驱动程序，用户可以随时进行更新。

具体的操作方法如下：在"设备管理器"窗口中，右键单击要更新驱动程序的设备，在弹出的快捷菜单中选择"更新驱动程序软件"命令，将显示"更新驱动程序软件"向导，根据该向导提示可以很容易地完成设备驱动程序的更新操作。

4）　注册表。

a）　注册表的概念。

Windows 操作系统的注册表实质上是一个巨大的数据库，它保存着系统硬件和软件设置信息，直接控制着系统的启动、硬件驱动程序的装载，以及一些应用程序的运行，从而在整个系统中起着核心的作用。如果注册表受到破坏，轻则使系统启动过程出现异常，重则导致整个系统瘫痪。因此，正确地认识和使用注册表，备份注册表，在有问题时及时恢复注册表，是非常重要的。

注册表的内部组织结构是一个类似于文件夹管理的树形分层结构，由根键、键、子键和键值项组成。

注册表主要有以下五个根键：

➤　HKEY_CLASSES_ROOT：应用程序启动配置信息。

➤　HKEY_CURRENT_USER：当前登录用户配置信息。

➤　HKEY_LOCAL_MACHINE：硬件及其驱动程序配置信息。

➤　HKEY_USERS：所有用户配置信息。

➤　HKEY_CURRENT_CONFIG：系统启动时所需的硬件配置信息。

b）　注册表编辑器的使用。

注册表编辑器（regedit .exe）是用来查看和更改系统注册表设置的高级工具。从"开始"菜单中执行"运行"命令，在"运行"对话框中输入"regedit"，然后单击"确定"按钮即可打开"注册表编辑器"窗口，如图 1-19 所示。

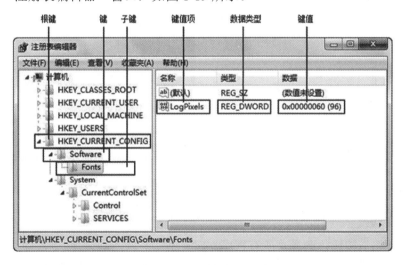

图 1-19　"注册表编辑器"窗口

3.　Windows 7 常用附件

（1）　写字板。

写字板是一个可用来创建和编辑文档的文本编辑程序。与记事本不同，写字板文档可

以包括复杂的格式和图形，并且可以在写字板内链接或嵌入对象（如图片或其他文档）。写字板可以用来打开和保存文本文档（.txt）、多格式文本文件（.rtf）、Word 文档（.docx）和 OpenDocumentText(.odt)文档。其他格式的文档会作为纯文本文档打开，但可能无法按预期显示。由于大多数 Windows 用户都安装有功能更强大的 Word 字处理软件，故使用写字板的机会比较少。单击"开始"按钮，选择"所有程序"|"附件"|"写字板"命令，即可启动写字板。

（2）记事本。

记事本是一个纯文本编辑器，默认情况下，文件存盘后的扩展名为".txt"。记事本仅支持很基本的格式，无法完成特殊格式编辑，因此与写字板相比，其处理能力是很有限的。但一般情况下，源程序代码文件和某些系统配置文件（ini 文件）都是用纯文本的方式存储的，所以在编辑系统配置文件时，常使用记事本程序。同时记事本还具有运行速度快，占用空间小的优点。单击"开始"按钮，选择"所有程序"|"附件"|"记事本"命令，即可启动记事本。

（3）画图。

画图程序是一个位图编辑器。用户可以自己绘制图画，也可以对已有的图片进行编辑修改，在编辑完成后，可以用 PNG、BMP、JPG 和 GIF 等格式存档。单击"开始"按钮，选择"所有程序"|"附件"|"画图"命令，即可打开画图程序，其窗口如图 1-20 所示。

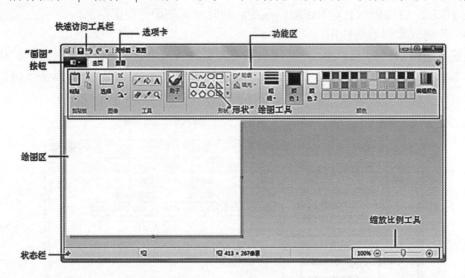

图 1-20　"画图"窗口

（4）计算器。

单击"开始"按钮，选择"所有程序"|"附件"|"计算器"命令，即可启动计算器。Windows 7 的计算器提供了标准型、科学型、程序员和统计信息四种计算模式，用户可从计算器的"查看"菜单中选择自己需要的计算模式，也可以使用"Alt+1"～"Alt+4"组合键来快速切换。

（5）便笺。

便笺是 Windows 7 系统新添加的一个小工具。顾名思义，它的作用相当于日常生活中使用的小便条，可以帮助用户记录一些事务或起到一个提醒和留言的作用。

单击"开始"按钮，选择"所有程序"|"附件"|"便笺"命令，此时在桌面的右上角将出现一个黄色的便笺纸，将光标定位在便笺纸中，直接输入要提示的内容即可。单击"+"按钮可新建多个便笺。

（6）录音机。

单击"开始"按钮，选择"所有程序"|"附件"|"录音机"命令，即可打开录音机程序。使用录音机，可以将各种声音录制成音频文件保存在计算机中。

"录音机"窗口的界面比较简洁，只需单击"开始录制"按钮，即可开始声音的录制，录制开始后，"开始录制"按钮将变为"停止录制"按钮，单击它可结束录制，打开"另存为"对话框，在对话框中选择保存的路径并输入名字可将录制的声音保存为音频文件。

五、答案解析

（1）主要操作为在指定位置右键单击→新建文件夹→输入文件夹名称。

（2）主要操作为拖动文件到指定位置或利用剪贴板操作。

（3）右键单击对象→删除（这种删除的内容仍在电脑中，在回收站里）；打开回收站→右键单击对象→还原。

（4）右键单击对象→属性，进行相应设置。

（5）在窗口搜索框中输入"notepad.exe"后按"Enter"键确定，右键单击搜索到的文件→发送到桌面快捷方式→更改名称，利用剪贴板复制到指定文件夹中。

（6）右键单击对象→按住"Shift"键删除。

（7）执行提供的安装文件，按照提示进行相应操作；然后打开控制面板→程序与功能→选择相应程序→卸载/更改。

六、课后练习

请你回去也针对自己电脑中存储的文件的状况，对其进行合理的整理，方便自己今后更好地学习和工作。

（1）在 C 盘根目录下建立一个文本文件，取名为"my"，文件内容为"珍惜每一天"。

（2）将"my"文件复制到"学习资料"文件夹下，将"my"改名为"第一课"，并修改扩展名为"DOCX"。

（3）将计算机整个屏幕内容录制到剪贴板。再启动 Word 2010 软件，打开第一课，将剪贴板中的内容粘贴到 Word 编辑区后保存。

（4）在个人照片下建立"图片"文件夹。

（5）查找 C 盘文件扩展名为"*.bmp"的所有文件，将其中三个复制到"图片"文件夹中。

（6）启动"磁盘碎片整理程序"对计算机的 D 盘进行磁盘碎片整理。

（7）将自己的 U 盘"格式化"成"NTFS"文件系统（格式化前请将资料做好备份）。

（8）添加一个打印机驱动程序。

项目 2　Word 文字处理

一、教学目标

（1）　了解 Word 2010 工作环境的常用术语、基本元素及视图模式。

（2）　掌握新建、打开、保存、保护 Word 文档基本操作。

（3）　会在 Word 2010 中输入及编辑文本、符号、数学公式，插入项目符号和编号。

（4）　会用多种方法选定、增加与删除、查找与替换文本。

（5）　文本操作的方式、符号和日期的使用、视图方式的区别。

二、重难点

（1）　文本操作的方式、符号和日期的使用。

（2）　项目符号和编号的使用。

（3）　文本的查找与替换。

三、课堂练习

（1）　启动 Word。

（2）　以文件名"Word 文档创建-邀请函.docx"保存文档。

（3）　在文档中插入"邀请.TXT"文件中的内容。

（4）　将正文第一、二段合并为一段，将本为一段的会议时间、会议地点分为二段。

（5）　在"尊敬的："后面插入符号"★★"，在会议地点后加入一段，内容为"会议议程："。

（6）　删除文档中的所有空格和空白。

（7）　将最后的时间改成当前时间。

（8）　为前两个演讲人插入脚注，后两个演讲人插入尾注，内容为个人简介，具体内容自拟。

（9）　将正文第三段移动为最后第三段。

（10）　将所有内容复制五份。

（11）　在文档中查找"你"，全部突出显示。

（12）　将本文档中的"你"，全部替换成"您"。

（13）　以自己的学号为密码对文档进行保护后保存文档。

四、知识点

1. Word 2010 简介。

Microsoft Office 2010 是微软推出的新一代办公软件，它在旧版本的基础上作出了很大改变。

Word 2010 是 Office 2010 的组成部分，它提供了更多编辑工具，使用户能轻松地制作文档，Word 2010 新功能有："文件"标签、"字体特效"功能、"图片简化处理"功能、"删除背景"功能、方便的"截图"功能、优化的"SmartART"图形功能、多语言"翻译"功能。

2. Word 的启动与退出。

（1）　启动 Word。

1）　常规方法。

开始菜单|所有程序|Microsoft Office|Microsoft OfficeWord 2010。

2）　快捷方式。

➢　双击桌面上的"Word 2010"图标。

➢　直接双击某 Word 文档打开。

（2）　退出 Word。

➢　选择"文件"|"退出"命令。

➢　单击 Word 窗口标题栏右侧的关闭按钮。

➢　系统菜单图标：双击鼠标。

➢　按"Alt+F4"组合键。

如果有多个文档打开，试试上面的方法会有何结果？关闭当前窗口还是全部窗口？

★：文件选项页下的关闭和退出的区别：关闭是指多个文档同时编辑时，关闭当前文档，应用程序并不退出。

3. Word 的工作界面，如图 2-1 所示。

（1）　功能区。

包含选项卡、选项组、命令按钮和对话框启动器。

（2）　上下文选项卡。

处理编辑"特定对象"时，才会出现"特定"选项卡，例如图片、表格格式选项卡。

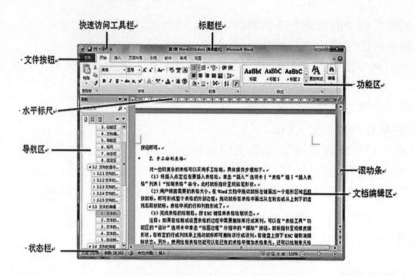

图 2-1　Word 的工作界面

（3）　实时预览。

鼠标指针具有"即指即得"格式设置，例如字号大小。

（4）　增强的屏幕提示。

鼠标指针指向的命令会出现"详细提示"及"帮助按钮"。

（5）　快速访问工具栏。

标题栏左侧的"快速访问工具栏"，可以点其右端的小三角按钮定制。

（6）　后台视图。

"文件"选项卡可以管理文档和相关数据。

（7）　自定义 Office 功能区。

功能区空白处单击鼠标右键"自定义功能区"按需定义新选项卡、新组或增减命令。

（8）　视图。

（9）　有"草稿""Web 版式视图""页面视图""阅读版式视图"等，如图 2-2 所示。

选择"视图"选项卡，在"文档视图"组中单击需要的视图模式按钮。

图 2-2　"文档视图"界面

4. Word 2010 基本操作。

（1）　文档建立。

新建一个空文档的方法如下。

➢ 在桌面空白区域单击鼠标右键，从打开的
   快捷菜单中选择"新建"｜"Microsoft OfficeWord 文档"命令。

➢ 在 Word 2010 中用户可以创建多种类型的文档，启动 Word 2010 后，可使用以下两种方法建立空白文档。

1）　使用模板新建文档。

模板是预先设置好的具有特定的外观框架的特殊文档（.dot 文件）。在 Word 中有许多预定义的模板可以直接被调用，也允许用户自己定义模板。

2） 根据现有文档新建文档。

根据现有文档新建文档就是利用现有文档的格式建立一个新文档。可选择"文件"｜"新建"命令，打开"新建文档"任务窗格，选中窗格左边的"根据现有内容新建"选项，单击"创建"按钮即可。

（2） 文本录入。

1） 文本输入注意事项。

➢ 光标定位在文档编辑区即可通过键盘或鼠标录入文本。

➢ 同时按"Crrl+Shift"组合键可在不同的输入法之间切换。

➢ 同时按"Crrl+Space"组合键可在两种输入法之间切换。

➢ 按住 Shift 键可输入键盘第二排上标部分内容。

➢ 按"Del"键或"Backspace"键可删除错误的文本。

➢ 要使排版方便规范，各行结尾处不要按"Enter"键，只有开始一个新段落时才按此键，表示下一段落的开始。

➢ 对齐文本时不要用"Space"键，要使用制表符、缩进等对齐方式。

➢ 如果发现输入有错，将插入点定位到错误的文本处，按"Del"键或"Backspace"键删除错误的文本。

➢ 如果需要在已输入的文本中间插入新内容，可将插入点定位到插入处，然后输入。

➢ 认识"改写"和"插入"状态的不同，若要在"改写"状态和"插入"状态之间进行切换，可双击状态栏上的"改写框"或按"Insert"键即可。

2） 各种符号的输入。

➢ 常用的中文标点符号：切换到中文输入法状态下，可直接使用键盘上的标点符号进行输入。

➢ 其他符号：右键单击输入法状态栏中的软键盘按钮，弹出符号软键盘，在其中选择需要的符号，单击"插入"按钮即可。

➢ 在"插入"选项卡中单击"符号"组｜"符号"按钮｜"其他符号"，打开"符号"对话框，即可选择需要的符号。

（3） 文档保存。

1） 保存新建文档。

可选择"文件"按钮｜"保存"命令，或者按"Ctrl+S"组合键，或者单击快速访问工具栏中的"保存"按钮，打开"另存为"对话框，输入文件名并选择文档的保存位置和保存类型即可。新文档文件格式默认："*.docx"

2） 保存已存在的文档。

可选择"文件"｜"另存为"命令，打开"另存为"对话框，其余操作方法同上。

3） 自动保存文档。

选择"另存为"对话框左下角的"工具"｜"保存选项"或者选择"文件"｜"Word选项"，打开"Word 选项"对话框进行相关设置即可。

★：第一次单击"保存"按钮，会弹出"另存为"对话框。在"保存类型"中，可以更改文件存储类型。

自动保存：是指在指定时间间隔中自动保存文档的功能。通过单击"文件"选项卡中的"选项"按钮，在弹出的"Word 选项"对话框中，选择"保存"选项来指定自动保存时间间隔，系统默认为 10 分钟。

★：Word 2010 还可以将文档转换为 PDF 文档发布，如图 2-3 所示，如选择文件选项下的"保存并发送"。

图 2-3　文档转换为 PDF 示意图

（4）文档的打开。

打开文件是指将文件从外存中读取到计算机内存中，并将文件内容显示在屏幕上。

1）打开最近使用的文档：单击"文件"按钮就可以看到最近使用过的文档，选中需要打开的文档，然后单击即可打开。

2）打开其他的文件：选择"文件"|"打开"命令，打开"打开"对话框。在"打开"对话框中确定所需打开文件的类型、文档的正确路径和文件名，最后单击"打开"按钮。如果要同时打开多个文档，只需在"打开"对话框中选定多个文档，最后单击"打开"按钮即可。

（5）文档的显示。

1）Word 2010 提供了 5 种显示文档的视图。

➢ 页面视图：仿真文档最终效果的视图，所见即所得。

➢ 阅读版式视图：方便用户在 Word 中进行文档的阅览。

➢ Web 版式视图：能够以 Web 浏览方式显示文档。

➢ 大纲视图：方便查看、编辑、复制移动带有大纲格式的文档。

➢ 草稿视图：单击缩略图中的某一图直接跳转到该页。

➢ 全屏显示：全屏显示是将菜单栏、工具栏、标尺、状态栏等隐藏起来，以显示更多的文档内容。

2）视图的切换。

各种视图显示方式之间的切换，可在"视图"选项卡 | "文档视图"组中选择有关视图模式，也可以在状态栏中选择相关的视图按钮进行切换。

3）显示比例。

在 Word 窗口中查看文档时，可以按照某种比例来放大或缩小显示的比例。选择"视图"选项卡 | "显示比例"组 | "显示比例"按钮，在打开的"显示比例"对话框（如图 3-7 所示）中选择有关显示比例；或者移动"状态栏"右边的标尺改变显示的比例。

（6）保护文档。

1）在需要保护的文档编辑窗口中单击"文件"选项卡中的"信息"按钮，打开信息窗口。

2)　单击"保护文档"按钮，选择"密码进行加密"选项，弹出"加密文档"对话框，在文本框中分别设置相应的密码。

3)　单击"确定"按钮，弹出"重新输入密码"对话框。再次输入所设置的密码，单击"确定"按钮，完成密码设置。

（7）　打印文档。

在 Word 2010 中，改进了文档的打印和预览功能，打印和预览在同一个窗口出现，使用起来更加简捷。

文档排版完成后，即可进行打印预览，如果满意就可以打印文档；选择"文件"按钮 | "打印"命令，打开打印预览窗口，如图 2-4 所示。

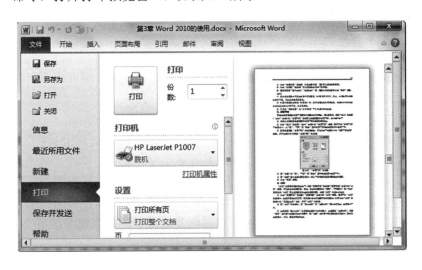

图 2-4　打印预览窗口

5. 编辑文档。

文本编辑是指对文本内容进行的添加、删除、移动、复制、查找、替换等操作。

（1）　文本的选定。

1)　使用鼠标：将光标移动到要选定部分的第一个文字的左侧，拖动至要选定部分的最后一个文字右侧即可。

2)　使用选定区：在文本选定区可以利用鼠标对行和段落进行选定操作。

➢ 选择一行：在行左侧单击鼠标。

➢ 选择多行：在行左侧拖动鼠标。

➢ 选择段落：在段内三次单击鼠标。

➢ 选择整篇文档：在行左侧三次单击鼠标或者用"Ctrl+A"组合键。

3)　使用键盘：将插入点定位到要选定的文本起始位置，在按下"Shift"键的同时再按相应的"↑""↓""←""→"光标键，便可将选定的范围扩展到相应的位置。

4)　组合选定：用不同的组合键方式选择不同的区域。

➢ 选择不相邻文本：选择时按下"Ctrl"键。

➢ 选择矩形垂直文本：先按下"Alt"键，再拖动鼠标。

（2） 文本的移动和复制。

1） 利用鼠标移动、复制文本。

➢ 移动：选定要移动的文本，将鼠标指针指向该文本块，当指针变为指向左上角的箭头时，按下鼠标左键，拖动选定文本内容到新位置后释放鼠标。

➢ 复制：操作方法同上，只是在拖动过程中需同时按下"Ctrl"键。

2） 利用剪贴板移动、复制文本。

首先选定要移动或复制的文本对象。

➢ 移动文本，则单击"开始"选项卡｜"剪切板"组中的"剪切"按钮，或者单击鼠标右键打开快捷菜单，选择"剪切"命令。

➢ 复制文本，则单击"开始"选项卡｜"剪切板"组中的"复制"按钮，或者单击鼠标右键打开快捷菜单，选择"复制"命令。

（3） 文本的删除、撤销与恢复。

1） 删除文本。

用"Backspace"键可逐个删除光标前的字符，用"Delete"键可逐个删除光标后的字符。若要删除大量文本，直接选定后按"Delete"键即可。

2） 撤销与恢复操作。

在文档的编辑过程中，如果出现误操作，可以单击"快速访问工具栏"中的"撤销"按钮或者按下"Ctrl+Z"组合键。Word 2010 具有多级撤销功能。单击"撤销"按钮右边的下三角按钮，打开一个下拉列表，可以看到所有的操作都以从后到前的顺序列在这个列表中了，可以在撤销表中选择所要撤销的内容，然后撤销这些操作。

"快速访问工具栏"中的"恢复"按钮可以恢复被撤销的操作或者按下"Ctrl+Y"组合键。

（4） 文本的查找和替换。

在进行文字编辑时，经常要快速查找某些文字、根据特定文字定位到文档的某处，或将整个文档中给定的文本替换掉，可单击"开始"选项卡｜"编辑"组｜"替换"按钮，打开"查找和替换"对话框，根据需要进行操作。

除了使用查找和替换命令外，在 Word 2010 中还可以使用导航功能中的搜索导航来快速查找定位。在导航区中单击搜索导航按钮，并在搜索栏中输入关键词，在导航窗口中可显示包含该关键词的导航块，单击这些导航块就可以快速定位到文档的相应位置，并在页面中以不同的背景色显示当前定位的关键词和其他关键词。

（5） 自动拼写检查和语法检查。

在用户输入、编辑文档时，若文档中包含与 Word 2010 自身词典不一致的单词或词语时，Word 2010 会对该单词或词语用红色波形下画线表示可能有拼写错误，或用绿色波形下画线表示可能有语法错误，以提示用户注意。

在更正拼写或语法错误时，可在波浪线上右键单击鼠标，在弹出的拼写错误快捷菜单中会显示有多个相近的正确拼写建议，在其中选择一个正确的拼写方式即可替换原有的错误拼写，也可选择"审阅"选项卡｜"校对"组｜"拼写和语法"按钮，打开"拼写和语法"对话框进行操作。

五、答案解析

（1）　启动 Word。

操作步骤如下：单击"开始"按钮，依次选择"所有程序"|"Microsoft Office"|"Microsoft Word 2010"。

（2）　以文件名"WORD 文档创建-邀请函.DOCX"保存文档。

操作步骤如下：

① 在应用程序窗口中，单击"文件"菜单，选择"另存为"命令，打开"另存为"对话框。

② 选择文件保存路径，输入文件名"WORD 文档创建-邀请函"，选择"保存类型"为"Word 文档"。

（3）　在文档中插入"邀请.TXT"文件中的内容。

操作步骤如下：

① 单击菜单栏中的"插入"面板，打开"插入"工具栏。

② 在"文本"组中选择"对象"工具，选择"文件中的文字"选项，弹出"插入文件"对话框，如图 2-5 所示。

图 2-5　"插入文件"对话框

③ 在"插入文件"对话框中选择"邀请.TXT"文档，单击"插入"按钮，弹出"文件转换-邀请.txt"对话框，文本编码选择"Windows（默认）"，单击"确定"按钮，如图 2-6 所示。

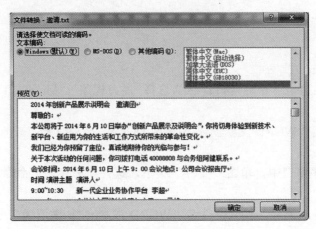

图 2-6　"文件转换-邀请.txt"对话框

（4）　将正文第一、二段合并为一段，将会议时间和地点分为二段。

操作步骤如下：

① 将插入点移至正文第一段结束处，按下"Backspace"键，将正文第一段的段落标记删除，则第二段自动将合并到第一段的后面。

② 将插入点移至"会议时间：2014 年 6 月 10 日 上午 9：00"的后面，按"Enter"键，即可把"会议时间"和"会议地点"分为两段。

（5）　在"尊敬的："后面插入符号"★★"，在会议地点后加入一段，内容为"会议议程："。

操作步骤如下：

① 将插入点移至"尊敬的："后面，单击菜单栏中的"插入"面板，打开"插入"工具栏。

② 在"符号"组中选择"符号"工具，选择"其他符号"，弹出"符号"对话框。

③ 在"符号"对话框中选择"符号"选项卡，字体选择为"普通文本"，子集选择为"其他符号"，找到所要插入的特殊符号"★"，单击该符号，单击"插入"按钮，或者直接双击该特殊符号，连续插入两个"★"，如图 2-7 所示。

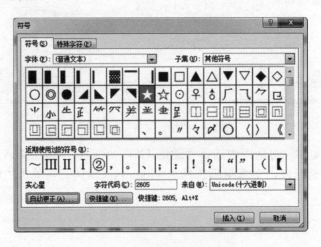

图 2-7　插入特殊符号示意图

（6）　删除文档中的所有空格和空白。

操作步骤如下：

① 单击菜单栏中的"开始"面板，在"编辑"组中单击"替换"，弹出"查找和替换"对话框。

② 选择"替换"选项卡，把光标定位到"查找内容"文本框中，按一下"Space"键输入一个空格（默认情况下是半角空格）。

③ 把光标定位到"替换为"文本框中，什么都不填。

④ 单击"全部替换"按钮，Word 将删除所有的空格，此时会弹出替换完成的对话框，显示共替换多少处，单击"关闭"按钮，如图 2-8 所示。

图 2-8　"查找和替换"对话框

（7）　将最后的时间改成当前时间。

操作步骤如下：

① 选中"2014 年 4 月 20 日"，单击菜单栏中的"插入"面板，打开"插入"工具栏。

② 选择"文本"组中的"日期和时间"，弹出"日期和时间"对话框，如图 2-9 所示。

③ 在右边"语言（国家/地区）"中选择"中文（中国）"，在"可用格式"中选择与文档中日期相同的格式，并在右下角"自动更新"前打√，单击"确定"按钮。

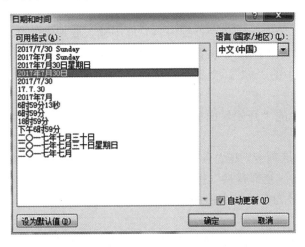

图 2-9　"日期和时间"对话框

（8）　为前两个演讲人插入脚注，后两个演讲人插入尾注，内容为个人简介，内容自拟。

操作步骤如下：

① 将插入点移至"李超"后面，单击菜单栏中的"引用"面板，单击"脚注"组中

的"插入脚注"，此时"李超"后面将出现上标"1"，同时在页面底部左下角显示一条横线，同时显示"1"，即可在"1"后面直接输入李超的个人简介，内容自定。

② "马健"的插入脚注方法同上。

③ 将插入点移至"贾彤"后面，单击菜单栏中的"引用"面板，单击"尾注"组中的"插入尾注"，此时"贾彤"后面将出面上标"i"，同时在文档结束处，即日期下面一行左下角显示一条横线，同时显示"i"，即可在"i"后面直接输入贾彤的个人简介，内容自定。

④ "朱小路"的插入尾注的方法同上。

（9）将正文第三段移动为最后第三段。

操作步骤如下：

① 选择正文第三段"关于本次活动……阿健联系。"，右键单击鼠标选择"剪切"按钮（或使用"Ctrl+X"组合键）。

② 将插入点移至"销售市场部"段落前，右键单击鼠标选择"粘贴选项"中的"A"按钮（或"Ctrl+V"组合键）。

（10）将所有内容复制五份。

操作步骤如下：

① 从文档第一行开始选择，直至文档最后一行，右键单击鼠标选择"复制"按钮（或"Ctrl+C"组合键）。

② 将插入点移至文档第二页，右键单击鼠标选择"粘贴选项"中的"A"按钮（或"Ctrl+V"组合键），连续复制五次，每次都放在新的一页。

（11）在文档中查找"你"，全部突出显示。

操作步骤如下：

① 单击菜单栏中的"开始"面板，在"编辑"组中单击"替换"按钮，弹出"查找和替换"对话框。

② 选择"查找"选项卡，在"查找内容"框中输入要搜索的文本"你"，再单击"阅读突出显示"|"全部突出显示"，关闭"查找和替换"对话框。

（12）将本文档中的"你"，全部替换成"您"。

操作步骤如下：

① 单击菜单栏中的"开始"面板，在"编辑"组中单击"替换"按钮，弹出"查找和替换"对话框。

② 选择"替换"选项卡，在"查找内容"框中输入要搜索的文本"你"，在"替换为"框中输入"您"，单击"全部替换"按钮。

13. 以自己的学号为密码对文档进行保护后保存文档。

操作步骤如下：

① 单击菜单栏中的"文件"，选择"另存为"命令，打开"另存为"对话框。

② 在"另存为"对话框中，单击"工具"|"常规选项"，在打开的"常规选项"对话框中，输入文件"打开权限密码"和"修改权限密码"，分别单击"确定"和"保存"按钮。

六、课后练习

1. 启动 Word。
2. 以文件名"Word 文档创建练习二.docx"保存文档。
3. 在文档中插入"需求评审会.TXT"文件中的内容，删除文档中的所有空格和空白。
4. 在"会务程序册"后面插入符号"★"，将日期改成当前日期。
5. 将报到地点信息合并为一段。
6. 在会议地点后加入一段文字，内容为"会议议程："。
7. 将会务联系信息分为多段。
8. 分别为会务联系人插入脚注和尾注，内容为个人简介，内容自拟。
9. 将正文第三段移动为最后第三段。
10. 将会务须知的内容复制到会议安排中。
11. 在文档中查找"会务"，全部突出显示。
12. 将本文档中的"会务"，全部替换成"会议"。
13. 以自己的学号为密码对文档进行保护后保存文档。

任务 2-2　文档美化

一、教学目标

1. 会对字符与段落进行格式化的设置。
2. 会正确设置页面格式。
3. 能对图形、图片、形状进行插入和修饰，并能将图片与文字混合排版。
4. 会对页面设置水印效果，会使用主题。
5. 会使用公式编辑器。

二、重难点

1. 字符、段落格式化。
2. 图文混排。

三、课堂练习

对 Word 文档"荷塘月色"进行如下操作：
1. 将所有文字的行距设定为"2 倍行距"。
2. 将正文的段前、段后间距设定为"1 行"，将正文各段落的首行缩进 2 个字符。

3. 将标题"荷塘月色"字体设为"黑体"，字号设为"小初"，字形设为"加粗"，对齐方式为"居中对齐"；字符间距设定为"间距：加宽"、"磅值：5 磅"。

4. 将作者"朱自清"字体设为"楷体"，字号设为"三号"，对齐方式为"居中对齐"；将正文内容的字体设为"宋体"，字号设为"四号"，插入形状为椭圆形的标注，输入文字"作者简介，内容自拟"，并适当调整大小和位置。

5. 对第 1 段设置"首字下沉"，要求"字体：隶书""下沉行数：2""距正文：1 厘米"。

6. 将第 3 段文字添加"红色波浪下画线"，添加底纹，底纹主题颜色为"橄榄色，强调文字颜色 3，淡色 40%"。

7. 在第 4 段中插入一张剪贴画（自选）。

8. 将第 5 段添加段落边框，要求：边框线样式"虚线"，颜色"自动"，宽度"1 磅"，添加段落底纹，底纹主题颜色为"橄榄色，强调文字颜色 3，淡色 40%"。

9. 将第 7 段中所有的"采莲"添加上"着重号"。

10. 插入艺术字"荷塘月色"适当调整大小和位置作为文档背景。

11. 对整篇文章添加"页面边框"，页面边框的样式选择"边框与底纹|页面边框|艺术型"中的"五角星"。

12. 将页面设置为：A4 纸；页边距：上下为 2 厘米、左右为 3 厘米；每行 41 个字，每页 46 行。

13. 将文档以"自己的学号+姓名"为文件名保存在自己的 U 盘里。

四、知识点

1. 字符的格式化

字符格式化是指对文本的字体、字号、字形、颜色、字间距、动态效果等进行设置。字符格式的设置在文本输入前或输入后进行均可，具体可以通过以下几种方法完成。

（1） 使用"开始"选项卡。

（2） 使用"字体"对话框：单击"字体"组右下角的"对话框启动器"按钮或者使用组合键"Ctrl+D"，也可在文本编辑区单击鼠标右键，在弹出的快捷菜单中选择"字体"选项，打开"字体"对话框即可进行相关设置，如图 2-10 所示。

1） 基本字体设置。

字体：中文字体、西文字体。

字形：常规、加粗、倾斜、加粗且倾斜。

字号：以"号"为单位，或以"磅"为单位。

颜色：直接选择或自定义（红、绿、蓝）。

给文本添加下画线、着重号。

文字的效果：全部小写字母，全部大写字母，隐藏文字等。

2） 高级字体设置，如图 2-11 所示。

设置字符间距。

缩放：将文字在水平方向上进行扩展或压缩；100%为标准缩放比例，小于 100%文字变窄，大于 100%文字变宽。

图 2-10　"字体"对话框

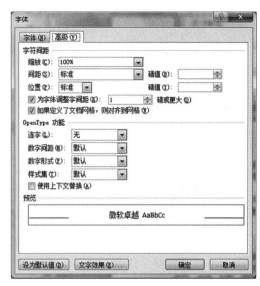

图 2-11　"高级"选项卡

间距：默认为"标准"，可以加宽或紧缩。

位置：改变文字相对水平基线提升或降低文字显示的位置。

3）　文本效果，如图 2-12 所示。

图 2-12　"设置文本效果格式"对话框

（3）　设置文字方向。

在编辑文本时，还可以改变文档中文字的方向。首先选定文本，选择"页面布局"选项卡｜"页面设置"组｜"文字方向"按钮或用鼠标右键单击选定的文本，在弹出的快捷菜单中选择"文字方向"命令，打开"文字方向"对话框，然后在"方向"选项组中选择相应的文字方向图框，单击"确定"按钮。

（4）　格式的复制和清除。

"格式刷"按钮可以实现格式的复制。

1）　选定已设置格式的文本。

2）　使用开始功能区剪贴板组的"格式刷"，此时鼠标指针变为刷子形。

3）　将鼠标指针移动到要复制格式的文本开始处。

4）　拖动鼠标直到要复制格式的文本结束处，放开鼠标左键就完成格式的复制。

★单击"格式刷"：复制一次；双击"格式刷"：使用多次；取消：再次单击"格式刷"或者按"Esc"键。

格式的清除有以下两种方法。

➢ 把 Word 默认的字体格式应用到已设置的文字上去。

➢ 用组合键清除格式：选定要清除格式的文本，按组合键"Ctrl+Shift+Z"。

2. 段落的格式化

Word 中"段落"是文本、图形、对象或其他项目等的集合，以段落标记结尾。段落的格式化是指设置整个段落的外观，包括段落缩进、对齐、行间距和段间距等。如果是对一个段落操作，只需在操作前将插入点置于该段落中。倘若是对几个段落操作，应首先选定这几个段落，再进行排版操作。

（1）　段落的左右边界的设置。

段落的左边界是指段落的左端与页面左边距之间的距离，右边界同样。

1）　"开始"功能区，如图 2-13 所示。

减少缩进量：缩进量固定不变灵活性差。

增加缩进量：增加量固定不变灵活性差。

2）　"段落"对话框，如图 2-14 所示。

选定段落；打开"段落"对话框，设置缩进和间距：左、右缩进。

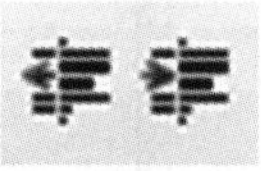

图 2-13　"缩进"示意图（"开始"功能区） 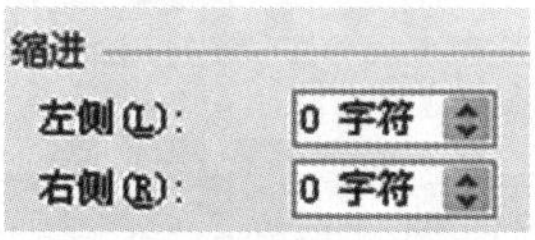　　　图 2-14　"缩进"示意图（"段落"对话框）

3）　特殊格式：首行缩进、悬挂缩进，如图 2-15 所示。

4）　用鼠标拖动标尺上的缩进标记。

（2）　设置段落对齐方式。

段落对齐方式有：

两端对齐、左对齐、右对齐、居中、分散对齐。

1）　"开始"功能区，如图 2-16 所示。

图 2-15　"特殊格式"中的"缩进"示意图 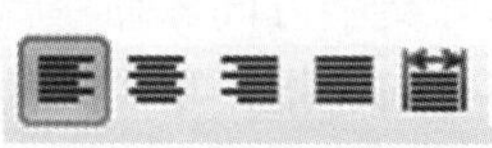　　　图 2-16　"对齐"示意图（"开始"功能区）

2）　"段落"对话框，如图 2-17 所示。

选定段落；打开"段落"对话框；"缩进和间距"选项卡中的"对齐方式"列表框。

图 2-17　"对齐"示意图（"段落"对话框）

（3）　行间距与段间距的设定。

1）　设置段间距。

选定段落，打开"段落"对话框；"缩进和行距选项卡"｜"间距"｜"段前和段后"，如图 2-18 所示。

2）　设置行间距。

选定段落，打开"段落"对话框，如图 2-19 所示。

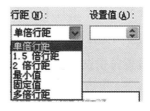

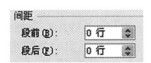

图 2-18　"段间距"示意图　　　　　　图 2-19　"行间距"示意图

➢ 单倍行距：默认值，容纳这行中最大的字号。

➢ 1.5 倍行距：这行中最大字号文字高度的 1.5 倍。

➢ 2 倍行距：本行中最大字号文字高度的 2 倍。

➢ 最小值：自动调整以容纳最大字号。

➢ 固定值：设置成固定的行距，Word 不能自动调节。

➢ 多倍行距：允许行距设置成以小数的倍数，如 1.25 倍等。

（4）　给段落添加边框和底纹。

选定段落；打开"边框和底纹"菜单 [□ 边框和底纹(O)...] （或者"页面布局"｜"页面背景"中的 [📄] ）。
页面边框

注意：在"边框"或"底纹"选项卡的"应用于"列表框中应选定"段落"选项，如图 2-20 所示。

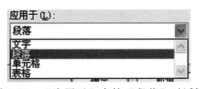

图 2-20　"应用于"中的"段落"对话框

（5）首字下沉。

选定要设置首字下沉的段落，或将插入点定位到该段任意位置。选择"插入"选项卡｜"文本"组｜"首字下沉"按钮 下拉表中的"首字下沉选项"，打开"首字下沉"对话框，在"位置"栏中选择首字下沉的方式即可，如图 2-21 所示。

（6）制表位。

制表位有 5 种类型：左对齐、居中对齐、右对齐、小数点对齐和竖线对齐。设置制表位可以单击"页面布局"选项卡｜"段落"组｜"对话框启动器"按钮，打开"段落"对话框，然后单击"段落"对话框左下角的"制表位"

图 2-21　"首字下沉"对话框

按钮，打开"制表位"对话框，在其中设置各制表位的位置即可。

（7）中文版式。

Word 2010 提供了拼音指南、带圈字符、纵横混排、合并字符、双行合一等中文版式。首先选定要设置效果的文字，然后选择"开始"选项卡｜"段落"组｜"中文版式"按钮，在打开的级联菜单中选择不同命令打开相应的对话框，设置所需的选项。

3. 调整页面设置

页面设置是指设置文档的总体版面布局及纸张大小、上下左右边距、页眉页脚与边界的距离等内容。单击"页面布局"选项卡｜"页面设置"组的对话框启动器按钮，打开"页面设置"对话框，进行相关设置即可。

（1）设置页边距，如图 2-22 所示。

（2）设置纸张，如图 2-23 所示。

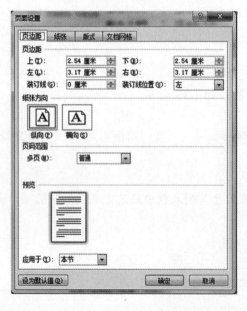

图 2-22　"页边距"选项卡

图 2-23　"纸张"选项卡

（3）　设置版式，如图 2-24 所示。

（4）　设置文档网格，如图 2-25 所示。

　　　　图 2-24　"版式"选项卡　　　　　　　　　图 2-25　"文档网格"选项卡

（5）　设置页面颜色与背景、水印。

在文档中可以对文档的背景设置一些隐约的文字或图案，称为"水印"。要显示水印效果，必须使用页面视图。

1）　为文档添加简单水印。

单击"页面布局"选项卡｜"页面背景"组｜"水印"按钮，打开"水印"下拉列表。列表中为用户提供了多种水印，用户根据需要选择即可。

2）　自定义水印。

单击"水印"下拉列表中的"自定义水印"命令，打开"水印"对话框。可以设置图片或自定义文本水印。

4．使用文本框

（1）　什么是文本框：文本框是将文字、表格、图形精确定位的有力工具。文本框是储存文本的图形框，文档中的任何内容，无论是文字、表格、图形或者是它们的组合，只要将它们放入文本框，就如同装进了一个容器，文本框中的文本可以像页面文本一样进行各种编辑和格式设置的操作，整个文本框又可以像图形、图片等对象一样在页面上进行移动、复制、缩放等操作。文本框可以看作是特殊的图形对象，正确使用好文本框是做好图文混排的技巧之一。

（2）　插入文本框：单击"插入"选项卡中的"文本"组中的"文本框"下三角按钮，在弹出的下拉面板中选择要插入的文本框样式或者手动绘制。

（3）　编辑文本框：包括调整文本框的大小、移动文本框的位置、设置文本框的效果、链接文本框。

（4） 链接文本框：如果一个文本框显示不了过多的内容，可以在文档中创建多个文本框，进行链接，链接后的文本框中的内容是连续的，一篇连续的文章可以依链接顺序排在多个文本框中。

5. 图片处理技术

（1） 插入图片。

用户可以插入图片文档，如 ".bmp"".jpg""png""gif" 等格式的图片。

1） 把插入点定位到要插入的图片位置。

2） 选择 "插入" 选项卡，单击 "插图" 组中的 "图片" 按钮。

3） 弹出 "插入图片" 对话框，在其中找到需要插入的图片，单击 "插入" 按钮或单击 "插入" 按钮旁边的下三角按钮，在打开的下拉列表中选择一种插入图片的方式。

（2） 插入剪贴画。

Word 的剪贴画存放在剪辑库中，用户可以由剪辑库中选取图片插入到文档中。

1） 把插入点定位到要插入的剪贴画的位置。

2） 选择 "插入" 选项卡，单击 "插图" 组中的 "剪贴画" 按钮。

3） 弹出 "剪贴画" 窗格，在 "搜索文字" 文本框中输入要搜索的图片关键字，单击 "搜索" 按钮，如选中 "包括 Office.com 内容" 复选框，可以搜索网站提供的剪贴画。

4） 搜索完毕后显示出符合条件的剪贴画，单击需要插入的剪贴画即可完成插入。

（3） 编辑图片、剪贴画。

1） 选定图片。

对图片操作前，首先要选定图片，选中图片后图片四边出现 4 个小方块，对角上出现 4 个小圆点，这些小方块、圆点称为尺寸控点，可以用来调整图片的大小，图片上方有一个绿色的旋转控制点，可以用来旋转图片，如图 2-26 所示。

图 2-26　图片选中示意图

2） 设置文字环绕。

环绕是指图片与文本的关系，图片一共有 7 种文字环绕方式，分别为①嵌入型、②四周型、③紧密型、④穿越型、⑤上下型、⑥衬于文字下方、⑦浮于文字上方。

设置文字环绕时，单击 "格式" 选项卡下 "排列" 组中的 "自动换行" 下三角按钮，在弹出的 "文字环绕方式" 下拉列表中选择一种适合的文字环绕方式即可。

下拉列表也可以通过选中图片，右键单击鼠标，在弹出的快捷菜单中选择 "自动换行" 选项打开。

单击 "其他布局选项"，打开 "布局" 对话框中的 "文字环绕" 选项卡也可以设置文字环绕方式。

3）　调整图片的大小和位置。

图片选中后，将鼠标移到所选图片，当鼠标指针变成十字箭头形状时拖动鼠标，可以移动所选图片的位置，移动鼠标到图片的某个尺寸控点上，当鼠标变成双向箭头时，拖动鼠标可以改变图片的形状和大小。

精确调整图片大小，如图 2-27 所示。

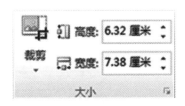

图 2-27　调整图片大小

4）　设置图片的样式，如图 2-28 所示。

图 2-28　图片样式示意图

5）　裁剪图片。

裁剪图片时的裁剪控制点，如图 2-29 所示。

6）　旋转图片，如图 2-30 所示。

图 2-29　裁剪图片示意图　　　　　　　图 2-30　旋转图片示意图

（4）　艺术字的插入与编辑。

艺术字是指将一般文字经过各种特殊的着色、变形处理得到的艺术化的文字。在 Word 中可以创建出漂亮的艺术字，并可作为一个对象插入到文档中。Word 2010 将艺术字作为文本框插入，用户可以任意编辑文字。

1）　插入艺术字。

"艺术字"下拉面板，如图 2-31 所示。

2）　编辑艺术字，如图 2-32 所示。

➢　更改艺术字形状。

➢　更改文本填充颜色。

> ➤ 设置轮廓颜色。
> ➤ 设置文字效果。

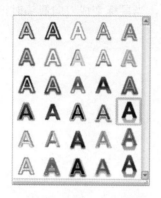

图 2-31 "艺术字"下拉面板

图 2-32 艺术字样式

（5） 形状的插入与编辑。

Word 提供了绘制图形的功能，可以在文档中绘制各种线条、基本图形、箭头、流程图、星、旗帜、标注等。对绘制出来的图形还可以设置线型、线条颜色、文字颜色、图形或文本的填充效果、阴影效果、三维效果线条端点风格。

1） 绘制形状。

2） 编辑形状。

3） 更改形状样式。

4） 更改形状填充颜色。

5） 添加文字。

用户可以为封闭的形状添加文字，并设置文字格式，要添加文字，需要选中相应的形状并右键单击鼠标，在弹出的快捷菜单中选择"添加文字"选项，此时，该形状中出现光标，并可以输入文本，输入后，可以对文本格式和文本效果进行设置。

6） 更改叠放次序。

在已绘制的图形上再绘制图形，则产生重叠效果，一般先绘制的图形在下面，后绘制的图形在上面。要更改叠放次序，先选择要改变叠放次序的对象，选择"绘图"工具中的"格式"选项卡，单击"排列"组的"上移一层"按钮和"下移一层"按钮选择本形状的叠放位置，或选择快捷菜单中的"上移一层"选项和"下移一层"选项，如图 2-33 所示。

图 2-33 更改叠放次序示意图

（6）　公式编辑器。

Word 2010 默认的公式编辑器由内置公式、符号和公式结构三部分组成。内置公式包括二次公式、二项式定理、傅里叶级数、勾股定理、和的展开式、三角恒等式、泰勒展开式和圆的面积等。符号包括基础数学、希腊字母、字母类符号、运算符、箭头、求反关系运算符、手写体和几何学等几类符号。公式结构包括分数、上下标、根式、积分、大型运算符、括号、函数、导数符号、极限和对数、运算符和矩阵等。

（7）　图表。

图表是以图的形式对数据进行的形象化的表示。数据以图表的形式显示，可使数据更加清楚、有趣且有助于理解。图表还能帮助用户分析数据，为用户提供直观、准确的信息。

1）　选择图表类型。

2）　整理原始数据。

3）　图表设计。

4）　图表布局。

5）　图表格式。

（8）　屏幕截图。

当我们用 Word 创建软件使用说明类的文档时，为了更形象地讲解，常常需要演示软件的操作界面，将该软件整个或局部显示效果进行屏幕复制并将图片插入到文档中。为提高截图工作效率，Word 2010 增加了屏幕截图的功能，可以对当前活动窗口进行直接截取，也可以进行部分区域截取。

1）　将需要截取图片的窗口设为活动窗口，保证打开且没有最小化。

2）　单击"插入"选项卡 |"插图"组 |"屏幕截图"按钮，如果想对当前的某个窗口进行截取，则直接在"可用视窗"窗口中直接选择即可；如果想对窗口的部分区域进行截取，单击"屏幕剪辑(C)"选项，切换到相应的窗口，拖动鼠标左键选择要截取区域即可。所截取的图片会自动插入到 Word 文档中。

（9）　对象的组合与分解。

1）　按住"Shift"键，用鼠标左键依次选中要组合的多个对象。

2）　选择"格式"选项卡，单击"排列"组中的"组合"下三角按钮，在弹出的下拉菜单中选择"组合"选项，或单击快捷菜单中的"组合"下的"组合"选项，即可将多个图形组合为一个整体。

3）　分解时选中需分解的组合对象后，选择"格式"选项卡，单击"排列"组中的"组合"下三角按钮，在弹出的下拉菜单中选择"取消组合"选项，或单击快捷菜单中的"组合"下的"取消组合"选项。

6.　使用智能图形

选择"插入"|"插图"|"SmartArt"选项，可以选择合适的"SmartArt"图形后插入。

7.　使用主题

选择"页面布局"|"主题"|"主题"选项，可以设置文档主题，文档主题包括：主题颜色、主题字体和主题效果，能统一设置文档风格和效果。

五、答案解析

1. 将所有文字的行距设定为"2 倍行距",如图 2-34 所示。

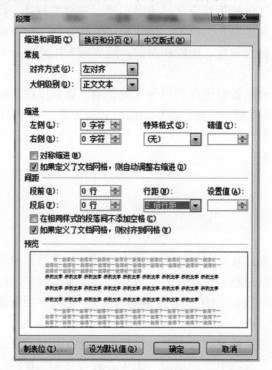

图 2-34　2 倍行距示意图

操作步骤如下:

① 将鼠标连续三击,选中所有文字,单击菜单栏中的"开始"面板,单击"段落"组中的对话框启动器,弹出"段落"对话框。

(2) 选择"缩进和间距"选项卡,在"间距"区域的"行距"下拉列表中选择"2 倍行距"。在"预览"框中,将显示调整后的段落格式。

2. 将正文的段前、段后间距设定为"1 行",将正文各段落的首行缩进 2 个字符,如图 2-35 所示。

操作步骤如下:

① 选中正文"这几天心里颇不宁静……妻已睡熟好久了。",单击菜单栏中的"开始"面板,单击"段落"组中的对话框启动器,弹出"段落"对话框。

② 选择"缩进和间距"选项卡,在"间距"区域的"段前"框中输入或选择"1 行",在"段后"框中也选择"1 行"。在"预览"框中,将显示调整后的段落格式。

③ 在"缩进"区域的"特殊格式"下拉列表中选择"首行缩进","磅值"框中自动显示为"2 字符",磅值可根据需要进行更改。

3. 将标题"荷塘月色"字体设为"黑体",字号设为"小初",字形设为"加粗",对齐方式为"居中对齐";字符间距设定为"间距:加宽""磅值:5 磅"。

操作步骤如下：

① 选定标题"荷塘月色"，单击"开始"|"字体"组中的对话框启动器，弹出"字体"对话框。

② 选择"字体"选项卡，在"中文字体"下拉列表中选择"黑体"，"字形"选择"加粗"，"字号"选择"小初"，在"预览"框中，将显示调整后的字体格式，如图 2-36 所示。

③ 在"字体"对话框中选择"高级"选项卡，在"字符间距"区域的"间距"下拉列表中选择"加宽"，在"磅值"框中输入或选择"5 磅"，如图 2-37 所示。

图 2-36　"字体"对话框　　　　　　　　图 2-37　"高级"选项卡

④ 单击"开始"|"段落"组中的对话框启动器，弹出"段落"对话框，选择"缩进和间距"选项卡，在"常规"区域的"对齐方式"下拉列表中选择"居中对齐"。

4. 将作者"朱自清"字体设为"楷体"，字号设为"三号"，对齐方式为"居中对齐"；将正文内容的字体设为"宋体"，字号设为"四号"，插入形状为椭圆形的标注，输入文字"作者简介，内容自拟"，并适当调整大小和位置。

操作步骤如下：

① 选中"朱自清"，单击"开始"|"字体"组中的对话框启动器，弹出"字体"对话框。选择"字体"选项卡，在"中文字体"下拉列表中选择"楷体"，在"字号"中选择"三号"。

② 单击"开始"|"段落"组中的对话框启动器，弹出"段落"对话框，选择"缩进和间距"选项卡，在"常规"区域的"对齐方式"下拉列表中选择"居中对齐"。

③ 选中正文"这几天心里颇不宁静……妻已睡熟好久了。"，单击"开始"|"字体"组中的对话框启动器，弹出"字体"对话框。选择"字体"选项卡，在"中文字体"下拉列表中选择"宋体"，在"字号"中选择"四号"。

④ 单击菜单栏中的"插入"面板，在"插图"组中单击"形状"，在"标注"类中选择"椭圆形标注"，此时光标变成"十"字形。在"朱自清"旁边按住鼠标左键，即出现椭圆形的标注。在标注中输入文字"作者简介，内容自拟"。

⑤ 单击椭圆形的标注，在四个对角的位置调整标注的大小，按住鼠标左键可移动标注的位置。也可以通过"格式"|"大小"组中"形状高度"和"形状宽度"来调整标注的大小。

5. 对第 1 段设置"首字下沉"，要求"字体：隶书"，"下沉行数：2"，"距正文：1 厘米"。

操作步骤如下：

① 将插入点移至正文第 1 段"这"字前，单击"插入"|"文本"组中的"首字下沉"的下拉列表，选择"首字下沉选项"，弹出"首字下沉"对话框，如图 2-38 所示。

② 在"位置"区域选择"下沉"，在"选项"区域中的"字体"选择"隶书"，在"下沉行数"选择"2"，在"距正文"选择"1 厘米"。

6. 将第 3 段文字添加"红色波浪下画线"，添加底纹，底纹主题颜色为"橄榄色，强调文字颜色3，淡色 40%"。

图 2-38 "首字下沉"对话框

操作步骤如下：

① 选中第 3 段文字"路上只我一个人……我且受用这无边的荷香月色好了。"

② 单击"开始"|"字体"组中的对话框启动器，弹出"字体"对话框。选择"字体"选项卡，在"所有文字"区域的"下画线线型"下拉列表中选择"波浪线"，在"下画线颜色"中选择"红色"。

③ 单击"页面布局"|"页面背景"组中的"页面边框"，弹出"边框和底纹"对话框。

④ 选择"底纹"选项卡，在"填充"区域中选择所要求的颜色"橄榄色，强调文字颜色3，淡色 40%"，在右下角的"应用于"下拉列表中选择"文字"，如图 2-39 所示。

图 2-39 "底纹"选项卡

7. 在第 4 段中插入一张剪贴画（自选）。

操作步骤如下：

① 将插入点定位在第 4 段的任意位置，单击"插入"|"插图"组中的"剪贴画"，在页面右侧出现"剪贴画"任务窗格。

② 在"结果类型"下拉列表中，选择需要插入的剪贴画类型，或在"搜索文字"框中输入名称，单击"搜索"按钮。

③ 选择想要的剪贴画，单击鼠标右键，或者是剪贴画旁边的按钮，弹出快捷菜单，单击其中的"复制"命令，然后粘贴到文档中合适的地方即可。

8. 将第 5 段添加段落边框，要求：边框线样式"虚线"，颜色"自动"，宽度"1 磅"，添加段落底纹，底纹主题颜色为"橄榄色，强调文字颜色 3，淡色 40%"。

操作步骤如下：

① 选中第 5 段文字，单击"页面布局"|"页面背景"组中的"页面边框"，弹出"边框和底纹"对话框。

② 选择"边框"选项卡，在"设置"区域选择"方框"，在"样式"区域选择任一种虚线，"颜色"没要求修改，还是选择"自动"，在"宽度"选择"0.5 磅"。

③ 选择"底纹"选项卡，在"填充"区域中选择所要求的颜色"橄榄色，强调文字颜色 3，淡色 40%"，右下角的"应用于"下拉列表中选择"段落"，如图 2-40 所示。

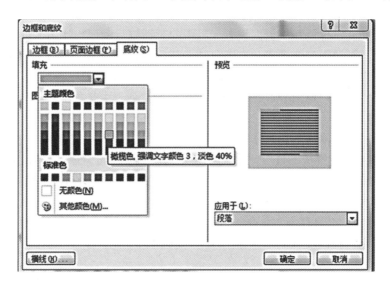

图 2-40　"边框"选项卡

9. 将第 7 段中所有的"采莲"添加上"着重号"。

操作步骤如下：

① 选中第 7 段文字，单击"开始"|"编辑"|"替换"，弹出"查找和替换"对话框。

② 选择"替换"选项，把光标定位到"查找内容"文本框中，输入"采莲"。

③ 把光标定位到"替换为"文本框中，输入"采莲"，单击"更多"扩展按钮。

④ 在左下角的"替换"区域中单击"格式"|"字体"，弹出"查找字体"对话框。选择"字体"选项卡，在"所有文字"区域的"着重号"中选"."。

⑤ 单击"全部替换"，此时会弹出替换完成的对话框，显示共替换多少处，最后单击"关闭"按钮。

10. 插入艺术字"荷塘月色"适当调整大小和位置作为文档背景。

操作步骤如下：

① 单击"插入"|"文本"|"艺术字"，选择一个艺术字类型，在艺术字框中输入"荷塘月色"。

② 选中艺术字，单击"格式"|"大小"，调整"形状高度"与"形状宽度"的数值，也单击"大小"组中的对话框启动器，可以调整艺术字的垂直位置与水平位置。

③ 选中"艺术字"|"右键单击"|"置于底层"|"衬于文字下方。

11. 对整篇文章添加"页面边框"，页面边框的样式选择"边框与底纹"|"页面边框"|"艺术型"中的"五角星"。

操作步骤如下：

① 单击"页面布局"|"页面背景"组中的"页面边框"，弹出"边框和底纹"对话框。

② 选择"页面边框"选项卡，在"艺术型"下拉列表中选择五角星的边框，在右下角的"应用于"下拉列表中选择"整篇文档"。

12. 将页面设置为：A4 纸，页边距：上下为 2 厘米、左右为 3 厘米。每行 41 个字，每页 46 行。

操作步骤如下：

① 单击"页面布局"|"页面设置"组中的对话框启动器，弹出"页面设置"对话框。

② 选择"页边距"选项卡，在"页边距"区域，分别将"上"和"下"设置为"2 厘米"，将"左""右"设置为"3 厘米"。

③ 选择"纸张"选项卡，在"纸张大小"下拉列表中选择"A4"，而"宽度"与"高度"默认不变。

④ 选择"文档网络"选项卡，在"网格"区域选择"指定行和字符网格"，在"字符数"区域"每行"设置成"41"，在"行数"区域"每页"设置成"46"，跨度值默认不变。

13. 将文档以"自己的学号+姓名"为文件名保存在自己的 U 盘里。

操作步骤如下：

选择"文件"|"另存为"命令，弹出"另存为"对话框，选择好保存的路径，并以"自己的学号+姓名"修改文件名，单击"保存"按钮。

六、课后练习

1. 根据素材中的"读书周报前两版的排版效果图"中内容制作一份读书周报。仔细观察图 2-41 中的效果可用哪种方法实现。

图 2-41　效果图

2. 自拟主题，制作一份小报。

任务 2-3　长文档编辑管理

一、教学目标

1. 会熟练应用样式，并会更改、管理样式。
2. 能正确制作和修改目录。
3. 会插入分页符、使用分节符，对文档进行分页、分节操作。
4. 会灵活插入及设置页眉、页脚、页码。
5. 会区分脚注、尾注，能正确插入脚注和尾注。
6. 能通过实例，掌握 Word 2010 排版的综合应用操作方法。

二、重难点

1. 样式的应用与管理。
2. 页眉、页脚、页码的操作。

三、课堂练习

1. 打开"Word14.docx"文档，将文档中第一行"黑客技术"为 1 级标题，文档中黑体字的段落设为 2 级标题，斜体字的段落设为 3 级标题。

2. 在文档的开始位置插入只显示 2 级和 3 级标题的目录。

3. 设定"目录"部分（前 3 页左右）的页码为"Ⅰ、Ⅱ、Ⅲ"。

4. 文档除目录页外显示页码，正文开始为第 1 页，奇数页码显示在文档的底部靠右，偶数页码显示在文档的底部靠左。

5. 文档偶数页加入页眉，页眉中显示文档标题"黑客技术"，奇数页页眉设为"XXXX大学毕业论文"，目录不加页眉。

6. 中英文对照下面的内容加项目编号并分两栏显示。

7. 给文中的第一个黑客加入脚注（内容自拟）。

8. 选择文中的若干英文单词加入尾注。

9. 为文档插入一个封面。

10. 为文档应用一种合适的主题。

11. 将文档以"自己的学号+姓名"为文件名保存。

四、知识点

1. 定义并使用样式

（1）样式的概念：所谓样式，实际上是一组排版格式指令，其中包括字体、段落的对齐方式、制表位、行间距和段间距等。利用样式功能，可以统一管理整个文档中的格式，并迅速改变文档的外观，大大提高工作效率。Word 预定义了标准样式，如果用户有特殊要求，也可以根据自己的需要修改标准样式或重新定制样式。样式可分为字符样式和段落样式两种。

（2）新建样式：单击"开始"选项卡｜"样式"组｜"对话框启动器"按钮，打开"样式"任务窗格，单击"新建样式"按钮，打开"根据格式设置创建新样式"对话框，根据需要进行创建。

（3）修改样式：修改样式主要有两种方法。

1）直接修改样式：打开"样式"窗口，在"样式"窗口中右键单击正文，在弹出的快捷菜单中选择"修改"命令，打开"修改样式"对话框。在打开的"修改样式"对话框中更改所需的格式选项，其操作方法与新建样式相同。

2）使用已有的样式：选定要使用样式的字符或段落，单击"开始"选项卡｜"样式"组｜"对话框启动器"按钮，打开"样式"任务窗格，单击"样式"任务窗格中的所需样式。

（4）删除样式：用户自定义的样式可以被删除，Word 预定义的样式不能被删除。删除样式时，首先打开"样式"任务窗格，单击需要删除的样式名右侧的箭头按钮，在下拉菜单中执行"删除"命令即可。

2.　分页与分节

分页不应当使用"Enter"键的方法，而是应该插入分页符，分节可以使文档有不同的页面设置，例如纸张方向等。

插入分页符："插入" | "页" | "分页"。

插入分节符："页面布局" | "页面设置" | "分隔符" | 选择四种分节符之一。

3.　文档内容分栏

分栏：首先选定需要分栏的段落，然后单击"页面布局"选项卡 | "页面设置"组 | "分栏"按钮，系统将弹出一个下拉列表框提请用户用鼠标拖动的方法选择分栏的栏数。

注意：

分栏包括文档最后一段时，应注意处理的方法：

➢ 在最后一段后再增加一个空段落。

➢ 选择分段范围的时候，不选定最后一个按"Enter"键。

➢ 在最后一段增加一个分节符。

4.　设置页眉与页脚

页眉和页脚是指在文档每一页的顶部和底部加入的信息。这些信息可以是文字和图形等。单击"插入"选项卡 | "页眉"或"页脚"按钮，打开页眉的"内置"任务窗格。单击所需的页眉或页脚样式，进入页眉和页脚编辑界面，并且显示"页眉和页脚工具"。用户可以使用"页眉和页脚"工具根据需要创建不同的页眉/页脚。

5.　使用项目符号与编号列表

项目符号和编号：对一些需要分类阐述的内容，可以添加项目符号和编号，从而使文档更有层次感，易于阅读和理解。

（1）　在键入文本时，自动创建编号或项目符号。

键入文本时，先输入一个星号"*"，后面按下一次"Space"键，然后输入文本。当输入完一段按下"Enter"键后，星号自动改变成黑色圆点的项目符号，并在新的一段开始处自动添加同样的项目符号。

键入文本时，先输入编号（如 1、（1）、A 等），当按下"Enter"键时，在新的一段开始处就会根据上一段的编号自动创建编号。

特点：在建立了编号的段落中，删除或插入某一段落时，其余的段落编号会自动修改，不必人工干预。

（2）　对已键入的各段文本添加编号或项目符号。

选定要添加段落编号（项目符号）的各段落；执行"开始"功能区 ≒・ ≔・。

6.　添加引用

（1）　脚注和尾注。

脚注和尾注也是文档的一部分，用于文档正文的补充说明，帮助读者理解全文的内容，脚注所解释的是本页中的内容，一般用于对文档中较难理解的内容进行说明；尾注是在一篇文档的最后所加的注释，一般用于表明所引用的出处，如图 2-42 所示。

图 2-42　"脚注和尾注"对话框

插入脚注："引用"|"脚注"|"插入脚注"。

插入尾注："引用"|"脚注"|"插入尾注"。

设置脚注和尾注的格式："引用"|"脚注"|"脚注和尾注"对话框按钮。

（2）　题注：为图表添加的编号标签。

插入题注："引用"|"题注"|"插入题注"。

（3）　标记与创建索引："引用"|"索引"|"标记索引项"|"插入索引"。

7.　创建目录

当编写书籍、论文时，一般都应有目录，以便全貌反映文档的内容和层次结构，便于阅读。Word 提供了根据文档中的标题自动生成目录的功能，用户除了能够通过生成的目录了解文档的主题外，在联机的文档中还可以通过目录快速定位。

（1）　建立目录。

要生成目录，目录一般分为三级，使用相应的三级标题样式来格式化，创建目录最简单的方法是使用内置的标题样式，标题样式是应用于标题的格式设置，Word 2010 有 9 个不同的内置样式。单击要插入目录的位置，通常在文档的开始处。单击"引用"选项卡|"目录"组|"目录"按钮下拉列表中选择所需的目录样式，即可在指定位置添加一份目录。

（2）　更新和删除目录。

目录创建之后，又对源文档进行了修改，就必须对目录进行更新。首先选中整个目录，然后右键单击打开快捷菜单，选择"更新域"命令。在打开的"更新目录"对话框中，选择"更新整个目录"，单击"确定"按钮，即可根据修改结果自动生成新的目录。目录内容及页码都进行了更新。删除目录，只需用鼠标选定目录，按"Delete"键即可。

8.　插入封面

插入封面："插入"|"页"|"封面"，选择一种封面并输入文字。

删除封面："插入"|"页"|"封面"|"删除当前封面"。

五、答案解析

1. 打开"Word14.docx"文档，将文档中第一行"黑客技术"为 1 级标题，文档中黑体字的段落设为 2 级标题，斜体字的段落设为 3 级标题。

操作步骤如下：

① 选中"黑客技术"，单击"开始"|"样式"组中的对话框启动器，弹出"样式"任务窗格，并单击"标题 1"。

② 单击"样式"任务窗格右下角的"选项"，弹出"样式窗格选项"对话框，勾选"选择显示为样式的格式"区域中的"字体格式"复选框，单击"确定"按钮，在"样式"任务窗格列表中，即会显示"黑体，四号"和"倾斜"两个样式，如图 2-43 所示。

③ 单击"黑体，四号"样式后面的按钮，弹出快捷菜单，单击"选择所有 8 个实例"，即将文中所有黑体四号字全部选中，选择"样式"任务窗格中的"标题 2"。

④ 单击"倾斜"样式后面的按钮，弹出快捷菜单，单击"选择所有 5 个实例"，即将文中所有倾斜文字全部选中，选择"样式"任务窗格中的"标题 3"。

2. 在文档的开始位置插入只显示 2 级和 3 级标题的目录。

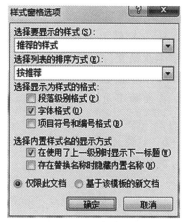

图 2-43　"样式窗格选项"对话框

操作步骤如下：

① 将插入点定位在文档的开始处，单击"引用"|"目录"组中的"目录"，在弹出的菜单中选择"插入目录"，弹出"目录"对话框。

② 在"目录"选项卡中单击右下角的"选项"，弹出"目录选项"对话框。在对话框中删除"标题 1"后面的"目录级别"中的数字"1"，将"标题 2"后面"目录级别"中的数字改为"1"，"标题 3"后面"目录级别"中的数字改为"2"，单击"确定"按钮。

3. 设定"目录"部分（前 3 页左右）的页码为"Ⅰ、Ⅱ、Ⅲ"。

操作步骤如下：

① 将光标定位于目录尾部，单击"页面布局"|"页面设置"组中的"插入分页符和分节符"按钮，在弹出的菜单中选择"分节符"|"下一页"命令。

② 将光标定位于目录页，单击"插入"|"页眉和页脚"组中的"页码"按钮，在弹出的菜单中选择"设置页码格式"，弹出"页码格式"对话框。在对话框中设置"编号格式"为"Ⅰ，Ⅱ，Ⅲ，…"，设置"页码编号"区域的"起始页码"为"Ⅰ"。

4. 文档除目录页外显示页码，正文开始为第 1 页，奇数页码显示在文档的底部靠右，偶数页码显示在文档的底部靠左。

操作步骤如下：

① 将插入点定位在正文区第一段，单击"插入"|"页眉和页脚"组中的"页眉"按

钮，在弹出的菜单中选择"编辑页眉"，将会出现页眉输入区。

② 单击"设计"|"导航"组中的"链接到前一条页眉"按钮，取消该按钮的选中状态。清除"选项"分组中的"首页不同"复选框的选中状态，并勾选"奇偶页不同"复选框。

③ 到正文区第一页选中页码，单击"设计"|"页眉和页脚"组中的"页码"按钮，在弹出的菜单中选择"设置页码格式"，弹出"页码格式"对话框。在对话框中设置"编号格式"为"1，2，3，…"，设置"页码编号"区域的"起始页码"为"1"。

④ 删除默认的页码，到正文区第一页激活页眉与页脚输入区，单击"设计"|"页眉和页脚"组中的"页码"按钮，在弹出的菜单中选择"页面底端"，然后选择靠右的页码样式；使用同样的方法设置偶数页页码靠左。

5. 文档偶数页加入页眉，页眉中显示文档标题"黑客技术"，奇数页页眉设为"XXXX 大学毕业论文"，目录不加页眉。

操作步骤如下：

在偶数页页眉区输入文字"黑客技术"，在奇数页页眉区输入文字"XXXX 大学毕业论文"。

6. 中英文对照下面的内容加项目编号并分两栏显示。

操作步骤如下：

① 选中"中英文对照"下面的五行文字，用鼠标右键单击选择"编号"，在"编号库"中选择一种文档编号格式。也可以单击"开始"，在"段落"组中进行选择文档的编号格式。

② 单击"页面布局"|"页面设置"组中的"分栏"，选择"两栏"。

7. 给文中的第一个黑客加入脚注（内容自拟）。

操作步骤如下：

将插入点移至文中第一个"黑客"后面，单击菜单栏中的"引用"面板，单击"脚注"组中的"插入脚注"。此时"黑客"后面将出面上标"1"，同时在页面底部左下角显示一条横线，同时显示"1"，即可在"1"后面直接输入黑客的相关介绍，内容自定。

8. 选择文中的若干英文单词加入尾注。

操作步骤如下：

将插入点移至某个英文单词后面，单击菜单栏中的"引用"面板，单击"尾注"组中的"插入尾注"，此时"贾彤"后面将出现上标"i"，同时在文档结束处，即日期下面一行左下角显示一条横线，同时显示"i"，即可在"i"后面直接输入英文单词的中文解释。其他英文单词加尾注方法相同。

9. 为文档插入一个封面。

操作步骤如下：

单击"插入"|"页"组中的"封面"，直接单击"内置"封面列表中的任一主题的封面。

10. 为文档应用一种合适的主题。

操作步骤如下：

单击"页面布局"|"主题"组中的"主题"，直接单击"内置"主题列表中的任一主题。

11. 将文档以"自己的学号+姓名"为文件名保存。

操作步骤如下：

单击"文件"|"另存为"，弹出"另存为"对话框，选择好保存的路径，并以"自己的学号+姓名"修改文件名，单击"保存"按钮。

六、课后练习

1. 打开毕业论文文档。

2. 将所有行距设定为"1.5 倍行距"，将所有段落首行缩进 2 个字符。

3. 章标题设定为"标题 1、黑体、二号字"，节标题设定为"标题 2、黑体、三号字"，小节标题设定为"标题 3、黑体、四号字"，正文内容设定为"宋体、小四号字"。

4. 将各章及最后的"结论""致谢""参考文献""毕业论文小结"等内容单独设置一页。

5. 应用"引用目录"功能自动生成目录，对目录进行格式设置。

6. 设定"目录及摘要"部分（前 3 页左右）的页码为"Ⅰ、Ⅱ、Ⅲ"，此后的页码为"1，3，…"。

7. "目录及摘要"部分不加页眉，此后的页眉设为"XXXX 大学毕业论文"。

8. 将文档以"自己的学号+姓名-毕业论文"为文件名保存。

任务 2-4　表格应用

一、教学目标

1. 会制作表格，并会对表格进行格式化及掌握"表格工具"的使用方法。

2. 会对表格中的数据进行统计、计算、排序，会在文本和表格间相互转化。

3. 会自动套用系统中的表格样式。

二、重难点

1. 表格的数据统计及计算操作。

2. 表格中文本和表格的相互转化。

三、课堂练习

1. 参考下表样式用 A4 纸按默认页边距设计一份"个人简历"表。

个人简历

姓名		性别		出生年月		
民族		籍贯		政治面貌		照片
学历		专业		外语水平		
邮政编码		电话		计算机水平		
通讯地址				E-mail		
教育情况						
专业课程						
获奖情况						
爱好特长						
自我评价						
求职意向						

2. 计算下表"平均分""总分"及"课程平均分"（保留一位小数）。

学号	姓名	计算机应用基础	高等数学	大学英语	电工技术	平均分	总分
2011291018	鄂智慧	86	61	74	64		
2011301035	陆帆云	68	76	80	85		
2011311001	叶苏燕	76	77	73	72		
课程平均成绩						——	——

3. 将下段文字转换成一个 3 行 4 列的表格，表格居中，列宽 3 厘米，行高 0.6 厘米，表格中所有文字的上下、水平方向对齐方式均要求居中，并设置自动套用格式。

性别　喉器长度　喉器宽度　声带长度

男　　44 毫米　　43 毫米　　17 毫米

女　　36 毫米　　41 毫米　　12 毫米

四、知识点

1. 创建表格

创建表格后，功能区会出现"表格工具"选项卡。

（1）插入表格。

1）在文档中单击插入表格的地方，然后单击"插入"选项卡｜"表格"组｜"表格"按钮，打开"插入表格"列表。

2）单击"插入表格"列表的"插入表格"命令，打开"插入表格"对话框。在"表格尺寸"选项组中设置行数、列数，单击"确定"按钮即可。

在"自动调整"区域可设置以下参数。

➢ "固定列宽"：在右侧的数值框中自定义列的宽度。

➢ "根据内容调整表格"：根据每一列中的内容自动调整列宽。

➢ "根据窗口调整表格"：表格宽度与正文区域宽度相等。

（2）手工绘制表格。

将插入点定位在要插入表格处，单击"插入"选项卡｜"插入表格"列表｜"绘制表格"命令，此时鼠标指针呈现铅笔形状。用户根据需要的表格大小，在 Word 文档中拖动鼠标左键画出一个矩形区域后释放鼠标，即可形成整个表格的外部边框；拖动鼠标在表格中画出从左到右或从上到下的虚线后释放鼠标，表格中间的行和列就形成了。完成表格的绘制后，按"Esc"键结束表格绘制状态。

（3）快速表格。

Word 2010 新增的"快速表格"命令里面存有大量预定格式的表格。将插入点定位在要插入表格处；单击"插入"选项卡｜"插入表格"列表｜"快速表格"命令。内置表格列表出现，拖动滚动条查找需要的表格，然后选定它；修改预定格式文本以满足您的需要。

2. 编辑表格

（1）选定表格。

1）选定单元格：将鼠标移到要选定单元格的左侧，光标变为指向右上方的实心箭头时单击即可。

2）选定一行：将鼠标移到要选定行左侧选定区，当光标变为指向右上方的空心箭头时，单击即可选定。

3）选定一列：将鼠标移到该列顶部选定区，当光标变为向下的实心箭头时，单击即可选定。

4）选定连续的几行或几列：可以在要选择的单元格、行或列上拖动鼠标。

5）选定连续单元格区域：拖动鼠标选定连续单元格区域即可。

6）选定不连续的单元格区域：选定起始单元格后，按下"Ctrl"键的同时，拖动选择其他单元格即可。

7）选定整个表格：光标指向表格左上角，单击"表格的移动控制点"图标即可。

（2）调整表格行高或列宽。

1）拖动标尺。

2）拖动表格线：如果要使其他列的宽度保持不变而使表格的总宽度变化，在拖动前需按下"Shift"键。当调整行高时，相邻行的高度不变，而表格的总高度将随之变化。

3）使用"表格属性"命令：选定表格中要改变列宽（行高）的列（行）；然后单击鼠标右键，在弹出的快捷菜单中选择"表格属性"命令（或单击"布局"选项卡 |"属性"按钮），打开"表格属性"对话框；单击"列"（行）标签，在"指定宽度"（指定高度）数值框中输入数值，单击"确定"按钮。

4）使用"自动调整"命令：Word 提供了根据内容调整表格、根据窗口调整表格、固定列宽 3 种自动调整表格的方式。

（3）单元格、行或列的插入和删除。

1）插入单元格。将光标定位在要插入单元格的位置；选择"布局"选项卡 |"行和列"组，单击"行和列"组右下方的"插入单元格"启动器，打开"插入单元格"对话框；选择一种插入方式即可。

2）插入行或列。先在表格中选定某行（列），要增加几行（列）就选定几行（列）。在"行和列"组中选择的相应命令，新行将被插入在被选定行的上方或下方，新列将被插入在被选定列的左侧或右侧；或使用"插入单元格"对话框下的相应命令也可插入整行或整列。

3）删除单元格、行或列。先在表格中选定要删除的单元格、行或列，然后单击"布局"选项卡 |"行和列"组 |"删除"按钮 |"删除单元格"|"删除行"|"删除列"命令即可。

（4）单元格的拆分与合并。

单元格的拆分是把一个单元格拆分为多个单元格，单元格的合并是把相邻的多个单元格合并成一个单元格。

1）拆分单元格。选定要拆分的单元格，单击"布局"选项卡 |"合并"组 |"拆分单元格"按钮或右键单击选定的单元格，在弹出的快捷菜单中选择"拆分单元格"命令。在打开的"拆分单元格"对话框中，在"列数"文本框中输入要拆分成的列数，在"行数"文本框中输入要拆分成的行数，最后单击"确定"按钮。

2）合并单元格。选定要进行合并的多个单元格，然后单击"布局"选项卡 |"合并"组 |"合并单元格"按钮或右键单击选定的单元格，在弹出的快捷菜单中选中"合并单元格"命令。

（5）表格的拆分与合并。

1）拆分表格。拆分表格指的是将一个表格一分为二拆分成两个独立的子表格。首先将光标置于要拆离部分的第一行（任何单元格都可以），然后单击"布局"子功能区中的"拆分表格"工具即可。另外，组合键"Ctrl+Shift+Enter"也可快速地拆分表格。

2） 合并表格。合并两个表格只需将两表格之间的空行删除即可。

（6） 绘制斜线表头。

斜线表头是指在表格的第一个单元格中经斜线划分为两个项目标题，分别对应表格的行和列。用户要为表格添加一个斜线表头，首先将光标定位在第一个单元格中，然后单击"设计"选项卡 | "表格样式"组 | "边框"按钮，选择"斜下框线"或"斜上框线"。

也可以单击"插入"选项卡 | "插图"组 | "形状"按钮，选择"直线"命令，在表格中更灵活地绘制斜线。

（7） 标题行重复。

要重复显示表格的标题，首先要选择作为表格标题的文字，必须包括表格的第一行，然后单击"布局"选项卡 | "数据"组 | "重复标题行"按钮即可。

3. 表格的格式化

（1） 设置表格中文本。

在表格中，文本格式的设置与在文档中设置文本格式一样，可设置字体、颜色等效果。但是表格中的文本还可设置多种对齐方式和更改文字的方向。

1） 文本的对齐。

表格中文本的对齐方式有垂直对齐（顶端对齐、居中或底端对齐）和水平对齐（左对齐、居中或右对齐）。具体操作步骤如下：

➢ 选中需要对齐的单元格。

➢ 单击鼠标右键，在弹出的快捷菜单中选择"单元格对齐方式"。

➢ 选择一种对齐方式即可。

2） 文字方向。

表格中文字有多种排列方向，默认情况下文字是横向排列的，特殊情况下可更改表格中文字的排列方向，其操作方法如下：

➢ 选择需要对齐的文本或单元格。

➢ 单击鼠标右键，在弹出的快捷菜单中选择"文字方向"命令，弹出"文字方向-表格单元格"对话框。

➢ 选择一种排列方式即可。

（2） 设置表格的边框和底纹。

为了美化、突出表格，可以适当地给表格添加边框和底纹，方法与为段落添加边框和底纹类似。先在表格中选定要设置边框或底纹的单元格，单击鼠标右键，在弹出的快捷菜单中选择"边框和底纹"命令，可以对表格的边框和底纹进行相关的设置。

1） 边框设置。

在"边框"选项卡中，可以设置边框的线型、颜色和线宽，还可以单独设置边框的某一根线的线型、颜色和线宽等，在"应用于"列表框中有"文字""段落""单元格""表格"等项，设置时应注意选择，在"预览"窗口可以看到设置的效果。

2） 底纹设置。

在"底纹"选项卡中，可以设置底纹的颜色、样式等，同样在"应用于"列表框中注意设置的选择，设置完成后单击"确定"按钮。

（3）表格的自动套用格式。

将插入点定位于要格式化的表格内，表格功能区将自动出现"设计"选项卡。单击"表格样式"组的下拉列表，可打开"表格样式库"列表，单击"表格样式库"下方的"修改表格样式"选项，可打开"修改样式"对话框进行修改。

（4）表格的对齐。

Word 2010 中表格可设置与文字的环绕方式，其操作方法如下：

1）选择需要对齐的表格。

2）执行"布局"|"属性"命令，或单击鼠标右键在弹出的快捷菜单中选择"表格属性"命令，弹出"表格属性"对话框，

3）在"表格"选项卡中可设置表格的大小、对齐方式和文字环绕。

4. 表格的数据处理

（1）表格中的数据计算。

Word 2010 可以对表格数据进行简单的运算处理。

选定要放置计算结果的单元格，功能区将新增加"表格工具"工具栏，在其下方新增"设计"和"布局"选项卡。单击"布局"选项卡"数据"组中的"公式"按钮，打开"公式"对话框。根据需要进行选择和设计即可。

注意：求单元格上方数据之和的公式为"SUM（ABOVE）"，求单元格下方数据之和的公式为"SUM（BELOW）"，求单元格左侧数据之和的公式为"SUM（LEFT）"，求单元格右侧数据之和的公式为"SUM（RIGHT）"，求平均值的公式为"AVERAGE（ ）"。

（2）表格中的数据排序。

Word 中还可对表格中单元格的内容按数值、笔画、拼音、日期等方式以升序或降序进行排序。单击"表格工具"|"布局"选项卡|"数据"组|"排序"按钮，打开"排序"对话框。设置排序关键字的优先次序、类型及排序方式等，Word 最多允许设置 3 个关键字。

（3）文本与表格的相互转换。

1）将表格转换成文本：单击"布局"选项卡|"数据"组|"转换为文本"按钮，打开"表格转换成文本"对话框进行设置即可。

2）将文本转换成表格：单击"插入"选项卡|"表格"组|"文本转换成表格"按钮，打开"将文字转换成表格"对话框，进行设置即可。

五、答案解析

1. 参考下表样式用 A4 纸按默认页边距设计一份"个人简历"表。

操作步骤如下：

① 在页面起始位置输入表格标题"个人简历"，并设置字体格式（华文新魏，小四，加粗，字符间距加宽 5 磅）。

② 单击"插入"|"表格"组中的"表格"按钮，在弹出的下拉菜单中选择"插入表格"，弹出"插入表格"对话框，也可以直接在预设的插入表格中直接选择。

③ 在"插入表格"对话框的"表格尺寸"区域，设置"行数"为"11"，设置"列数"为"7"，其他参数默认，单击"确定"按钮，即出现 11 行 7 列的表格。

④ 选中表格第 1～4 行的最后一列（G1、G2、G3、G4 单元格），右键单击鼠标，在弹出的快捷菜单中选择"合并单元格"按钮，适当调整宽度。

⑤ 选中表格第 5 行的第 2～4 列（B5、C5、D5 单元格），右键单击鼠标，在弹出的快捷菜单中选择"合并单元格"按钮，选中第 5 行第 6～7 列（F5、G5 单元格），右键单击鼠标，在弹出的快捷菜单中选择"合并单元格"按钮。使用同样的方法合并表格第 6～11 行的第 2～7 列。

⑥ 按照上表的样式，输入相关文字。

⑦ 把鼠标指针指向表格线的任意位置，单击表格左上角的表格移动手柄，选中表格。单击"设计"选项卡，在"绘图边框"组中设置表格的边框线。在"笔样式"下拉列表中设置边框的线型，在"笔画粗细"中设置边框的线条宽度，在"笔颜色"中更改边框的颜色，在"表格样式"组中选择"边框"|"外侧框线"。

⑧ 对表格的字段名称加底纹。选中 A1 单元格，单击"设计"|"表格样式"组中的"底纹"按钮，在"主题颜色"中选择"橄榄色，强调文字颜色 3，淡色 40%"。使用同样的方法设置其他单元格的底纹，可以同时选中多个单元格一起设置。

2. 计算下表"平均分""总分"及"课程平均分"（保留一位小数）。

操作步骤如下：

① 方法 1：将插入点定位至 H2 单元格，选择"布局"|"数据"组中的"公式"命令，弹出"公式"对话框，在"公式"行中输入公式"=SUM（LEFT）"，在"编号格式"行中输入"0.0"，用以保留一位小数。按照同样的方法，计算出其他人的总分。

② 将插入点定位至 G2 单元格，选择"布局"|"数据"组中的"公式"命令，弹出"公式"对话框，在"公式"行中输入公式"=AVERAGE（LEFT）"，在"编号格式"行中输入"0.0"，用以保留一位小数。按照同样的方法，计算出其他人的平均分。

③ 将插入点定位至 B5 单元格，选择"布局"|"数据"组中的"公式"命令，弹出"公式"对话框，在"公式"行中输入公式"=AVERAGE（ABOVE）"，在"编号格式"行中输入"0.0"，用以保留一位小数。按照同样的方法，计算出其他课程的平均分。

3. 将下段文字转换成一个 3 行 4 列的表格，表格居中，列宽 3 厘米，行高 0.6 厘米，表格中所有文字的上下、水平方向对齐方式均要求居中，并设置自动套用格式。

操作步骤如下：

① 选中文字，单击"插入"|"表格"组中的"表格"按钮，在弹出的下拉菜单中选择"文本转换成表格"命令，弹出"将文字转换成表格"对话框，"表格尺寸"栏中的"列数""行数"系统自动设置为"4"和"3"，在"文字分隔位置"栏选择"空格"，即可生成 3 行 4 列的表格。

② 单击表格左上角的表格移动手柄，选中表格，单击"开始"|"段落"组中的"居中"按钮，将表格居中。单击"布局"|"单元格大小"，将"宽度"设置为"3 厘米"，将"高度"设置为"0.6 厘米"。

③ 选中表格，用鼠标右键单击|选择"单元格对齐方式"|"水平居中"命令。

④ 将插入点放置于表格中，单击"设计"|"表格样式"，单击"其他"扩展按钮，在

表格样式列表中选一种格式套用即可。

六、课后练习

1. 参考下表样式用 A4 纸设计一份"课程表"，要求上下一式两份。

课程表							
时间 / 星期		一	二	三	四	五
上午	1	高等 数学	计算机 应用基础	高等 数学		高等数学 （双周）
	2					
	3	电工技术 （单周）		大学 英语	体育	电工 技术
	4					
下午	5	大学 英语	电工 技术		计算机 应用基础	
	6					
	7				中国象棋 （选修课）	
	8					

2. 制作一个班级公章，加盖在课程表上。

任务 2-5   文档的修订与共享

一、教学目标

1. 会对文档进行分栏操作。
2. 会定义及使用文档部件。
3. 能对文档进行审阅与修订。
4. 会进行多窗口和多文档的编辑。
5. 能进行文档的共享与保护操作。

二、重难点

1. 文档部件的使用。
2. 文档的审阅与修订。

三、课堂练习

对文档"大学教育的价值究竟在哪？"进行如下操作。

1．将文档设置为修订状态。

2．在标题位置插入一张"上凸带形"图，在图中输入文字"大学教育的价值究竟在哪?"；删除原有标题。

3．对第一段内容添加"首字下沉"效果；对第二段内容添加"分栏"效果。

4．在第二段中插入一张"云形"图，在图中输入文字"大学教育价值何在"；并将该图定义为文档部件——图 1。

5．在每段的适当位置各插入一张图片，并对"图片格式"进行设置：要求图片"大小"的参数有"高为绝对值 4 厘米，宽为绝对值 5 厘米"，设置"版式"为"紧密型"；并为每张图片插入批注（内容自拟）。

6．将文档中的大学加上红色下画线，最后一个大学处插入上面定义的图 1 部件。

7．修改文档的用户名。

8．逐项检查每一个修订项，并选择接受或拒绝。

9．删除文档中的个人信息后将文档设置为最终状态。

10．以文件名"我的大学教育"保存文档后与原文档进行比较，然后将之保存为 XPS 文档格式。

四、知识点

1．审阅与修订

（1）修订。

Word 强大的"修订"功能可以轻松地保存文档初始时的内容，文档中每一处的修改都会显示在文档中，如果不满意可以进行有选择的修改，就算你存盘退出文档，等下次文档打开后还可以记录着你上次编辑的情况；单击"审阅"|"修订"|"修订"即可实现。

Word 的修订功能是针对单个文档的，就是说一个文档被打开了修订功能，不会影响到其他文档的打开，其他文档要打开"修订"功能还是要按照上面的操作来进行。

我们在修订状态下保存退出了，那么下次打开该文档时修改的内容还会显示在文档中，只有确定了修订的方案后才会取消显示。

如果要确定修改的方案，只要先选择修改处，再单击"审阅"，更改后选择"接受"或"拒绝"。

（2）批注。

批注是审阅者添加到独立的批注窗口中的文档注释或者注解，当审阅者只是评论文档，而不直接修改文档时要插入批注，批注并不影响文档的内容。相关命令在"审阅"选项卡中。

批注是隐藏的文字，Word 会为每个批注自动赋予不重复的编号和名称。

2．快速比较文档

比较文档："审阅"|"比较"|"比较"。

3．删除文档中的个人信息

"文件"|"信息"|"检查问题"|"检查文档"|"文档属性和个人信息"|"全部删除"。

4. 标记文档的最终状态

标记文档的最终状态会将其设为只读。

"文件"|"信息"|"保护文档"|"标记为最终状态"。

（1）构建并使用文档部件。

将文档的一部分保存为文档部件，可以反复重用。

构建文档部件："插入"|"文本"|"文档部件"|"将所选内容保存到文档部件库"。

使用文档部件："插入"|"文本"|"文档部件"|" 选择保存的文档部件"。

5. 与他人共享文档

通过电子邮件共享："文件"|"保存并发送"|"使用电子邮件发送"。

保存为 PDF 文档："文件"|"保存并发送"|"创建 PDF/XPS 文档"。

五、答案解析

1. 将文档设置为修订状态。

操作步骤如下：

单击"审阅"|"修订"组中的"修订"按钮，在弹出的下拉列表中选择"修订"，在"显示以供审阅"栏选择"最终：显示标记"状态。

2. 在标题位置插入一"上凸带形"图，在图中输入文字"大学教育的价值究竟在哪?"；删除原有标题。

操作步骤如下：

① 单击"插入"|"插图"组中的"形状"按钮，在弹出的下拉菜单中选择"星与旗帜"类|"上凸带形"图。

② 在图形上右键单击鼠标，弹出"添加文字"，在图中输入文字"大学教育的价值究竟在哪?"，并删除原有标题。

3. 对第一段内容添加"首字下沉"效果；对第二段内容添加"分栏"效果。

操作步骤如下：

① 将插入点移至正文第 1 段"既"字前，单击"插入"|"文本"|"首字下沉"|"下沉"。

② 选中第二段文字，单击"页面布局"|"页面设置"|"分栏"|"两栏"（题目没要求分成几栏，栏数自定）。

4. 在第二段中插入一张"云形"图，在图中输入文字"大学教育价值何在"；并将该图定义为文档部件——"图 1"。

操作步骤如下：

① 单击"插入"|"插图"组中的"形状"按钮，在弹出的下拉菜单中选择"标注"类|"云形标注"图，在图中输入文字"大学教育价值何在"。

② 选中图形，单击"插入"|"文本"|"文档部件"|"将所选内容保存到文档部件库"命令，弹出"新建构建基块"对话框，在"名称"框中输入"图 1"。

5. 在每段的适当位置各插入一张图片，并对"图片格式"进行设置：要求图片"大小"

的参数为"高为绝对值 4 厘米，宽为绝对值 5 厘米"，设置"版式"为"紧密型"；并为每张图片插入批注（内容自拟）。

操作步骤如下：

① 将插入点定位至第 1 段任意位置，单击"插入"|"插图"|"图片"命令，弹出"插入图片"对话框，选择"图片 1"|"插入"命令。

② 选中图片 1|右键单击鼠标，在弹出的"形状高度"栏设置为"4 厘米"，"形状宽度"栏设置为"5 厘米"，右键单击图片 1|"自动换行"|"紧密型环绕"。

③ 选中图片 1，单击"审阅"|"批注"|"新建批注"命令，在新建的文档批注栏中输入相关批注，内容自拟。

④ 使用相同方法对其他两段文字插入图片及新建批注。

6. 将文档中的大学加上红色下画线，最后一个大学处插入上面定义的图 1 部件。

操作步骤如下：

① 单击"开始"|"编辑"|"替换"命令，在弹出的"查找与替换"对话框中选择"替换"选项卡，在"查找内容"栏中输入"大学"，在"替换为"栏中输入"大学"，单击"更多"|"格式"|"字体"命令，在弹出的"查找字体"对话框中选择"字体"选项卡，选择"所有文字"区域，在"下画线线型"下拉列表中选择一种下画线，"下画线颜色"选择标准色中的"红色"，单击"确定"|"全部替换"按钮。

② 将插入点定位在最后一个"大学"处，单击"插入"|"文本"|"文档部件"命令，在下拉菜单中选择已经定义过的"图 1"文档部件。

7. 修改文档的用户名。

操作步骤如下：单击"文件"|"选项"命令，弹出"Word 选项"对话框，选择"常规"选项卡，在"对 Microsoft Office 进行个性化设置"栏的"用户名"中输入新的名称。

8. 逐项检查每一个修订项，并选择接受或拒绝。

操作步骤如下：将插入点定位至第一个或任意一个修订项处，单击"审阅"|"更改"|"接受"|"接受并移到下一条"命令。若是拒绝修订，则单击"审阅"|"更改"|"拒绝"|"拒绝并移到下一条"命令。

9. 删除文档中的个人信息后将文档设置为最终状态。

操作步骤如下：

① 单击"文件"|"信息"|"检查问题"|"检查文档"命令，弹出"询问"对话框，提示"此文档尚有未保存的更改，是否立即更改"，选择"是"。在弹出的"文档检查器"对话框中，选中所有的复选框，单击"检查"按钮。检查完成后显示"审阅检查结果"，单击"文档属性和个人信息"栏的"全部删除"|"关闭"按钮。

② 单击"文件"|"信息"|"保护文档"|"标记为最终状态"命令，弹出提示对话框，提示"此文档将先被标记为终稿，然后保存"，单击"确定"按钮。再次出现提示对话框，提示"此文档已被标记为最终状态，表示已完成编辑，这是文档的最终版本"，单击"确定"按钮。

10. 以文件名"我的大学教育"保存文档后与原文档进行比较后将之保存为 XPS 文档格式。

操作步骤如下：

① 单击"文件"|"另存为"命令，在"另存为"对话框中选择保存的路径，并在"文件名"框中输入"我的大学教育.docx"，单击"保存"按钮。

② 单击"审阅"|"比较"组中的"比较"命令，弹出"比较文档"对话框。在"原文档"下拉列表中单击"浏览"（或单击旁边的文档打开按钮），选择原文档"大学教育的价值究竟在哪.docx"。在"修订的文档"下拉列表中单击"浏览"（或单击旁边的文档打开按钮）按钮，选择刚保存的文档"我的大学教育.docx"，单击"确定"按钮，在弹出的询问对话框中选择"是"，则自动生成文档名为"比较结果 1"的 Word 文档。

③ 单击"文件"|"另存为"命令，在"另存为"对话框中选择保存的路径，并在"文件名"框中输入"我的大学教育.docx"，在"保存类型"下拉列表中选择"XPS 文档"，单击"保存"按钮。

六、课后练习

某出版社的编辑小刘手中有一篇有关财务软件应用的书稿"Word_素材.docx"，请按下列要求完成书稿编排工作。

1. 打开"Word_素材.docx"，将该文件另存为"会计电算化节节高升.docx"，进入文档修订状态，后续操作均基于此文件。

2. 按下列要求进行页面设置：纸张大小 16 开，对称页边距，上边距 2.5 厘米、下边距 2 厘米，内侧边距 2.5 厘米、外侧边距 2 厘米，装订线 1 厘米，页脚距边界 1.0 厘米。

3. 书稿中包含三个级别的标题，分别用"（一级标题）""（二级标题）""（三级标题）"字样标出。按下列要求对书稿应用样式、多级列表及样式格式进行相应修改。

内容	样式	格式	多级列表
所有用"（一级标题）"标识的段落	标题 1	小二号字、黑体、不加粗，段前 1.5 行、段后 1 行，行距最小值 12 磅，居中	第 1 章、第 2 章、…、第 n 章
所有用"（二级标题）"标识的段落	标题 2	小三号字、黑体、不加粗，段前 1 行、段后 6 磅，行距最小值 12 磅	1-1、1-2、2-1、2-2、…、n-1、n-2
所有用"（三级标题）"标识的段落	标题 3	小四号字、宋体、加粗，段前 12 磅、段后 6 磅，行距最小值 12 磅	1-1-1、1-1-2、…、n-1-1、n-1-2，且与二级标题缩进位置相同
除上述三个级别标题外的所有正文（不含图表及题注）	正文	首行缩进 2 字符、1.25 倍行距、段后 6 磅、两端对齐	

4. 样式应用结束后，将书稿中各级标题文字后面括号中的提示文字及括号"（一级标题）""（二级标题）""（三级标题）"全部删除。

5. 书稿中有若干表格及图片，分别在表格上方和图片下方的说明文字左侧添加形如"表 1-1""表 2-1""图 1-1""图 2-1"的题注，其中连字符"-"前面的数字代表章号、"-"后面的数字代表图表的序号，各章节图和表分别连续编号。添加完毕，将样式"题注"的格式修改为仿宋、小五号字、居中。

6. 在书稿中用红色标出文字的适当位置，为前两个表格和前三个图片设置自动引用其题注号。为第 2 张表格"表 1-2 好朋友财务软件版本及功能简表"套用一个合适的表格样式，让表格第 1 行在跨页时能够自动重复且表格上方的题注与表格总在一页上。

7. 在书稿的最前面插入目录，要求包含标题第 1～3 级及对应页号。目录、书稿的每一章均为独立的一节，每一节的页码均以奇数页为起始页码。

8. 目录与书稿的页码分别独立编排，目录页码使用大写罗马数字（Ⅰ，Ⅱ，Ⅲ，…），书稿页码使用阿拉伯数字（1，2，3，…）且各章节间连续编码。除目录首页和每章首页不显示页码外，其余页面要求奇数页页码显示在页脚右侧，偶数页页码显示在页脚左侧。

9. 将练习文件夹下的图片"Tulips.jpg"设置为本文稿的水印，水印处于书稿页面的中间位置，并增加"冲蚀"效果。

任务 2-6　邮件合并与域

一、教学目标

1. 能通过使用邮件合并功能，批量制作和处理文档。
2. 会插入域，了解使用邮件合并功能的规则。

二、重难点

1. 邮件合并。

三、课堂练习

1. 应用 Word 的"邮件合并"功能将下表中的信息合并到"成绩报告单"中，生成每位学生的"成绩报告单"并保存。

姓名	计算机应用基础	高等数学	体育	大学英语	电工技术	电工实训
黄峰	86	61	86	74	64	76
黄露	68	76	86	80	85	83
姜丽倩	76	77	83	73	72	75
薛燕玲	82	93	90	80	91	88
蔡教洲	86	88	94	65	85	74
谢娟	78	77	93	74	66	68
时娜	78	75	90	70	70	78
王铮	76	66	78	66	67	75

成绩报告单

同学家长，您好！
您的孩子本学期各门课程成绩如下：

计算机应用基础		高等数学	
体育		大学英语	
电工技术		电工实训	

2. 应用 Word 的"邮件合并"功能将下表中的信息合并到《准考证》中相对应的位置，生成每个考生的《准考证》并保存。

准考证号	姓名	性别	身份证号	报考等级	考场号	座位号
2013291018	黄峰	男	320483199512208511	一级	01	1-01
2013301035	黄露	女	320922199509304726	二级	01	1-02
2013311001	姜丽倩	女	321324199502233049	一级	01	1-03
2013311004	薛燕玲	女	320125199512284821	二级	01	1-04
2013311015	蔡教洲	男	320482199511044416	二级	02	2-01
2013311020	谢娟	女	320582199512166429	一级	02	2-02
2013311021	时娜	女	320586199512151222	二级	02	2-03
2013311022	王铮	女	320621199507183024	二级	02	2-04

准考证如下：

20XX 年 XXXXXX 等级考试	贴照片
准 考 证	
准考证号： 姓名： 性别： 身份证号： 报考等级： 考场号： 座位号：	
注意事项：1. 考生必须携带本人的身份证、准考证参加考试。 　　　　　2. 考生不准携带电子词典及传呼、手机等通信工具进入考场。	

四、知识点

1. 什么是邮件合并

"邮件合并"这个名称最初是在批量处理"邮件文档"时提出的。它除了可以批量处理信函、信封等与邮件相关的文档外，还可以轻松地批量制作录取通知书、证件、工资条、会议通知等。这类文档往往制作的数量比较大且文档内容可分为固定不变的部分和变化的部分，如打印信封，寄信人信息是固定不变的，而收信人信息是变化的，利用邮件合并功能可大大提高工作效率。

使用邮件合并解决上述问题要做下面两个文件。

主控文档：它包含两部分内容，一部分是固定不变的，另一部分是可变的，用"域名"表示。

数据文件：它用于存放可变数据。如会议通知的单位和姓名。数据文件可以用 Excel 编写，也可以用 Word 编写。这些可变数据也可以存入数据库中，如 Access 中等。

2. 如何邮件合并

使用邮件合并功能有两种方式：一种是手工方式，一种是使用 Word 提供的"邮件合并向导"。

使用"邮件合并向导"创建套用信函、邮件标签、信封、目录和大量电子邮件与传真，基本步骤如下：

➢ 打开或创建主文档后，选择收件人信息的数据源。
➢ 在主文档中添加或自定义合并域。
➢ 将数据源中的数据与主控文档合并，创建新的、经合并的文档。

3. 域

域是 Word 中的一种特殊命令，它由花括号、域名（域代码）及选项开关构成。域代码类似于公式，域选项开关是特殊指令，在域中可触发特定的操作。在用 Word 处理文档时若能巧妙应用域，会给我们的工作带来极大的方便。特别是制作理科等试卷时，有着公式编辑器不可替代的优点。

（1）插入域：单击"插入"|"文本"|"文档部件"命令，进行相应的选择。

（2）更新域操作。

当 Word 文档中的域没有显示出最新信息时，用户应采取以下措施进行更新，以获得新域结果。

➢ 更新单个域：首先单击需要更新的域或域结果，然后按下"F9"键。
➢ 更新一篇文档中所有域：单击"编辑"|"全选"命令，选定整篇文档，然后按下"F9"键。

（3）显示或隐藏域代码。

➢ 显示或者隐藏指定的域代码：首先单击需要实现域代码的域或其结果，然后按下"Shift+F9"组合键。
➢ 显示或者隐藏文档中所有域代码：按下"Alt+F9"组合键。

（4）锁定/解除域操作。

➢ 要锁定某个域，以防止修改当前的域结果的方法是：单击此域，然后按下"Ctrl+F11"组合键。

➢ 要解除锁定，以便对域进行更改的方法是：单击此域，然后按下"Ctrl+Shift+F11"组合键。

（5）解除域的链接。

首先选择有关域内容，然后按下"Ctrl+Shift+F9"组合键即可解除域的链接，此时当前的域结果就会变为常规文本（即失去域的所有功能），以后它当然再也不能进行更新了。用户若需要重新更新信息，必须在文档中插入同样的域才能达到目的。

五、答案解析

1. 应用 Word 的"邮件合并"功能将下表中的信息合并到"成绩报告单"中，生成每位学生的"成绩报告单"并保存。

操作步骤如下：

① 打开"成绩报告单（主文档）.docx"，单击"邮件"|"开始邮件合并"组|"开始邮件合并"，在下拉菜单中选择"邮件合并分步向导"，启动"邮件合并"任务窗格。

② 合并向导的第 1 步：在"邮件合并"任务窗格"选择文档类型"中保持默认选择"信函"，单击"下一步：正在启动文档"超链接。

③ 合并向导的第 2 步：在"邮件合并"任务窗格"选择开始文档"中保持默认选择"使用当前文档"，单击"下一步：选取收件人"超链接。

④ 合并向导的第 3 步：

a）在"邮件合并"任务窗格"选择收件人"中保持默认选择"使用现有列表"，单击"浏览"超链接。

b）启动"读取数据源"对话框，选择文件"学生成绩（数据源）.docx"，单击"打开"按钮。

c）启动"邮件合并收件人"对话框，保持默认设置（勾选所有收件人），单击"确定"按钮，单击"下一步：撰写信函"超链接。

⑤ 合并向导的第 4 步：

a）将插入点移至"同学家长"的前面，单击"邮件"|"编写和插入域"组|"插入合并域"按钮右侧的下三角按钮，在展开的列表中选择"姓名"选项，即在光标处插入一个域。

b）将插入点移至 B1 单元格，单击"邮件"|"编写和插入域"组|"插入合并域"按钮右侧的下三角按钮，在展开的列表中选择"计算机应用基础"选项，即在光标处插入一个域。使用相同的方法插入表格中其他课程成绩域。

c）在"邮件合并"任务窗格中，单击"下一步：预览信函"超链接。

⑥ 合并向导的第 5 步：在"预览信函"选项组中，通过"》""《"按钮可以切换不同的收件人。单击"下一步：完成合并"超链接。

⑦ 合并向导的第 6 步：完成邮件合并，以"成绩报告单.docx"文件名保存。

2. 应用 Word 的"邮件合并"功能将下表中的信息合并到《准考证》中相对应的位置，

生成每个考生的《准考证》并保存。

操作步骤如下：

① 打开"准考证（主文档）.docx"，单击"邮件"|"开始邮件合并"组|"开始邮件合并"命令，在下拉菜单中选择"邮件合并分步向导"，启动"邮件合并"任务窗格。

② 合并向导的第 1 步：在"邮件合并"任务窗格"选择文档类型"中保持默认选择"信函"，单击"下一步：正在启动文档"超链接。

③ 合并向导的第 2 步：在"邮件合并"任务窗格"选择开始文档"中保持默认选择"使用当前文档"，单击"下一步：选取收件人"超链接。

④ 合并向导的第 3 步：

a）在"邮件合并"任务窗格"选择收件人"中保持默认选择"使用现有列表"，单击"浏览"超链接。

b）启动"读取数据源"对话框，选择文件"考生信息（数据源）.docx"，单击"打开"按钮。

c）启动"邮件合并收件人"对话框，保持默认设置（勾选所有收件人），单击"确定"按钮，单击"下一步：撰写信函"超链接。

⑤ 合并向导的第 4 步：

a）将插入点移至"准考证："的后面，单击"邮件"|"编写和插入域"组|"插入合并域"按钮右侧的下三角按钮，在展开的列表中选择"准考证号"选项，即在光标处插入一个域。使用相同的方法插入表格中其他信息域。

b）在"邮件合并"任务窗格中，单击"下一步：预览信函"超链接。

⑥ 合并向导的第 5 步：在"预览信函"选项组中，通过"》""《"按钮可以切换不同的收件人。单击"下一步：完成合并"超链接。

⑦ 合并向导的第 6 步：完成邮件合并，以"准考证.docx"文件名保存。

六、课后练习

1. 运用 Word 的"邮件合并"功能，参考录用通知合并完成后的效果图，制作内容相同、收件人不同的录用通知，且每个人的称呼（先生或女士）、试用期和试用薪资也随变更（所有相关数据都保存在"录用者.xlsx"中），要求先将合并主文档以"录用通知 1.docx"为文件名进行保存，再进行效果预览后生成可以单独编辑的单个文档"录用通知 2.docx"。

项目 3　Excel 表格处理

任务 3-1　制表基础

一、教学目标

1. 知道 Excel 2010 工作环境的常用术语。
2. 会在 Excel 2010 中输入各种数据。
3. 会进行工作簿的基本操作。
4. 能熟练地对工作表进行编辑和格式化操作。

二、重难点

1. 数字字符串的输入。
2. 自定义序列及填充。
3. 外部数据的导入。
4. 格式化工作表的高级技巧。

三、课堂练习

1. 启动 Excel 2010 软件后，打开"课堂练习"文件夹中的"Excel 数据输入"工作簿，完成下列操作：

（1）在工作表"Sheet1"中适当调整行、列间距，在各单元格（区域）中输入下列数据后修改工作表名为"数据输入"，如图 3-1 所示。

（2）在工作表"学生成绩表"中，设置数据区域的"行高"为"30"，设置区域的"列宽"为"9"。

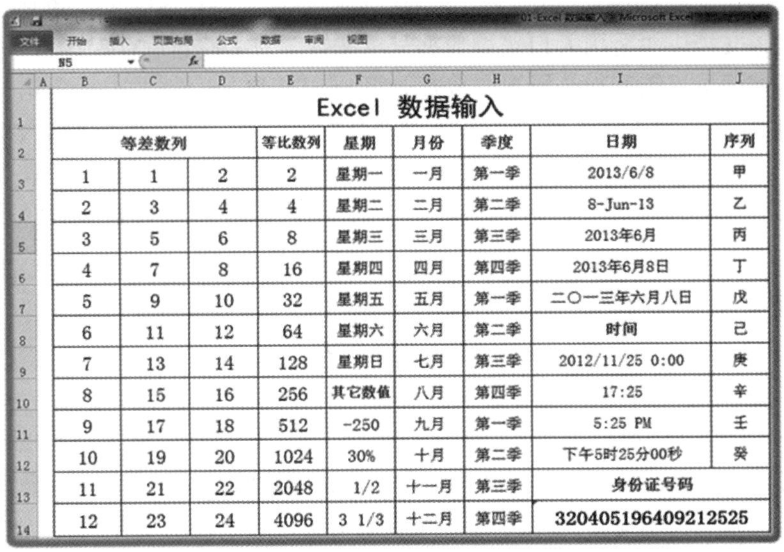

Excel 数据输入								
等差数列			等比数列	星期	月份	季度	日期	序列
1	1	2	2	星期一	一月	第一季	2013/6/8	甲
2	3	4	4	星期二	二月	第二季	8-Jun-13	乙
3	5	6	8	星期三	三月	第三季	2013年6月	丙
4	7	8	16	星期四	四月	第四季	2013年6月8日	丁
5	9	10	32	星期五	五月	第一季	二〇一三年六月八日	戊
6	11	12	64	星期六	六月	第二季	时间	己
7	13	14	128	星期日	七月	第三季	2012/11/25 0:00	庚
8	15	16	256	其它数值	八月	第四季	17:25	辛
9	17	18	512	-250	九月	第一季	5:25 PM	壬
10	19	20	1024	30%	十月	第二季	下午5时25分00秒	癸
11	21	22	2048	1/2	十一月	第三季	身份证号码	
12	23	24	4096	3 1/3	十二月	第四季	320405196409212525	

图 3-1　“数据输入”参照图

（3） 在工作表“学生成绩表”中，插入表头“学生成绩表”在表格上方并居中，设置文字为“隶书、粗体、红色、30 号字”。

（4） 在工作表“学生成绩表”中，给表格的标题行和内容分别设置不同的边框与底纹，单元格区域内字符的对齐方式为水平和垂直方向均居中。

（5） 在工作表“学生成绩表”中，设置成绩数据小数位数为 1 位，并设置数据有效性，只允许输入 0～100，并设置出错提示。

（6） 在工作表“学生成绩表”中，应用“条件格式”命令将所有不及格课程成绩的字体设置为“红色、加粗”。

（7） 在工作表“学生成绩表”中，将表格内容每 10 位同学分页，并进行打印设置：上边距：8；下边距：5；左边距：2；右边距：1；“横向”A4 纸，内容居中，设置打印标题行，并定义页眉为“文件名+工作表名”，页脚为“第几页共几页”。

（8） 复制“学生成绩表”工作表的表格内容放置到 Sheet2 中，去除打印设置，并给该表格设置自动套用格式。

（9） 将工作簿文件以“学号+姓名+原文件名”保存在指定位置。

2. 打开“课堂练习”文件夹中的“学生成绩.xlsx”工作簿文件，完成下列操作：

（1） 在最左侧插入一个空白工作表，重命名为“初三学生档案”，并将该工作表标签颜色设为“紫色（标准色）”。

（2） 将以制表符分隔的文本文件“学生档案.txt”自 A1 单元格开始导入到工作表“学生档案”工作表中。注意不得改变原始数据的排列顺序。

（3） 将第 1 列数据从左到右依次分成“学号”和“姓名”两列显示。

（4） 创建一个名为“档案”、包含数据区域 A1：G56、包含标题的表，同时删除外部链接。

3. 新建一个空白 Excel 文档，完成下列操作：

（1）将工作表"Sheet1"更名为"第五次普查数据"，将"Sheet2"更名为"第六次普查数据"，将该文档以"全国人口普查数据分析.xlsx"为文件名进行保存。

（2）浏览网页"第五次全国人口普查公报.htm"，将其中的"2000年第五次全国人口普查主要数据"表格导入到工作表"第五次普查数据"中；浏览网页"第六次全国人口普查公报.htm"，将其中的"2010年第六次全国人口普查主要数据"表格导入到工作表"第六次普查数据"中（要求均从A1单元格开始导入，不得对两个工作表中的数据进行排序）。

四、知识点

1. 认识 Excel

（1）Excel 2010 的窗口组成。

如图 3-2 所示，Excel 2010 的工作窗口主要由快速访问工具栏、标题栏、选项组、标签栏、名称框、功能区、编辑栏、工作区、垂直滚动条、水平滚动条等组成，如图 3-2 所示。

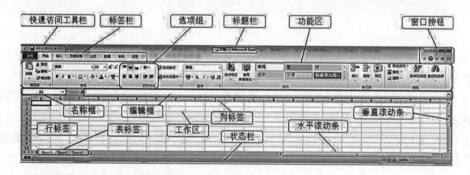

图 3-2　Excel 2010 窗口结构示意图

用户首次启动 Excel 2010 时，系统将自动创建一个空白工作簿.xlsx。必要时，用户可以在"文件"菜单中选择"新建"选项，打开"新建工作簿"对话框，根据需要可选择"空工作簿"或"模板"选项新建工作簿。

1）工作簿。

在 Excel 中，用于保存数据信息的文件称为工作簿，一个工作簿是一个 Excel 文档，其扩展名为".xlsx"。Excel 工作簿是计算和储存数据的文件，每一个工作簿都可以包含多张工作表，因此可在单个文件中管理各种类型的相关信息。

2）工作表。

工作簿就好像是一个活页夹，工作表好像是其中一张张的活页纸。一个工作簿默认有3 张工作表，分别为"Sheet1""Sheet2""Sheet3"，最多 255 个工作表。工作表是一个由行和列组成的二维表格，不同的行用数字（1～1 048 576）标识，不同的列以字母（A、B、C、…、XFD）标识。

3）单元格。

单元格是 Excel 工作簿的最小组成单位。一个工作表是由若干行、列排列的单元格组成的，一个工作表最多可包含 16 384 列，1 048 576 行。每一个单元格地址由交叉的列号、行号标识，如 A2 表示第一列第二行的单元格。

4）　区域。

区域是指工作表中若干个相邻的单元格所组成的矩形区域。区域的标识为："左上角单元格地址：右下角单元格地址"，如"A2：D5"表示由 A2、D5 为对角顶点的矩形区域。

（2）　Excel 2010 窗口与 Word 2010 窗口的区别。

Excel 2010 的窗口与 Word 2010 窗口结构基本相同，主要区别有：

1）　Excel 窗口中增加了名称框和编辑框。

2）　Excel 工作簿的工作区由工作表组成，相当于 Word 文档中的"页"。

（3）　Excel 2010 的功能。

Excel 2010 除具有早期版本的制表、统计计算、图表、数据库管理等功能外，还增加了以下常用功能。

1）　增加了快速、有效地比较数据列表。

在 Excel 2010 中，迷你图和切片器等新增功能及对数据透视表和其他现有功能的改进可帮助了解数据中的模式或趋势。

2）　改进了条件格式设置。

通过使用数据条、色阶和图标集，条件格式设置可以轻松地突出显示所关注的单元格或单元格区域、强调特殊值和可视化数据。Excel 2010 融入了更卓越的格式设置灵活性。

3）　增加了新的图标集。

Excel 2010 中，用户有权访问更多图标集，包括三角形、星形和方框。还可以混合和匹配不同集之间的图标，并且更轻松地隐藏图标，例如：可以选择仅对高利润值显示图标，而对中间值和较低值省略图标。

4）　改进了图表。

Excel 2010 中，数据系列中的数据点数目仅受可用内存限制。使用用户可以更有效地可视化处理和分析大量数据集；增加了快速访问格式设置选项，双击图表元素即可立即访问格式设置选项；增加了图表元素的宏录制功能，可以使用宏录制器录制对图表和其他对象所做的格式设置更改。

2.　数据输入

输入和编辑数据是制作一张表格的起点和基础，在 Excel 中，可以使用多种方法达到快速输入数据的目的。

在单元格中输入的数据按类型可分为文本型、数值型和日期型。

（1）　数值数据输入。

数值数据包括数字 0～9 及其他可以参加运算的数字和运算符号，但 Excel 对不同位数的数字有不同的处理方式。

1）　常规数字。

对于数字位数不超过 11 位的数字，可在选定单元格后，直接键入数字，则 Excel 默认数字格式为"常规"，即数值型数据。

2）　超长数字。

当输入的数字位数在 11 位～15 位时，系统会自动将其转换成科学计数法表示，如在单元格中输入"123459123678"后，显示为"1.23459E+11"。

3）负数的输入。

在输入负数时可以直接用负号"–"，也可以用小括号括起来，如输入（123），显示"–123"。

4）分数的输入。

输入分数时在整数和分数之间输入一个空格，如输入"0 5/8"，显示为"5/8"。

（2）文本型数据的输入。

文本型数据是不参与算术运算的字符数据，文本型数据可以由字母、数字、汉字或其他字符组成。一个单元格内最多可以输入 32 000 个字符，其默认对齐方式为左对齐。当输入的文本长度超出单元格宽度时，若右侧相邻单元格无数据，则扩展到右侧单元格；否则部分显示输入的文本。

当输入全部由数字组成的文本型数据时，应该在数据前面加一个半角单引号，将文本与数值区别。例如邮政编码 411201，输入时应键入'411201。

（3）日期和时间的输入。

Excel 内置了一些日期和时间的格式，当输入数据与这些格式相匹配时，Excel 将把它们识别为日期型数据。例如"mm/dd/yy""dd-mm-yy""hh:mm(AM/PM)"，其中表示时间时在 AM/PM 与分钟之间应有空格，比如 9：30PM，缺少空格将被当作字符数据处理；不使用 AM/PM 时使用 24 小时制。另外按"Ctrl+；"组合键可以输入当天的日期，按"Ctrl+Shift+；"组合键可以输入当前的时间。

（4）数字字符串的输入。

学号、电话号码、身份证号码及数字位数超过 15 位的数据，均需以数字字符串的形式输入，输入方法有以下两种。

方法一：在输入数字前，将单元格设置成文本格式。

操作步骤如下：选定单元格，单击"开始"选项卡"数字"功能组的对话框启动器，在打开的"单元格格式"对话框的"数字"选项卡中选择"文本"，单击"确定"按钮。

方法二：在输入的数字最前面先输入一个单撇号"'"，再输入数字。

（5）数据序列输入。

使用自动输入数据功能可以输入有一定规律的数据，如相同、等差、等比、系统预定义的数据填充序列及用户自定义的新序列。这种输入数据的方式在 Excel 中被称为填充，填充可分为自动填充和序列填充两种方式。

序列填充是 Excel 提供的最常用的快速输入技术之一。

1）自动填充序列。

利用填充柄填充已有序列，拖动填充柄。

填充柄：单元格右下角小方块，选定后出现"+"用于填充数据，复制公式等。

2）填充的内置序列。

数字序列，如 1、2、3、…；2、4、6、…。

日期序列，如 2011 年、2012 年、2013 年、……；1 月、2 月、3 月、……；1 日、2日、3 日、……。

文本序列，如 01、02、03、…；一、二、三、…。

其他 Excel 内置序列：如英文日期 JAN、FEB、MAR、……；星期序列星期日、星期

一、星期二、……，子、丑、寅、卯、……。

　　3）　利用对话框填充序列。

　　等差序列：1、3、5、7、…、19。

　　等比序列：1、2、4、8、…、128。

　　4）　自定义序列。

　　①　基于已有项目列表的自定义填充序列。

　　要点：首先在工作表的单元格依次输入一个序列的每个项目值。

　　方法：依次单击"文件"|"选项"|"高级"|"常规"|"编辑自定义列表"命令，在打开的"自定义序列"对话框中定义新序列。

　　②　删除自定义序列。

　　在"自定义序列"对话框的左侧列表中选择需要删除的序列，单击右侧的"删除"按钮。

　　③　直接定义新项目列表。

　　依次单击"文件"|"选项"|"高级"命令，在"常规"区中单击"编辑自定义列表"按钮，在"自定义序列"对话框中单击"新序列"，然后在右侧的"输入序列"文本框中依次输入序列的各个条目：从第一个条目开始输入，每个条目输入完成后按"Enter"键确认。

　　5）　填充公式。

　　首先在第一个单元格中输入某个公式，然后拖动该单元格的填充柄，即可填充公式本身而不仅仅是填充公式计算结果。

　　小技巧：输入序列的第一个项目后，用鼠标直接双击填充柄，序号将自动向下填充到相邻列最后一个数据所在的行。

　　（6）　导入文本文件。

　　可以使用文本导入向导将数据从文本文件导入工作表中以快速获取数据。

　　单击"数据"选项卡"获取外部数据"功能组的"自文本"按钮，在"导入文本文件"对话框中选择要导入的文件，单击"导入"按钮，按向导依次确定所导入文件的列分隔方式→指定导入起始行→确认分隔符类型→为每列数据指定数据格式，最后单击"完成"按钮。

　　（7）　数据分列。

　　大多数情况下，需要对从外部导入的数据进行进一步的整理和修饰。

　　选择需要分列显示的单元格区域，单击"数据"选项卡"数据工具"功能组的"分列"按钮，按向导依次指定原始数据的分隔类型→选择分列数据中使用的分隔符号→指定列数据格式，最后单击"完成"按钮。

　　（8）　从因特网上获取数据。

　　各类网站上有大量已编辑好的表格数据，可以将其导入到 Excel 工作表中用于统计分析。

　　1）　单击"数据"选项卡中"获取外部数据"功能组的"自网站"按钮，在"地址"栏中输入网站地址（也可以通过谷歌、百度等搜索引擎查找所需的网址），单击地址栏中的"转到"按钮，进入到相应的网页。

　　2）　单击表格旁边的黄色箭头，使之变为绿色的选定状态。

　　3）　单击"导入"按钮，在"导入数据"对话框中确定数据放置的位置。

　　4）　单击"确定"按钮，网站上的数据自动导入到工作表中。

（9） 数据有效性设置。

Excel 提供了数据有效性审核功能，它允许用户对单元格区域内的数据设置有限定条件和提示信息，提高用户输入数据的准确性，可以通过配置数据有效性以防止输入无效数据，或者在录入无效数据时自动发出警告。

数据有效性可以实现的基本功能如下：

将数据输入限制在指定序列的值，以实现大量数据的快速输入。

将数据输入限制为指定的数值范围，如指定最大值最小值、指定整数、指定小数、限制为某时段内的日期、限制为某时段内的时间等。

将数据输入限制为指定长度的文本，如身份证号码只能是 18 位文本。

限制重复数据的出现，如学生的学号不能相同。

设置数据有效性的基本方法如下：

在"数据"选项卡上的"数据工具"组中单击"数据有效性"按钮，从随后弹出的"数据有效性"对话框中指定各种数据有效性控制条件即可。

3. 数据的编辑

工作表中的数据经常需要进行编辑操作，以更正其中发现的错误或更新变化的数据。编辑操作主要包括数据修改、删除、复制、移动、插入，以及单元格、行、列的设置等。

（1） 选择单元格或区域。

Excel 2010 的基本操作主要是对工作表单元格的操作，在进行单元格操作前必须先选定要操作的若干个单元格。除了选定单个单元格之外，用户还可以选择单元格区域、若干行或列等。常用快捷方式操作方法如表 3-1 所示。

表 3-1　常用快捷方式操作方法表

操　　作	常用快捷方法
选择单元格	用鼠标单击单元格
选择整列	单击列标选择一列；用鼠标在列标上拖动选择连续多列，按下"Ctrl"键单击列标选择不相邻多列
选择整行	单击行号选择一行；用鼠标在行号上拖动选择连续多行，按下"Ctrl"键单击行号选择不相邻多行
选择一个区域	➢ 在起始单元格中单击鼠标，按下左键不拖动鼠标选择一个区域 ➢ 按住"Shift"键的同时按箭头键以扩展选定区域 ➢ 单击该区域中的第一个单元格，然后在按住"Shift"键的同时单击该区域中的最后一个单元格
选择不相邻区域	先选择一个单元格或区域，然后按住"Ctrl"键不放选择其他不相邻区域
选择整个表格	单击表格左上角的"全选"按钮，或者在空白区域中按下"Ctrl+A"组合键

（2） 数据的修改。

在 Excel 2010 工作表编辑状态下，双击要修改数据的单元格，则进入单元格的数据编辑修改状态，也可以在编辑栏中进行单元格数据的修改操作，首先选定要修改的单元格，然后就可以在编辑栏中修改单元格中的数据。

（3） 单元格数据清除。

单元格数据清除主要用来清除选定单元格区域中的数据，单元格本身并不会被删除。首先选定要清除数据的单元格或单元格区域，然后选择"开始"选项卡 | "编辑" | "清

除"按钮，在弹出的级联菜单下的"格式""内容"或"批注"命令可分别清除所选单元格的格式、内容或批注。若选择该级联菜单下的"全部清除"命令，可将单元格的格式、内容和批注全部清除。

（4）　删除单元格。

选定要操作的单元格或单元格区域，在"开始"选项卡"单元格"功能组中单击"删除"按钮，选择"删除单元格"选项，打开"删除"对话框，根据需要选择合适的选项即可。

（5）　数据的复制和移动。

1）　复制数据。

首先选定要进行数据复制的单元格（单元格区域），然后用鼠标指向单元格（单元格区域）的边界，当鼠标指针变为十字四向箭头时，按下"Ctrl"键拖动鼠标到目标区域即可。

2）　移动数据。

首先选定要进行数据移动的单元格（单元格区域），然后用鼠标指向单元格（单元格区域）的边界，当鼠标指针变为十字四向箭头时，按下"Ctrl"键拖动鼠标到目标区域即可。

（6）　数据的选择性粘贴。

先将数据复制到剪贴板，将光标定位到待粘贴目标区域中的开始位置，然后在"开始"选项卡"剪贴板"功能组中单击"粘贴"按钮，选择"选择性粘贴"选项，打开"选择性粘贴"对话框进行相关设置。

（7）　行列操作。

行列操作可以通过鼠标，也可以通过菜单实现。其基本方法如表 3-2 所示。

表 3-2　菜单实现行列设置操作方法

行列操作	基本方法
调整行高	用鼠标拖动行号的下边线；或者依次选择"开始"选项卡|"单元格"组中的"格式"下列列表|"行高"命令，在对话框中输入精确值
调整列宽	用鼠标拖动列标的右边线；或者依次选择"开始"选项卡|"单元格"组中的"格式"下列列表|"列宽"命令，在对话框中输入精确值
隐藏行	用鼠标拖动行号的下边线与上边线重合；或者依次选择"开始"选项卡|"单元格"组中的"格式"下列列表|"隐藏和取消隐藏"|"隐藏行"命令
隐藏列	用鼠标拖动列标的右边线与左边线重合；或者依次选择"开始"选项卡|"单元格"组中的"格式"下列列表|"隐藏和取消隐藏"|"隐藏列"命令
插入行	依次选择"开始"选项卡|"单元格"组中的"插入"下列列表|"插入工作表行"命令，将在当前行上方插入一个空行
插入列	依次选择"开始"选项卡|"单元格"组中的"插入"下列列表|"插入工作表列"命令，将在当前列左侧插入一个空列
删除行或列	选择在删除的行或列，在"开始"选项卡|"单元格"组中单击"删除"命令
移动行列	选择要移动的行或列，将鼠标指向所选内容的边线，拖动鼠标即可实现行或列的移动

提示： 以上各项功能（除移动行列外）还可以通过单击鼠标右键快捷菜单实现，在单元格或行列上单击鼠标右键，从弹出的快捷菜单中选择相应的命令即可。

4. 单元格格式化

（1） 数据格式化。

数字格式化是指表格中数字的外观形式。通常情况下，输入单元格中的数据是未经格式化的，尽管 Excel 会尽量将其显示为最接近的格式，但并不能满足所有需求。

通常来说，需要对数据进行数字格式设置，这样不仅美观，而且更便于阅读，或者使其显示的精度更高。

例如，当试图在单元格中输入一个人的 18 位身份证号码时，你可能会发现直接输入一串数字后结果是不对的，这时就需要通过数字格式的设置才能正确显示。

1） 可供选择的数字格式。

常规：默认格式、数值、货币、会计专用、日期、时间、百分比、分数；科学记数：用指数符号(E)显示数字：2.00E+05=200000；文本：主要用于设置那些表面看起来是数字，但实际上是文本的数据，例如序号 001、002，就需要设置为文本格式才能正确显示出前面的零；特殊：包括邮政编码、中文小写数字和中文大写数字、自定义。

2） 设置数字格式的基本方法。

通过"文件"选项卡上"数字"组中的相应按钮快速设置。

单击"数字"组右侧的对话框启动器，在"设置单元格格式"对话框的"数字"选项卡中，进行更加详细的设置或自定义格式。

提示：如果一个单元格显示出一连串的"##########"标记，这通常意味着单元格宽度不够，无法显示全部数据长度，这时可以加宽该列或改变数字格式。

同一数据在单元格中可以有不同的表现形式，如表 3-3 所示。

表 3-3　不同数据类型的显示方式

格式类型	无格式数据	格式化后显示
日期	12345	1933 年 10 月 18 日
时间	0.1234	2:57:42
分数	0.5	1/2
货币	1234	￥1234.00
百分比	0.1234	12.34%

注：日期和时间在单元格中是以序列数字的形式存储的。

（2） 字体格式化。

1） 设置内容。

字体、字型、修饰、对齐方式、字体颜色等。

2） 设置方法。

方法一：在"开始"选项卡"字体"功能组中单击相应按钮。

方法二：单击"开始"选项卡"数字"功能区右侧的对话框启动器，在"设置单元格格式"对话框的"字体"选项卡中进行相应设置。

（3） 单元格对齐方式。

1） 相关内容。

① 对齐方式。

② 旋转文字。

③ 单元格内容换行。

2） 设置方法。

① 对齐方式：左上、中上、右上、中左、中中、中右、左下、中下、右下，共 9 种对齐方式。

方法一：在"开始"选项卡"对齐方式"功能组中单击相应按钮。

方法二：单击"开始"选项卡"对齐方式"功能区右侧的对话框启动器，在"设置单元格格式"对话框的"对齐"选项卡中进行相应设置。

② 旋转文字：在"设置单元格格式"对话框的"对齐"选项卡中，选择文字方向。

③ 单元格内容换行：

● 自动换行：在"设置单元格格式"对话框的"对齐"选项卡中，勾选"自动换行"复选框。

● 手动换行："Alt+Enter"组合键。

（4） 工作表的其他格式化。

1） 相关内容。

行高、列宽、边框、填充的设置、单元格的合并、设置主题、设置背景。

2） 设置方法。

① 设置行高和列宽。

方法一：用鼠标拖动行框线或列框线，可粗略调整行高或列宽。

方法二：用鼠标右键单击行标签、列标签，在弹出的快捷菜单中选择"行高"或"列宽"，在"行高"或"列宽"对话框中，输入行高值或列宽值，单击"确定"按钮。

方法三：选定行、列后，在"开始"选项卡"单元格"功能组中单击"格式"按钮，选择"行高"或"列宽"，在"行高"或"列宽"对话框中，输入行高值或列宽值，单击"确定"按钮。

方法四：用鼠标双击行框线、列框线，将行高、列宽调整为最适合的行高或列宽。

方法五：选定行、列后，在"开始"选项卡"单元格"功能组中单击"格式"按钮，选择"自动调整行高"或"自动调整列宽"。

② 添加边框和底纹。

默认情况下，工作表中的网格线只用于显示，不会被打印。

添加边框和底纹的操作方法如下：

方法一：在"开始"选项卡"字体"功能组中，单击"边框"或"填充颜色"按钮，选择所需边框样式或填充颜色。

方法二：在"开始"选项卡"单元格"功能组中，单击"格式"按钮，选择设置单元格格式，在"设置单元格格式"对话框的"边框"选项卡中设置边框样式，在"填充"选项卡中设置填充颜色，单击"确定"按钮。

方法三：单击"开始"选项卡"字体"（或"数字""对齐方式"）功能组的对话框启动器，在"设置单元格格式"对话框的"边框"或"填充"选项卡中，设置边框样式和填充颜色，单击"确定"按钮。

③ 合并单元格。

合并单元格主要有"合并后居中""跨越合并""合并单元格"3 种方式。主要用的操作方法有以下 2 种。

方法一：选定需要合并的单元格，在"开始"选项卡"对齐方式"功能组单击"合并后居中"按钮，在下拉菜单选择相应的命令。

方法二：选定要合并的单元格，单击"开始"选项卡"对齐方式"功能组的对话框启动器，在"设置单元格格式"对话框的"对齐"选项卡中，勾选"合并单元格"复选框。

④ 设置背景。

在"页面布局"选项卡"页面设置"功能组单击"背景"按钮，打开"工作表背景"对话框，选择图片文件，单击"插入"按钮，完成对工作表的图片背景设置。

5. 条件格式

条件格式将会基于设定的条件来自动更改单元格区域的外观，可以突出显示所关注的单元格或单元格区域、强调异常值、使用数据条、颜色刻度和图标集来直观地显示数据。

例如：一份成绩表中谁的成绩最好，谁的成绩最差？不论这份成绩单中有多少人，利用条件格式都可以快速找到并以特殊格式标示出这些特定数据所在的单元格。

（1） 利用预置条件实现快速格式化。

1） 操作方法。

在"开始"选项卡"样式"功能组中，单击"条件格式"按钮，选择相应的规则，选择预置的条件格式。

2） 各项条件规则的功能说明。

① 突出显示单元格规则：通过比较运算符限定数据范围。例如，在一份工资表中，将所有大于 10 000 元的工资数用红色字体突出显示。

② 项目选取规则：可以设定前若干个最高值或后若干个最低值、高于或低于该区域平均值的单元格特殊格式。例如，在一份学生成绩单中，用绿色字体标示某科目排在后 5 名的分数。

③ 数据条：帮助查看某个单元格相对于其他单元格的值。数据条越长，表示值越高。在观察大量数据中的较高值和较低值时，数据条尤其有用。例如，查看节假日销售报表中最畅销和最滞销的玩具。

④ 色阶：通过使用 2 种或 3 种颜色的渐变效果来比较单元格区域中的数据，一般情况下，颜色的深浅表示值的高低。例如，在绿色和黄色的双色色阶中，可以指定数值越大的单元格的颜色越绿，而数值越小的单元格的颜色越黄。

⑤ 图标集：使用图标集对数据进行注释，每个图标代表一个值的范围。例如，在三色交通灯图标集中，绿色的圆圈代表较高值，黄色的圆圈代表中间值，红色的圆圈代表较低值。

（2） 自定义规则实现高级格式化。

1） 自定义规则。

在"开始"选项卡"样式"功能组中，单击"条件格式"按钮，选择"管理规则"，在"条件格式规则管理器"对话框中单击"新建规则"按钮，在"新建格式规则"对话框的"选择规则类型"列表框中，选择规则类型，在"编辑规则说明"区设定条件及格式。

2）　修改规则。

在"开始"选项卡"样式"功能组中单击"条件格式"按钮，选择"管理规则"，在"条件格式规则管理器"对话框中单击"编辑规则"按钮，进行修改。

3）　删除规则。

方法一：选定设置了条件格式的单元格区域，在"开始"选项卡"样式"功能组中，单击"条件格式"按钮，选择"管理规则"，在"条件格式规则管理器"对话框中，选择拟删除的规则，单击"删除规则"按钮。

方法二：选定设置了条件格式的单元格区域，在"开始"选项卡"样式"功能组中单击"条件格式"按钮，选择"清除规则"后的"清除所选单元格规则"。

6.　套用表格格式

除了手动进行各种格式化操作外，Excel 还提供有多种自动格式化的高级功能，以方便大家快速进行格式化操作。

Excel 本身提供了大量预置好的表格样式，可自动实现包括字体大小、边框样式、填充图案和对齐方式等单元格格式集合的应用，从而快速实现报表格式化。

（1）　指定单元格样式。

1）　功能。

只对某个指定的单元格设定预置格式。

2）　操作方法。

① 应用预置样式。

在"开始"选项卡"样式"功能组单击"单元格样式"按钮，在预置样式列表中选择某一个预定样式。

② 自定义样式。

在"开始"选项卡"样式"功能组单击"单元格样式"按钮，单击"新建单元格样式"命令，在"样式"对话框中设置相应的样式后，单击"确定"按钮。

（2）　套用表格格式。

1）　功能。

将把格式集合应用到整个数据区域，但自动套用格式只能应用于不含合并单元格的数据列表中。

2）　操作方法。

① 应用套用格式。

在"开始"选项卡"样式"功能组单击"套用格式"按钮，从预置格式列表中选择某一个预定样式。

② 自定义快速格式。

在"开始"选项卡"样式"功能组单击"套用格式"按钮，单击预置格式列表下方的"新建表样式"命令，在"新建表快速样式"对话框中，设置好样式后，单击"确定"按钮。

③ 取消套用格式。

在"表格工具"的"设计"选项卡"工具"功能组中，单击"转换为区域"按钮，在打开的对话框中单击"是"按钮。

7. 设定与使用主题

主题是一组格式集合，其中包括主题颜色、主题字体（包括标题字体和正文字体）和主题效果（包括线条和填充效果）等。通过应用文档主题，可以快速设定文档格式基调并使其看起来更加美观且专业。

（1）使用主题。

单击"页面布局"选项卡"主题"功能组的"主题"按钮，选择内置的主题类型。

（2）自定义主题。

1）设置颜色。

单击"页面布局"选项卡"主题"功能组的"颜色"按钮，选择一种颜色组合。

2）设置字体。

单击"页面布局"选项卡"主题"功能组的"字体"按钮，选择一种字体。

3）设置效果。

单击"页面布局"选项卡"主题"功能组的"效果"按钮，选择一组效果方案。

4）保存自定义主题。

单击"页面布局"选项卡"主题"功能组的"主题"按钮，在主题列表最下方选择"保存当前主题"命令，在"保存当前主题"对话框中，选择保存位置，输入主题名称，单击"确定"按钮。

提示： 新建主题将会显示在主题列表最上面的"自定义"区域以供选用。

8. 页面设置和打印

Excel 2010 工作表由 1 648 576 行×16 384 列组成，一般情况下，会有很大空白区域，如果直接打印，会将空白页一并输出。因此，在对工作表输出打印之前，需进行相应的编辑及打印设置，以使其输出效果更加规范、美观。

（1）设置打印区域和分页。

1）设置打印区域。

当用户只想打印工作表中的部分内容时，可以通过设置打印区域功能来解决。

操作方法如下：选定要打印的内容，单击"页面布局"选项卡"页面设置"功能组的"打印区域"按钮，选择"设置打印区域"，将选定的内容设置为打印区域。

2）手工分页。

当打印的数据较多时，Excel 自动将打印的内容分页，如果用户不满意这种分页方式，可以根据需要对工作表进行人工分页。

操作方法如下：

① 插入分页符：选定分页边界的单元格，在"页面布局"选项卡"页面设置"功能组中，单击"分隔符"按钮，选择"插入分页符"，则会以该单元格为边界，将页面分成上、下、左、右四页。

② 删除分页符：选定分页边界的左下区域的第一个单元格，在"页面布局"选项卡"页面设置"功能组中，单击"分隔符"按钮，选择"删除分页符"命令。

3）　分页预览。

当打印内容分成多页时，可进行分页预览，查看各页的效果。

操作方法是：单击"页面布局"选项卡"页面设置"功能组的对话框启动器，在"页面设置"对话框中单击"打印预览"按钮，在打开的后台视图中，单击"下一页"或"上一页"按钮实现分页预览。

（2）　页面设置。

1）　页面设置内容。

包括设定纸张大小、页边距、页眉、页脚、缩放比例和打印方向等。

2）　操作方法。

单击"页面布局"选项卡"页面设置"功能组的对话框启动器按钮，打开"页面设置"对话框，分别在"页面""页边距""页眉/页脚""工作表"四个选项卡中进行相应设置。

（3）　设置打印标题。

当打印内容为多页，需要在每一页上都重复打印标题行或列时，需设置打印标题。

操作方法是：单击"页面布局"选项卡"页面设置"功能组的"打印标题"按钮，在"页面设置"对话框的"工作表"标签中，用鼠标选择添加"顶端标题行"或"左端标题列"，单击"确定"按钮。

（4）　打印预览。

单击"文件"菜单，选择"打印"命令，在后台视图的预览窗格，预览打印效果。

（5）　打印工作表。

如果对打印预览的效果满意，可以在"打印与预览"窗格中设置打印参数，最后单击"打印"按钮即可打印。

9.　工作表的基本操作

（1）　选定工作表。

1）　选取单个工作表。

鼠标单击要操作的工作表标签。

2）　选取多个工作表。

选取多个连续工作表，可先单击第一个工作表，然后按"Shift"键单击最后一个工作表，选取多个非连续工作表则通过按下"Ctrl"键单击选取。

（2）　插入工作表。

方法一：单击工作表标签右边的"插入工作表"按钮，在最右边插入一张空白工作表。

方法二：用鼠标右键单击工作表标签，在弹出的快捷菜单中选择"插入"命令，在"插入"对话框中双击表格类型。其中双击"工作表"可在当前工作表前插入一张空白工作表。

方法三：单击"开始"选项卡"单元格"功能组的"插入"按钮，选择"插入工作表"。

（3）　重命名工作表。

方法一：右键单击工作表标签，在快捷菜单中选择"重命名"命令，输入工作表的新名称。

方法二：双击工作表标签，输入工作表的新名称。

方法三：单击"开始"选项卡"单元格"功能组的"格式"按钮，选择"重命名工作表"命令，输入新的工作表名，按"Enter"键确认。

（4）删除工作表。

方法一：选定该工作表，单击"开始"选项卡"单元格"功能组的"删除"按钮，选择"删除工作表"。

方法二：用鼠标右键单击工作表标签，在弹出的快捷菜单中选择"删除"命令，即可删除当前选定的工作表。

（5）移动或复制工作表。

方法一：使用菜单命令复制或移动工作表，既可在相同工作簿间移动或复制，也可在不同工作簿间移动或复制。

打开相关工作簿，用鼠标右键单击所要复制或移动的工作表标签，在弹出的快捷菜单中选择"移动或复制工作表"命令，打开"移动或复制工作表"对话框，选定移动位置单击"确定"按钮，可实现移动操作；勾选"建立副本"复选框可实现复制操作。

方法二：使用鼠标复制或移动工作表，只适用于同一个工作簿内移动或复制工作表。

① 复制：按下"Ctrl"键，用鼠标拖动要复制的工作表标签到"工作表标签"栏的指定位置，释放鼠标。

② 移动：直接将要移动的工作表拖动到新位置，释放鼠标。

（6）设置工作表标签颜色。

方法一：用鼠标右键单击工作表标签，在弹出的快捷菜单中选择"工作表标签颜色"，选择颜色。

方法二：单击"开始"选项卡"单元格"功能组的"格式"按钮，选择"工作表标签颜色"，选择一种颜色。

（7）显示或隐藏工作表。

1）隐藏工作表。

方法一：在工作表标签上单击鼠标右键，选择"隐藏"命令。

方法二：单击"开始"选项卡"单元格"功能组的"格式"按钮，选择"隐藏和取消隐藏工作表"命令中的"隐藏工作表"。

2）取消隐藏。

方法一：在工作表标签上单击鼠标右键，选择"取消隐藏"命令，在"取消隐藏"对话框中，选择要取消隐藏的工作表，单击"确定"按钮。

方法二：单击"开始"选项卡"单元格"功能组的"格式"按钮，选择"隐藏和取消隐藏工作表"命令中的"取消隐藏工作表"，在"取消隐藏"对话框中，选择要取消隐藏的工作表，单击"确定"按钮。

五、答案解析

1. 启动 Excel 2010 软件后，打开"课堂练习"文件夹中的"Excel 数据输入"工作簿，完成下列操作。

（1）在工作表"Sheet1"中适当调整行、列间距，在各单元格（区域）中输入下列数据后修改工作表名为"数据输入"。

操作步骤如下：

① 单击"开始"按钮，依次选择"所有程序"|"Microsoft Office"|"Microsoft Excel 2010"命令。

② 在应用程序窗口中，单击"文件"菜单，选择"打开"命令（或单击快速启动工具栏的打开按钮"🖼"或"Ctrl+O"组合键），在弹出的"打开"对话框中选择"Excel 数据输入"工作簿，单击"确定"按钮（或双击文件）。

③ 用鼠标右键单击工作表"Sheet1"标签，在弹出的快捷菜单中选择"重命名"，输入"数据输入"后，在工作表标签外单击。

④ 输入文本：选定相应单元格后，直接输入相应内容。

⑤ 填充 1～12。

方法一：在第 1 个单元格输入 1 后，选定单元格，按住"Ctrl"键向下拖动填充柄（或拖动填充柄后，在出现的"自动填充选项"悬浮按钮中，选择"填充序列"）。

方法二：分别在前 2 个单元格中输入 1、2 后，选定单元格，向下拖动填充柄。

⑥ 填充 1、3、…、23：在第 1 个单元格输入 1 后，选定单元格，在"开始"选项卡"编辑"功能组中，单击"填充"按钮，选择"序列"，在打开的如图 3-3 所示的"序列"对话框中进行设置后，单击"确定"按钮。

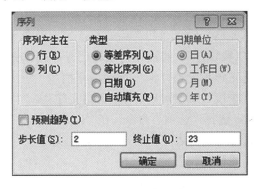

图 3-3　等差序列操作示意图 1

⑦ 填充 2、4、6、…、24：在第 1 个单元格输入 2 后，选定单元格，在"开始"选项卡的"编辑"功能组中，单击"填充"按钮，选择"序列"，在打开的如图 3-4 所示的"序列"对话框中进行设置后，单击"确定"按钮。

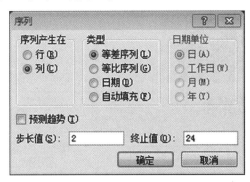

图 3-4　等差序列操作示意图 2

⑧ 填充等比序列：在第 1 个单元格输入 2 后，选定单元格，在"开始"选项卡"编辑"功能组中，单击"填充"按钮，选择"序列"，在打开的如图 3-5 所示的"序列"对话框中进行设置后，单击"确定"按钮。

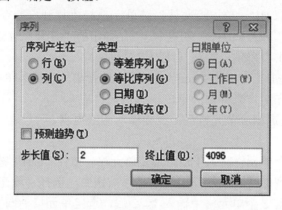

图 3-5　填充等比序列示意图

⑨ 填充已有序列。
◆ 填充星期：选定单元格，输入"星期一"，再次选定该单元格，向下拖动填充柄。
◆ 填充月份：选定单元格，输入"一月"，再次选定该单元格，向下拖动填充柄。
◆ 填充天干：选定单元格，输入"甲"后，再次选定该单元格，向下拖动填充柄。
◆ 填充"第一季"～"第四季"：此操作为填充已有序列。在选定的单元格中输入"第一季"后，再次选定该单元格，向下拖动填充柄。
⑩ 填充"一季度～四季度"：此操作为填充自定义序列。
◆ 单击"文件"菜单，选择"选项"命令，在"Excel 选项"对话框中，选择"高级"选项，单击"编辑自定义列表"按钮，在"自定义序列"对话框中按如图 3-6 所示进行设置后，单击"确定"按钮。
◆ 在选定单元格中输入"一季度"后，再次选定该单元格，向下拖动填充柄。

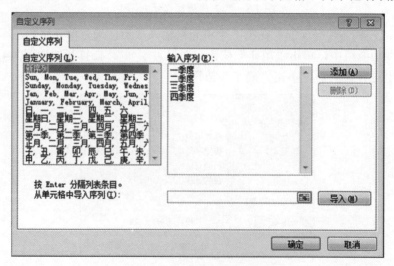

图 3-6　自定义序列示意图

⑪ 输入日期：

◆ 单元格中输入"2016-12-29"或"2016/12/29"，按下"Enter"键。

◆ 选定日期单元格，在"开始"选项卡中，单击"数字"功能组的对话框启动器，在如图 3-7 所示的日期格式设置示意图 1 的对话框中进行相应设置后，单击"确定"按钮，可得到不同的日期格式。

图 3-7　日期格式设置示意图 1

拓展：输入当前日期，按下"Ctrl+；"组合键。

⑫ 输入时间：在选定的单元格中输入"14：25"后，按下"Enter"键，可输入时间。选定单元格后，在"开始"选项卡中，单击"数字"功能组的对话框启动器，在如图 3-8 所示的时间格式设置示意图的对话框中进行相应设置后，单击"确定"按钮，可得到不同的时间格式。

图 3-8　时间格式设置示意图

⑬ 输入负数：在选定的单元格中输入"-250"后，按下"Enter"键，可输入负数。选定单元格后，在"开始"选项卡中，单击"数字"功能组的对话框启动器，在如图 3-9

所示的对话框中进行相应设置后，单击"确定"按钮。可得到不同的负数格式（红色、红色加括号、括号、负号）。

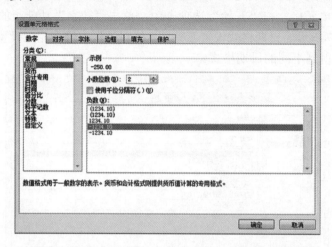

图 3-9　"设置单元格格式"对话框

⑭ 输入分数：在选定的单元格中输入"0 空格 1/3"后，按下"Enter"键，可输入分数。或先设定单元格的格式为"分数"，再输入"1/3"。

⑮ 输入身份证号码：在选定的单元格中，英文标点下，输入"'"后，再输入身份证号码。或先设定单元格的格式为"文本"，再输入身份证号码。

（2）在工作表"学生成绩表"中，设置数据区域的"行高"为"30"，设置数据区域的"列宽"为"9"。

操作步骤如下：

① 选定"学生成绩表"的 A1：G39 区域，在"开始"选项卡的"单元格"功能区中，单击"格式"按钮，选择"行高"，在"行高"对话框中，输入"30"后，单击"确定"按钮。

② 再次单击"格式"按钮，选择"列宽"，在"列宽"对话框中，输入"9"后，单击"确定"按钮。

（3）在工作表"学生成绩表"中，插入表头"学生成绩表"在表格上方并居中，设置文字为"隶书、粗体、红色、30 号字"。

操作步骤如下：

① 选定"学生成绩表"工作表，用鼠标右键单击行标签"1"，在弹出的快捷菜单中选择"插入"，完成插入空白行的操作。

② 选定 A1 单元格，输入"学生成绩表"，按下"Enter"键。

③ 选定 A1：G1 区域，在"开始"选项卡的"对齐方式"功能区，单击"合并后居中"按钮。

④ 选定单元格 A1，在"开始"选项卡的"字体"功能区，设置文字为隶书、粗体、红色、30 号字。

（4）在工作表"学生成绩表"中，给表格的标题行和内容分别设置不同的边框与底纹，单元格区域内字符的对齐方式：水平和垂直方向均居中。

操作步骤如下：

① 分别选定标题行和内容所在的单元格或数据区域，在"开始"选项卡"字体"功能区中，单击"填充颜色"按钮" "，选择所需的颜色。（或单击"字体"或"对齐方式""数字"右侧的对话框启动器，"设置单元格格式"对话框的"填充"选项卡中选择所需的颜色后单击"确定"按钮）

② 分别选定标题行和内容所在的单元格或数据区域，在"开始"选项卡"字体"功能区中，单击边框按钮" "，选择所需的框线（或单击"字体"或"对齐方式""数字"右侧的对话框启动器，在如图 3-10 所示的"设置单元格格式"对话框的"边框"选项卡中选择所需的框线）。

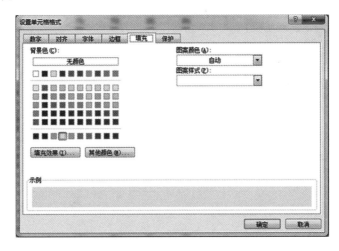

图 3-10 "设置单元格格式"对话框

③ 选定工作表中需设置对齐方式的单元格区域，在"开始"选项卡"对齐方式"功能区中，分别单击水平居中按钮" "和垂直居中按钮" "（或单击"对齐方式"右侧的对话框启动器，在如图 3-11 所示的"设置单元格格式"对话框的"对齐"选项卡设置水平居中和垂直居中后单击"确定"按钮）。

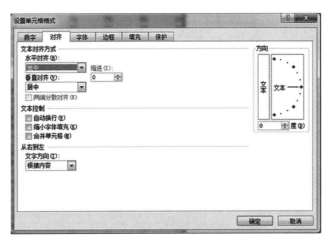

图 3-11 单元格对齐方式设置示意图

（5）在工作表"学生成绩表"中，设置成绩数据小数位数为 1 位，并设置数据有效性，只允许输入 0～100，并设置出错提示。

操作步骤如下：

① 选定"学生成绩表"工作表的 D3：G39 区域（或 D：G 列），单击"开始"选项卡的"数字"功能区的对话框启动器，打开"设置单元格格式"对话框。

② 在如图 3-12 所示的"设置单元格格式"对话框的"数字"选项卡中，设置分类为"数值"，小数位数为 1 位，单击"确定"按钮。

图 3-12　设置数值格式示意图

③ 单击"数据"选项卡"数据工具"功能区的"数据有效性"按钮，选择"数据有效性"，如图 3-13 所示的"数据有效性"对话框，在"设置"选项卡的"允许"列表框中选择"小数"，在"数据"列表框中选择"介于"，在"最小值"文本框中输入"0"，在"最大值"文本框中输入"100"，单击"确定"按钮。

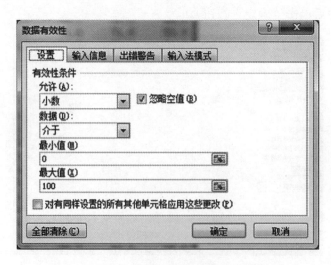

图 3-13　"数据有效性"对话框

（6）在工作表"学生成绩表"中，应用"条件格式"命令将所有不及格课程成绩的字体设置为"红色、加粗"。

操作步骤如下：

① 选定"学生成绩表"工作表的 D3：G39 区域，单击"开始"选项卡"样式"功能区的"条件格式"按钮，如图 3-14 所示，选择"突出显示单元格规则"中的"小于"选项，打开"小于"对话框。

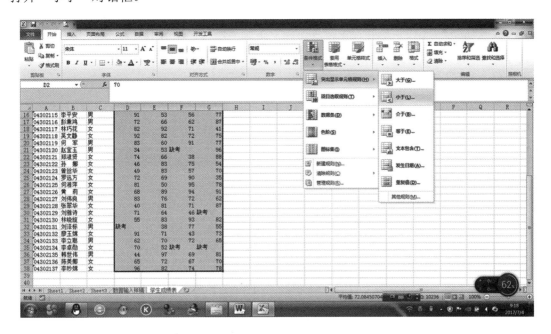

图 3-14　"条件格式"设置示意图

② 在"小于"对话框中的"小于"栏中输入"60"，在"设置为"列表中选择"自定义格式"，打开"设置单元格格式"对话框。

③ 在"设置单元格格式"对话框的"字体"选项卡中，设置字体颜色为"红色"、字形为"加粗"，单击"确定"按钮。

（7）在工作表"学生成绩表"中，将表格内容每 10 位同学分页，并进行打印设置：上边距：1.8；下边距：1.5；左边距：2；右边距：1；"横向"A4 纸，内容居中，设置打印标题行，并定义页眉为"文件名+工作表名"，页脚为"第几页共几页"。

操作步骤如下：

① 分别单击 12 行、22 行、32 行的行标签，在"页面布局"选项卡"页面设置"功能区中，单击"分隔符"按钮，选择"插入分页符"。

② 选定 A1：G39 区域，在"页面布局"选项卡"页面设置"功能区中，单击"打印区域"按钮，选择"设置打印区"选项。

③ 单击"页面布局"选项卡"页面设置"功能区的"页边距"按钮，选择"自定义页边距"选项，在打开的对话框中，设置上边距为 1.8，下边距为 1.5，左边距为 2，右边距为 1，并勾选"水平"居中方式。

④ 单击"页面布局"选项卡"页面设置"功能区的"纸张方向"按钮，选择"横向"

选项。

⑤ 单击"页面布局"选项卡"页面设置"功能区的"纸张大小"按钮，选择"A4"选项。

⑥ 单击"页面布局"选项卡"页面设置"功能区的"打印标题"按钮，在打开的对话框中，单击"顶端标题行"栏，用鼠标选定 2 行，单击"确定"按钮。

⑦ 单击"页面布局"选项卡右侧的对话框启动按钮，在打开的对话框中，转到"页眉/页脚"选项卡，单击"自定义页眉"按钮，在"中"文本栏中输入"Excel 输入练习学生成绩表"，单击"确定"按钮；单击"自定义页脚"按钮，在"中"文本栏中输入"第页共页"，在"第"和"页"中间，单击插入页码"⬛"按钮，在"共"和"页"间，单击插入页数"⬛"按钮，单击"确定"按钮。

注：上述③～⑦项均可通过单击"页面布局"选项卡右侧的对话框启动器，在"页面设置"对话框的相应选项卡中完成设置。

（8） 复制"学生成绩表"工作表的表格内容放置到 Sheet2 中，去除打印设置，并给该表格设置自动套用格式。

操作步骤如下：

① 选定"学生成绩表"工作表的 A1：G39 区域，按"Ctrl+C"（或右键单击鼠标，在弹出的快捷菜单中选择"复制"命令）组合键，在"Sheet2"工作表中，单击 A1 单元格，按"Ctrl+V"（或右键单击鼠标，在弹出的快捷菜单中选择"粘贴"命令）组合键。

② 在"开始"选项卡的"样式"功能区，单击"套用表格格式"按钮，选择一个适当的样式，默认各项设置，单击"确定"按钮。

（9） 将工作簿文件以"学号+姓名+原文件名"保存在指定位置。

操作步骤如下：

单击"文件"菜单，选择"另存为"命令，在"另存为"对话框中选择保存位置，输入文件名后，单击"确定"按钮。

2. 打开"课堂练习"文件夹中的"学生成绩.xlsx"工作簿文件，完成下列操作：

（1） 在最左侧插入一个空白工作表，重命名为"初三学生档案"，并将该工作表标签颜色设为"紫色（标准色）"。

操作步骤如下：

① 双击打开"学生成绩.xlsx"工作簿，用鼠标右键单击"语文"工作表，在弹出的快捷菜单中选择"插入"命令，在"插入"对话框中，选择"工作表"，单击"确定"按钮。

② 双击"Sheet1"标签或右键单击"Sheet1"标签，输入新工作表名称"初三学生档案"。

③ 用鼠标右键单击"初三学生档案"标签，在弹出的快捷菜单中选择"工作表标签颜色"，将其更改为紫色。

（2） 将以制表符分隔的文本文件"学生档案.txt"自 A1 单元格开始导入到工作表"学生档案"工作表中，注意不得改变原始数据的排列顺序。

操作步骤如下：

① 选定"初三学生档案"工作表中的 A1 单元格，单击"数据"选项卡"获取外部数

据"功能区的"自文本"按钮。

② 在"导入文本文件"对话框中，找到"学生档案.txt"，单击"导入"按钮。

③ 在如图 3-15 所示的"文本导入向导-第 1 步，共 3 步"中的"文件原始格式"中选择一种简体中文格式，如"简体中文（GB2312-80）"后单击"下一步"按钮。

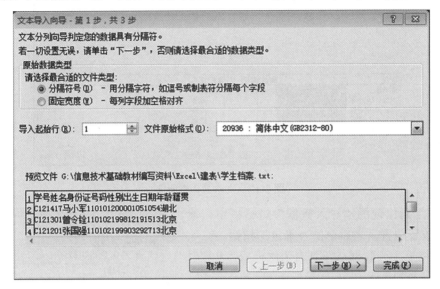

图 3-15　文本导入向导 1

④ 在如图 3-16 所示的"文本导入向导-第 2 步，共 3 步"中检查分隔符是否正确后单击"下一步"按钮。

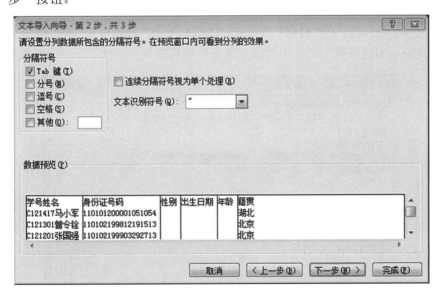

图 3-16　文本导入向导 2

⑤ 在如图 3-17 所示的"文本导入向导-第 3 步，共 3 步"中，将身份证号码的"列数据格式"设置为"文本"，单击"完成"按钮。

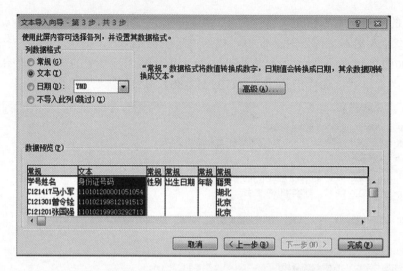

图 3-17　文本导入向导 3

⑥ 在之后出现的"导入数据"对话框中，检查数据的放置位置，之后单击"确定"按钮。

（3）将第 1 列数据从左到右依次分成"学号"和"姓名"两列显示。

操作步骤如下：

① 右键单击 B 列标签，在弹出的快捷菜单中选择"插入"，在原来的 A 列与 B 列间插入一个空白列。

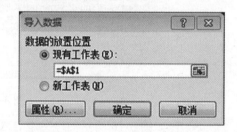

图 3-18　"导入数据"对话框

② 选定 A1 单元格，在"数据"选项卡的"数据工具"功能区中，单击"分列"按钮，在如图 3-19 所示的对话框中，选中"固定宽度"单选按钮，单击"下一步"按钮。

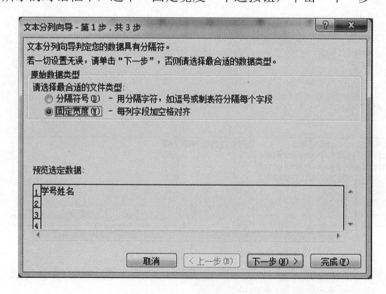

图 3-19　分列操作示意图 1

③ 在对话框的"数据预览"框中的"学号"和"姓名"中间单击鼠标，添加如图 3-20 所示的分列符后，单击"下一步"按钮。

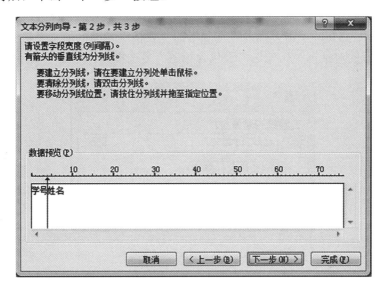

图 3-20　分列操作示意图 2

④ 单击"完成"按钮。

⑤ 选定 A2：A56 区域，再次在"数据"选项卡的"数据工具"功能区中，单击"分列"按钮，在如图 3-21 所示的对话框中，选中"固定列宽"单选按钮，单击"下一步"按钮。

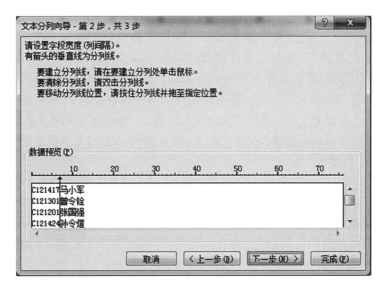

图 3-21　分列操作示意图 3

⑥ 在对话框的"数据预览"框中的学号字符串和姓名中间单击，添加分列符后，单击"下一步"按钮。

⑦ 单击"完成"按钮。

（4）创建一个名为"档案"、包含数据区域 A1：G56、包含标题的表，同时删除外部链接。

操作步骤如下：

① 选定 A1：G56，单击"插入"选项卡的"表格"功能区的"表格"工具，在打开的如图 3-22 所示的对话框中，勾选"表包含标题"复选框后，单击"确定"按钮。

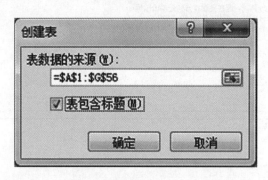

图 3-22 创建表示意图 1

② 在打开的对话框中，单击"是"按钮，删除外部链接。

③ 在之后出现的"设计"选项卡的"属性"功能区中的"表名称"栏中，输入"档案"。

3. 新建一个空白 Excel 文档，完成下列操作。

（1）将工作表"Sheet 1"更名为"第五次普查数据"，将"Sheet 2"更名为"第六次普查数据"，将该文档以"全国人口普查数据分析.xlsx"为文件名进行保存。

操作步骤如下：

① 在"课堂练习"文件夹中单击鼠标右键，在弹出的快捷菜单中依次选择"新建""Microsoft Excel 工作表"，并将其文件名改为"全国人口普查数据分析.xlsx"。

② 打开"全国人口普查数据分析.xlsx"文件，右键单击"Sheet 1"工作表标签，选择"重命名"（或双击"Sheet 1"标签），输入新名称"第五次普查数据"；右键单击"Sheet 2"工作表标签选择"重命名"（或双击"Sheet 1"标签），输入新名称"第六次普查数据"。

③ 单击"文件"菜单，选择"保存"命令（或单击快速访问工具栏中的保存按钮"▣"或按"Ctrl+S"组合键）。

（2）浏览网页"第五次全国人口普查公报.htm"，将其中的"2000 年第五次全国人口普查主要数据"表格导入到工作表"第五次普查数据"中；浏览网页"第六次全国人口普查公报.htm"，将其中的"2010 年第六次全国人口普查主要数据"表格导入到工作表"第六次普查数据"中（要求均从 A1 单元格开始导入，不得对两个工作表中的数据进行排序）。

操作步骤如下：

① 在"课堂练习"文件夹中双击打开"第五次全国人口普查公报.htm"网页文件，在打开的如图 3-23 所示的网页浏览窗口复制网页地址。

② 选定"第五次普查数据"工作表的 A1 单元格，在"数据"选项卡"获取外部数据"功能区中，单击"自网站"按钮。

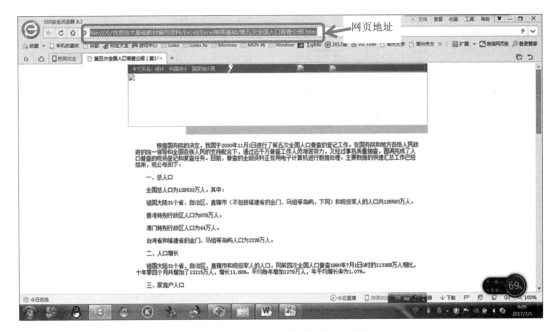

图 3-23　获取网站数据操作示意图 1

③ 将①步复制的文件地址粘贴到如图 3-24 所示的"地址栏"中，单击"转到"按钮。

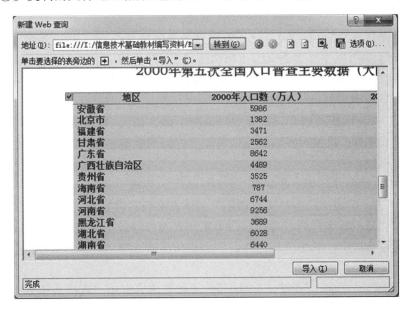

图 3-24　获取网站数据操作示意图 2

④ 向下滚动页面至所需的表格处，单击表格左侧的"⬛"，使其变成"✓"后，单击"导入"按钮。

⑤ 在如图 3-25 所示的"导入数据"对话框中，检测导入数据的起始位置，之后，单击"确定"按钮。

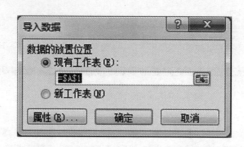

图 3-25　获取网站数据操作示意图 3

⑥ 在"课堂练习"文件夹中双击打开"第六次全国人口普查公报.htm"网页文件，在打开的网页浏览窗口复制网页地址。

⑦ 选定"第六次普查数据"工作表的 A1 单元格，在"数据"选项卡"获取外部数据"功能区中，单击"自网站"按钮。

⑧ 将第⑥步复制的文件地址粘贴到打开的窗口的"地址栏"中，单击"转到"按钮。

⑨ 向下滚动页面至所需的表格处，单击表格左侧的"➡"，使其变成"✔"后，单击"导入"按钮。

⑩ 在"导入数据"对话框中，检测导入数据的起始位置，之后，单击"确定"按钮。

六、课后练习

1. 打开"课后练习"文件夹中的"计算机设备全年销量统计表.xlsx"，完成下列操作。

（1）将"Sheet1"工作表命名为"销售情况"，将"Sheet2"命名为"平均单价"。

（2）在"店铺"列左侧插入一列，输入列标题为"序号"，并以 001、002、003、…的方式向下填充该列到最后一个数据行。

（3）将工作表标题跨列合并，并适当调整字体、加大字号、改变字体颜色。适当加大数据表行高和列宽，设置对齐方式及销售额数据列的数值格式（保留 2 位小数）。并为数据区域增加边框线。

2. 打开"课后练习"文件夹中的"素材.xlsx"，完成下列操作。

（1）在"法一""法二""法三""法四"工作表中表格内容的右侧，分别按序插入"总分""平均分""班内排名"列；并在这四个工作表的内容最下面增加"平均分"行。所有列的对齐方式设为居中，其中"班内排名"列数值格式为整数，其他成绩统计列的数值均保留 1 位小数。

（2）为"法一""法二""法三""法四"工作表内容套用"表样式中等深浅 15"的表格格式，并设置包含标题。

3. 打开"课后练习"文件夹中的"考生成绩单.xlsx"，完成下列操作。

（1）利用"条件格式"功能进行下列设置，将大学物理和大学英语两科中低于 80 分的成绩所在的单元格以一种颜色填充，其他五科中大于或等于 95 分的成绩以另一种颜色标出，所有颜色以不遮挡数据为宜。

（2）对工作表"期末成绩"中的数据列表进行如下格式化操作：将第一列"学号"设置为文本，设置成绩列为保留两位小数的数值。改变数据列表中的行高、列宽，改变字体、字号，设置边框和底纹，设置对齐方式。

任务 3-2 工作簿与工作表高级操作

一、教学目标

1. 知道工作簿与工作表的关系，掌握工作簿的新建、打开、保存等基本操作方法。
2. 会应用模板创建一个工作簿，会创建模板。
3. 会保护工作簿与工作表中的数据不被修改。
4. 会进行工作表插入、删除、移动、复制、隐藏。
5. 能同时对多张工作表进行数据输入、格式化等操作。
6. 能通过控制工作窗口的视图来查看大型表格、比较多个表格。

二、重难点

工作表的高级操作。

三、课堂练习

1. 启动 Excel 2010，打开"工作簿 1"，完成下列操作。
（1）将"工作簿 1"加密，并以"学号+姓名+工作表操作"保存。
（2）在工作表"Sheet3"中制作一张课程表，删除其他工作表另存为模板"课程表"后关闭。
（3）将工作表"Sheet1""Sheet2"分别重命名为"单科成绩表"和"成绩表"。
（4）在"单科成绩表"和"成绩表"之间插入一张新工作表"练习表"。
（5）将"练习表"复制一份，取名"练习表 2"，并将"练习表 2"移到最后。
（6）以刚才保存的模板为内容插入新工作表。
（7）以系统提供的账单模板为内容插入新工作表。
（8）将"练习表"隐藏。
（9）给各个工作表设置不同的表标签色。
（10）对课程表加密保护。
（11）复制"成绩表"，在其右边再生成两张工作表，分别命名为"成绩表 2"和"成绩表 3"。
（12）在"成绩表""成绩表 2"和"成绩表 3"的数据表最后增加总分列，并求出总分数据。
（13）在"练习表 2"之前插入一个空白工作表，将"成绩表"中的数据区域套用"表样式中等深浅 15",之后填充到刚插入的空白工作表中。

（14）将成绩表中的成绩数据锁定，并隐藏总分。

2. 打开"XX 学期校历及教学进程.xlsx"，完成下列操作：

适当冻结窗格，使拖动水平、垂直滚动条时，"周次""日期"行和"班级"列固定不动。

四、知识点

1. 工作簿的基本操作

Excel 的工作簿实际上就是保存在磁盘上的工作文件，一个工作簿文件可以同时包含多个工作表。若把工作簿比作一本书，那么工作表就是书中的每一页。

（1）新建工作簿。

方法一：启动 Excel 2010 应用程序，在"文件"菜单中，选择"新建"命令，在后台视图右侧的空格中，选择"空白工作簿"，单击"创建"按钮。

方法二：按"Ctrl+N"组合键可以快速新建空白工作簿。

方法三：单击快速访问工具栏中的"新建"按钮。如果"新建"按钮不在快速访问工具栏中，可单击工具栏右侧按钮，选择"其他"命令，将"新建"按钮添加到工具栏中。

通过新建命令，不仅可以创建空白文档，还可以基于内置模板创建，或连接到 Internet 上时，访问并应用"Office.com"上提供的模板创建，也可以自行创建模板并使用。

（2）保存工作簿。

方法一：在"文件"菜单中，选择"保存"或"另存为"命令，在"另存为"对话框中，选择保存位置，输入文件名。

方法二：单击快速访问工具栏上的"保存"按钮，按原路径、原文件名保存。

方法三：按组合键"Ctrl+S"，按原路径、原文件名保存。

必要时，在保存工作簿文件时，可以为其设置打开或修改密码，以保证数据的安全性。

（3）关闭工作簿。

1）关闭当前工作簿。

单击"文件"菜单，选择"关闭"命令，只关闭当前工作簿，不退出 Excel 2010 应用程序。

2）关闭并退出 Excel 程序。

单击"文件"菜单，选择"退出"命令，如果有未保存的文档，将会出现提示保存的对话框。

（4）打开工作簿。

方法一：双击要打开的 Excel 工作簿文件。

方法二：启动 Excel 2010，单击"文件"菜单，在"最近所用文件"列表中选择要打开的 Excel 工作簿文件，打开工作簿。

方法三：启动 Excel 2010，单击"文件"菜单，选择"打开"命令，在"打开"对话框中找到要打开的文件，双击或选定后单击"打开"按钮。

方法四：在快速访问工具栏中，选择"打开"命令，在"打开"对话框中找到要打开的文件，双击或选定后单击"打开"按钮。

方法五：按下"Ctrl+O"组合键，在"打开"对话框中找到要打开的文件，双击或选定后单击"打开"按钮。

（5）创建和使用工作簿模板。

模板是一种文档类型，模板中已事先根据需要添加了一些常用的文本或数据，并进行了适当的格式化，其中还可以包含公式和宏，并以特定的文件类型保存在特定的位置。

当需要创建类似的文档时，就可在模板基础上进行简单的修改，以快速完成常用文档的创建，而不必从空白页面开始。使用模板是节省时间和创建格式统一的文档的绝佳方式。

Excel 本身提供大量内置模板可供选用，Excel 2010 模板文件的后缀名为".xltx"。另外，用户还可以自己创建模板并使用。Excel 2010 默认的模板文件保存位置为：C:\Users\[实际用户名]\AppData\Roaming\Microsoft\Templates\。

需将工作簿保存为模板时，在"文件"菜单选择"另存为"命令，在打开的对话框中将文件类型选择为"Excel 模板（*.xltx）"，单击"确定"按钮。

2. 工作簿的隐藏和保护

（1）隐藏工作簿。

当同时打开多个工作簿时，可以暂时隐藏其中的一个或几个，需要时再显示出来。

1）隐藏工作簿。

单击"视图"选项卡"窗口"功能组的"隐藏"按钮，当前工作簿被隐藏起来。

2）取消隐藏。

单击"视图"选项卡"窗口"功能组的"取消隐藏"按钮，在"取消隐藏"对话框中选择工作簿名称。

（2）保护工作簿。

当不希望他人对工作簿的结构或窗口进行改变时，可以设置工作簿保护。但工作簿保护不能阻止他人更改工作表中的数据。如果想要达到保护数据的目的，需进一步设置工作表保护，或者在保存工作簿文档时设定打开或修改密码。

1）保护工作簿。

单击"审阅"选项卡上的"更改"功能组中的"保护工作簿"按钮，在"保护结构和窗口"对话框中，选择保护的内容、设置密码后单击"确定"按钮。

在保护工作簿时，若选择了"结构"，则工作簿被保护后，不允许对工作表进行操作；若选择了"窗口"，则工作簿被保护后，不允许对工作簿窗口进行操作。

2）取消对工作簿的保护。

在"审阅"选项卡上的"更改"功能组中，单击"保护工作簿"按钮，如果设置了密码，在弹出的对话框中输入密码，则可取消对工作簿的保护。

3. 工作表的保护

为了防止他人对单元格的格式或内容进行修改，可以设定工作表保护。

默认情况下，当工作表被保护后，所有单元格都会被锁定，不能进行任何更改。例如，不能在锁定的单元格中插入、修改、删除数据或者设置数据格式。

当允许部分单元格被修改时，需要在保护工作表之前，对允许在其中更改或输入数据的区域解除锁定。

（1） 保护整个工作表。

单击"审阅"选项卡"更改"功能组中的"保护工作表"按钮（或在"开始"选项卡"单元格"功能区的"格式按钮"，选择"保护工作表"），在打开的对话框中，取消所有选项，单击"确定"按钮，可保护整个工作表，使得任何一个单元格都不允许被更改。

（2） 取消工作表的保护。

单击"审阅"选项卡"更改"功能组中的"撤销工作表保护"按钮，在"密码"框中输入设置保护时使用的密码。或在"开始"选项卡"单元格"功能区的"格式按钮"，选择"撤销工作表保护"。

（3） 解除对部分工作表区域的保护。

保护工作表后，默认情况下所有单元格都将无法被编辑。但在实际工作中，有些单元格中的原始数据还是允许输入和编辑的，为了能够更改这些特定的单元格，可以在保护工作表之前先取消对这些单元格的锁定。

提示：只对工作表中的某个单元格或区域进行保护时，先解除整个工作表中全部单元格的锁定，再对需要保护的单元格区域进行锁定，最后设置"保护工作表"。

（4） 允许特定用户编辑受保护的工作表区域。

如果一台计算机中有多个用户，或者在一个工作组中包括多台计算机，那么可通过该项设置允许其他用户编辑工作表中指定的单元格区域，以实现数据共享。

操作方法如下：

单击"审阅"选项卡"更改"功能组中的"允许用户编辑区域"按钮，在"允许用户编辑区域"对话框中单击"新建"按钮，选定可编辑区域，输入区域标题名称，单击"权限"按钮，指定可访问该区域的用户，单击"保护工作表"按钮，设定保护密码及可更改项目，依次单击"确定"按钮。

4. 多工作表操作

Excel 允许同时对一组工作表进行相同的操作，如输入数据、修改格式等。为快速处理一组结构和基础数据相同或相似的表格提供了极大的方便。

（1） 选择多张工作表。

1） 选择全部工作表：在工作表标签上单击鼠标右键，从弹出的快捷菜单中选择"选定全部工作表"命令。

2） 选择连续的多张工作表：按住 Shift 键，单击首尾表标签。

3） 选择不连续的多张工作表：按住 Ctrl 键，依次单击表标签。

4） 取消工作表组合：单击组合工作表以外的任意工作表标签，或用鼠标右键单击工作表标签，在弹出的快捷菜单中选择"取消组合工作表"命令。

（2） 同时对多张工作表进行操作。

当同时选择多张工作表形成工作表组合后，在其中一张工作表中所做的任何操作都会同时反映到组中其他工作表中，这样可能快速格式化一组结果相同的工作表、在一组工作表中输入相同的数据和公式等。

操作方法如下：

选定一组工作表，在组内任意一张工作表中输入数据和公式、进行格式化等操作。取消工作表组合后，再对每张表进行个性化设置，如输入不同的数据等。

（3）　填充成组工作表。

先在一张工作表中输入数据并进行格式化操作，再将这张工作表中的格式填充到其他同组的工作表中，可以快速生成一组基本结构相同的工作表。

操作方法如下：

1）　在一张工作表中输入基础数据，同时插入多张空表。

2）　对工作表中的数据进行格式化操作或套用一个预置表格样式。

3）　在工作表选择包含填充内容及格式的单元格区域，同时选定其他工作表。

4）　单击"开始"选项卡"编辑"功能组的"填充"按钮，选择"成组工作表"命令，在"填充成组工作表"对话框中，选择需要填充的项目，单击"确定"按钮。

5.　工作窗口的视图控制

（1）　多窗口显示与切换。

在 Excel 中，可以同时打开多个工作簿；一个工作簿中的工作表可以划分为多个临时窗口。对这些同时打开或划分出的窗口，可以进行排列及切换，以便于比较及引用。

1）　定义窗口。

单击"视图"选项卡"窗口"功能组的"新建窗口"按钮，会生成一个同名工作簿 2。

2）　切换窗口。

单击"视图"选项卡"窗口"功能组的"切换窗口"按钮，选择要切换的窗口。

3）　并排查看。

单击"视图"选项卡"窗口"功能组的"并排查看"按钮，可将各窗口按默认方式并排显示，选定"同步滚动"，可实现多窗口同步滚动。

4）　全部重排。

单击"视图"选项卡"窗口"功能组的"全部重排"按钮，在"重排窗口"对话框中选择"排列方式"，单击"确定"按钮。

5）　隐藏窗口。

单击"视图"选项卡"窗口"功能组的"隐藏"按钮，可隐藏活动窗口。

（2）　冻结窗口。

当一个工作表超长超宽时，操作滚动条查看超出窗口大小的数据时，由于已看不到行列标题，可能无法分清楚某行或某列数据的含义。通过冻结窗口，可以锁定某行、某列标题不随滚动条滚动。

操作方法如下。

1）　冻结窗口：选定拟锁定行、列交叉区域的右下单元格，单击"视图"选项卡"窗口"功能组的"冻结窗格"按钮，选择"冻结拆分窗格"命令。

2）　取消窗口冻结：单击"视图"选项卡"窗口"功能组的"冻结窗格"按钮，选择"取消冻结窗格"。

（3）拆分窗口。

单击"视图"选项卡"窗口"功能组的"拆分"按钮，以当前单元格为坐标，将窗口拆分为四个，每个窗口中均可进行编辑，再次单击"拆分"按钮可取消窗口拆分效果。

（4）窗口缩放。

单击"视图"选项卡"显示比例"功能组的"显示比例"按钮，在"显示比例"对话框中，选择缩放比例，单击"确定"按钮。

五、答案解析

1. 启动 Excel 2010，打开"工作簿 1"，完成下列操作。

（1）将"工作簿 1"加密，并以"学号+姓名+工作表操作"保存。

操作步骤如下：

① 双击"工作簿 1.xlsx"，打开文件。

② 在"工作簿 1"窗口中，选择"文件"|"另存为"命令，打开"另存为"对话框。

③ 在如图 3-26 所示的"另存为"对话框中，选择文件保存路径，输入文件名"学号+姓名+工作表操作"，选择保存类型为"Excel 工作簿（*.xlsx）"，单击"工具"按钮，选择"常规选项"。

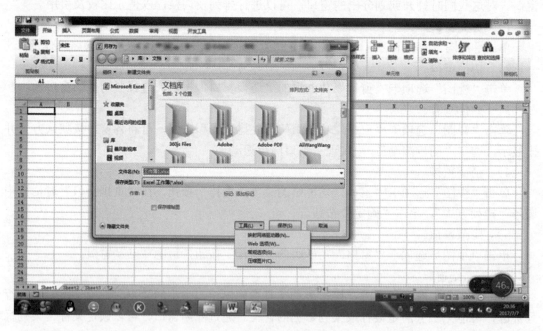

图 3-26 保存工作簿示意图 1

④ 在如图 3-27 所示的"常规选项"对话框中，输入文件"打开权限密码"和"修改权限密码"，分别单击"确定"和"保存"按钮。

图 3-27 保存工作簿示意图 2

（2）在工作表"Sheet3"中制作一张课程表，并删除其他工作表，然后另存为模板"课程表"后关闭。

操作步骤如下：

① 选定"Sheet3"工作表，根据自己的课程安排制作一张课程表，并适当设置字体、字号、边框、底纹等格式。

② 按住"Ctrl"键，依次单击"Sheet1"和"Sheet2"，单击鼠标右键，选择"删除"命令。

③ 单击"文件"|"另存为"命令，在打开的"另存为"对话框中，输入文件名"课程表"保存类型为"Excel 模板（*.xltx）"，默认保存路径，单击"保存"按钮。

（3）将工作表"Sheet1""Sheet2"分别重命名为"单科成绩表"和"成绩表"。

操作步骤如下：

打开之前以"学号+姓名+工作表操作"保存的工作簿，分别用鼠标右键单击"Sheet1""Sheet2"，选择"重命名"命令，将其工作表名分别重命名为"单科成绩表"和"成绩表"。

（4）在"成绩表"和"人数表"之间插入一张新工作表"练习表"。

操作步骤如下：

用鼠标右键单击"人数表"工作表，在弹出的快捷菜单中选择"插入"命令，在对话框中选择"工作表"，单击"确定"按钮，将其重命名为"练习表"。

（5）将"练习表"复制一份，取名"练习表 2"，并将"练习表 2"移到最后。

操作步骤如下：

按住"Ctrl"键，在"练习表"工作表上按住左键，拖动到"Sheet4"工作表后面，松开鼠标左键，并将其重命名为"练习表 2"。

（6）以刚才保存的模板为内容插入新工作表。

操作步骤如下：

用鼠标右键单击"练习表 2"工作表，在弹出的快捷菜单中选择"插入"命令，在如图 3-28 所示的对话框中，选择"课程表"，单击"确定"按钮。

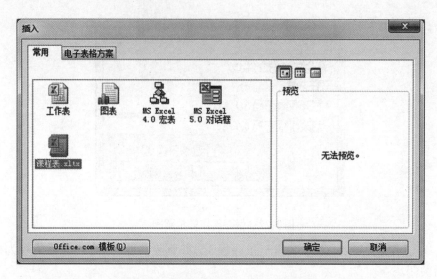

图 3-28　应用模板插入工作表示意图 1

（7）　以系统提供的账单模板为内容插入新工作表。

操作步骤如下：

用鼠标右键单击"练习表 2"工作表，在弹出的快捷菜单中选择"插入"命令，在如图 3-29 所示的对话框中的"电子表格方案"选项卡中，选择"账单"，单击"确定"按钮。

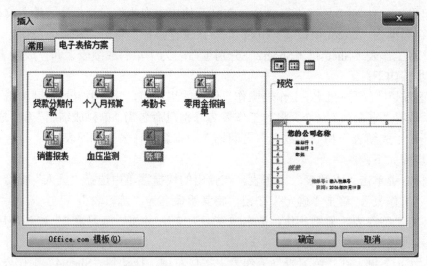

图 3-29　应用模板插入工作表示意图 2

（8）　将"练习表"隐藏。

操作步骤如下：

用鼠标右键单击"练习表"工作表，在弹出的快捷菜单中选择"隐藏"命令。

（9）　给各个工作表设置不同的表标签色。

操作步骤如下：

分别用鼠标右键单击各工作表，在弹出的快捷菜单中选择"工作表标签颜色"命令，选择所需的颜色。

（10）　对课程表加密保护。

操作步骤如下：

在"课程表"窗口中，单击"文件"命令，在如图 3-30 所示的 Backstage 视图中，单击"保护"按钮，选择"用密码进行加密"命令，在打开的对话框中，输入保护密码后，单击"确定"按钮。

图 3-30　文件加密示意图

（11）　复制"成绩表"，在其右边再生成两张工作表，分别命名为"成绩表 2"和"成绩表 3"。

操作步骤如下：

① 用鼠标右键单击"成绩表"，按住"Ctrl"键，拖动鼠标左键到"成绩表"右侧，释放鼠标。重复上述操作 1 次。

② 将生成的"成绩表（2）"和"成绩表（3）"，重命名为"成绩表 2"和"成绩表 3"。

（12）　在"成绩表""成绩表 2""成绩表 3"的数据表最后增加总分列，并求出总分数据。

操作步骤如下：

① 按住"Ctrl"键，依次选定"成绩表""成绩表 2""成绩表 3"，在当前工作表 H2 单元格中输入"总分"。

② 选定 F3：I7 区域，单击"开始"选项卡"编辑"功能区的"自动求和"按钮。

（13）　在"练习表 2"之前插入一个空白工作表，将"成绩表"中的数据区域套用"表样式中等深浅 15"，之后填充到刚插入的空白工作表中。

操作步骤如下：

① 用鼠标右键单击"练习表 2"，在弹出的快捷菜单中选择"插入"命令，插入一张

空白工作表。

② 选定"成绩表"B2：H7 区域，单击"开始"选项卡"样式"功能区的"套用表格格式"按钮，选择"表样式中等深浅 15"。

③ 同时选定"成绩表"和刚插入的空白工作表，单击"开始"选项卡"编辑"功能区的"填充"按钮，选择"成组工作表"，在打开的对话框中选择"全部"，单击"确定"按钮。

（14） 将成绩表中的成绩数据锁定，并隐藏总分的计算公式（函数）。

操作步骤如下：

① 选定 F3：H7 区域，单击"开始"选项卡"单元格"功能区的"格式"按钮，选择"锁定单元格"命令。

② 选定 I2：I7 区域，单击"开始"选项卡"单元格"功能区的"格式"按钮，选择"设置单元格格式"命令。

③ 在"设置单元格格式"对话框的"保护"选项卡中，取消"锁定"，选择"隐藏"命令，单击"确定"按钮。

④ 单击"开始"选项卡"单元格"功能区的"格式"按钮，选择"保护"命令，在打开的"保护工作表"对话框中，清除"选定锁定工作表"复选框，单击"确定"按钮。

2. 打开"XX 学期校历及教学进程.xlsx"，完成下列操作。

操作步骤如下：

双击"XX 学期校历及教学进程.xlsx"工作簿，选择"XX 学期"工作表，单击 B5 单元格，执行"视图"选项卡"窗口"功能区的"冻结窗格"按钮，选择"冻结拆分窗格"命令。

六、课后练习

1. 打开"课后练习"文件夹中的"成绩表.xlsx"工作簿，完成下列操作：

（1） 将"测验"工作表隐藏。

（2） 将"出勤+平时+作业"工作表中的"出勤""作业""过程考核"列和"实验"工作表中的"闪光灯"与"电子钟"列隐藏，只显示"小计"列。

（3） 将"总评"工作表中的"总评"列设置为隐藏。

（4） 保护"总评"工作表，使所有成绩不能修改。

（5） 将"总评"工作表的窗口冻结，使得垂直滚动条滚动时，第 1～3 行和 A、B 列固定不动。

（6） 保护该工作簿的结构及窗口，密码为"12345"。

2. 打开"课后练习"文件夹中的"学生成绩.xlsx"工作簿，完成下列操作：

将工作表"语文"的格式全部应用到其他科目工作表中，包括行高（各行高均为 22 默认单位）和列宽（各列宽均为 14 默认单位）。

3. 打开"课后练习"文件夹中的"Excel.xlsx"工作簿，完成下列操作：

将"全部统计结果"工作表中"完成情况"和"报告奖金"两列数据设置为不能修改，密码为空。

任务 3-3　公式与函数

一、教学目标

1. 知道公式与函数的应用方法。
2. 知道相对引用、绝对引用，能熟练地应用其进行公式和函数的计算。
3. 能熟练地应用常用函数和公式进行数据的统计与计算。
4. 会定义和应用名称的定义。

二、重难点

1. 常用函数及其应用。
2. 相对引用和绝对引用的应用。

三、课堂练习

1. 打开"课堂练习"文件夹中的"学生成绩统计表.xlsx"，完成下列操作：

（1）　用适当的函数或公式计算"学生成绩表"区域的"总分""平均分"和"名次"列数据。

（2）　用适当的函数或公式计算"成绩统计表"区域的各项数据。

（3）　以原文件名保存。

2. 打开"课堂练习"文件夹中的"学生成绩.xlsx"，完成下列操作：

（1）　在"初三学生档案"工作表中，利用公式或函数依次输入每个学生的性别"男"或"女"、出生日期"xxxx 年 xx 月 xx 日"和年龄。其中：身份证号的倒数第 2 位（第 17 位）为性别，奇数为男，偶数为女。身份证的第 7～14 位为出生年月日；年龄要按周岁计算，满 1 年才算 1 岁。调整工作表的行高和列宽、对齐方式等，以便阅读。

（2）　参考工作表"初三学生档案"，在"语文"工作表中输入与学号对应的"姓名"；按照平时、期中、期末成绩各占 30%、30%、40% 计算每个学生的"学期成绩"，按成绩由高到低的顺序统计每个学生的"学期成绩"排名并按"第 n 名"的形式填入"班级名次"列中；按照下列条件填写"期末总评"。

语文、数学的学期成绩	其他科目的学期成绩	期末总评
≥102	≥90	优秀
≥84	≥75	良好
≥72	≥60	及格
<72	<60	不合格

（3）　依次统计其他科目的"姓名""学期成绩""班级名次"，按上述要求统计"期末总评"。

（4）　分别将各科的"学期成绩"引入到"期末总成绩"工作表的相应列，在"期末总成绩"工作表中引入姓名，计算各科的平均分，每个学生的总分，按成绩由高到低顺序统计每个学生的总分排名，并按 1、2、3、…、形式标识名次。将所有成绩的数字格式设置为数值，保留两位小数。

（5）　在"期末总成绩"工作表中用红色（标准色）加粗格式标明各科第一名成绩，并将前 10 名的总分成绩用浅蓝色填充。

（6）　调整"期末总成绩"工作表页面布局以便打印：纸张方向为横向，缩减打印输出使得所有列只占一个页面宽度（不得缩小列宽），水平居中打印在纸上。

3. 打开"课堂练习"文件夹中的"Excel.xlsx"，完成下列操作：

（1）　在"费用报销管理"工作表"日期"列的所有单元格中，标注每个报销日期属于星期几。例如日期为："2013 年 1 月 20 日"的单元格应显示为"2013 年 1 月 20 日 星期日"，日期为："2013 年 1 月 21 日"的单元格应显示为"2013 年 1 月 21 日 星期一"。

（2）　如果"日期"列中的日期是星期六或星期日，则在"是否加班"列的单元格中显示"是"，否则显示"否"（必须使用公式）。

（3）　使用公式统计每个活动地点所在的省份或直辖市，并将其填写在"地区"列所对应的单元格中，例如"北京市""浙江省"。

（4）　依据"费用类别编号"列内容，使用"VLOOKUP"函数，生成"费用类别"列内容。对照关系参考"费用类别"工作表。

（5）　在"差旅成本分析报告"工作表 B3 单元格中，统计 2013 年第二季度发生在北京市的差旅费用总金额。

（6）　在"差旅成本分析报告"工作表 B4 单元格中，统计 2013 年员工钱顺卓报销的火车票费用总金额。

（7）　在"差旅成本分析报告"工作表 B5 单元格中，统计 2013 年差旅费用中，飞机票费用占所有报销费用的比例，并保留 2 位小数。

（8）　在"差旅成本分析报告"工作表 B6 单元格中，统计 2013 年发生在周末（星期六和星期日）的通信补助总金额。

4. 打开"课堂练习"文件夹中的"素材.xlsx"，完成下列操作：

（1）　将"素材.xlsx"另存为"滨海市 2015 年春高二物理统考情况分析.xlsx"文件，后续操作均基于此文件。

（2）　利用"成绩单""小分统计"和"分值表"工作表中的数据，完成"按班级汇总"和"按学校汇总"工作表中相应空白列的数值计算，具体提示如下：

1）　"考试学生数"列必须利用公式计算，"平均分"列由"成绩单"工作表数据计算得出。

2）　"分值表"工作表中给出了本次考试各题的类型及分值。（备注：本次考试一共50 道小题，其中[1]至[40]为客观题，[41]至[50]为主观题）。

3）　"小分统计"工作表中包含了各班级每一道小题的平均得分，通过其可计算出各班级的"客观题平均分"和"主观题平均分"（备注：由于系统生成每题平均得分时已经进行了四舍五入操作，因此通过其计算"客观题平均分"和"主观题平均分"之和时，可能与根据"成绩单"工作表的计算结果存在一定误差）。

4） 利用公式计算"按学校汇总"工作表中的"客观题平均分"和"主观题平均分"，计算方法为：每个学校的所有班级相应平均分乘以对应班级人数，相加后再除以该校的总考生数。

5） 计算"按学校汇总"工作表中的每题得分率，即每个学校所有学生在该题上的行分之和除以该校总考生数，再除以该题的分值。

6） 所有工作表中"考试学生数""最高分""最低分"显示为整数；各类平均分显示为数值格式，并保留 2 位小数；各题显示为百分比数据格式，并保留 2 位小数。

（3） 新建"按学校汇总 2"工作表，将"按学校汇总"工作表中所有单元格数值转置复制到新工作表中。

（4） 将"按学校汇总 2"工作表中的内容套用表格样式为"表样式中等深浅 12"；将得分率低于 80% 的单元格标记为"浅红填充色深红色文本"格式，将介于 80%～90% 之间的单元格标记为"黄填充色深黄色文本"格式。

5. 在"课堂练习"中打开"计算机全年销量统计表.xlsx"，完成下列操作：

（1） 将"Sheet1"工作表命名为"销售情况"，将"Sheet2"工作表命名为"平均单价"。

（2） 在"店铺"列左侧插入一个空列，输入列标题为"序号"，并以"001、002、003、…"的方式向下填充该列到最后一个数据行。

（3） 将工作表标题跨列合并居中并适当调整其字体、加大字号，改变字体颜色。适当加大数据行高和列宽，设置对齐方式及销售额列的数值格式（保留 2 位小数），为数据区域增加边框线。

（4） 将工作表"平均单价"中的区域 B3：C7 定义名称为"商品均价"。运用公式计算工作表"销售情况"中 F 列的销售额，要求在公式中通过"VLOOKUP"函数自动在工作表"平均单价"中查找相关商品的单价，并在公式中引用所定义的名称"商品均价"。

四、知识点

1.　公式

Excel 2010 中的公式是指用运算符将各种数据、函数、区域、地址连接起来的，可以进行数据运算、文本连接和逻辑运算的表达式。

（1） 公式的输入。

输入公式时以"="开始，公式既可以在单元格中输入，也可以在编辑栏中输入。

公式的应用范例如图 3-31 所示。

如果正确地创建了计算公式，则在中文 Excel 2000 的默认状态下，其计算值就会显示在单元格中，公式则显示在"编辑栏"中。

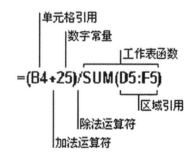

图 3-31　公式应用范例

（2）运算符。

Excel 公式中可使用的运算符包括算术运算符、比较运算符、文本运算符和引用运算符。

1）运算符种类。

① 算术运算符：【+、−、*、/、^、%】。

② 比较运算符：【=、<、>、<=、>=、<>】。

③ 文本运算符：【&】。

④ 引用运算符：

● 区域运算符：【(A1:B3)】。

● 联合运算符：【(A1:D3),(B2:B5)】。

● 交叉运算符：【(A1:D3) (B2:B5)】。

2）运算符优先顺序。

引用运算符→负号→百分比→乘方→乘除→加减→连接符→比较运算符。

（3）公式的复制。

通过公式复制，可以完成快速计算，避免重复输入公式。

方法一：复制/粘贴。复制含有公式的单元格，粘贴到目标单元格或复制编辑栏中的公式（之后按"Esc"键），粘贴到目标单元格。

方法二：自动填充法。拖动含有公式的单元格的填充柄，填充公式。

2. 函数

Excel 中的函数是一些预定义的公式，用户可以直接应用其对某区域内的数值进行一系列运算。例如，求和函数"SUM"就是对指定的单元格或单元格区域进行加法运算。

（1）函数的结构。

如图 3-32 所示，函数的结构以函数名开始，后面的圆括号内是函数的参数，多个参数需以逗号分隔。

参数可以是常量、公式或函数，也可以是数组、单元格引用。

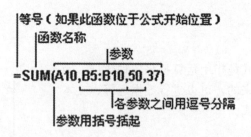

图 3-32　函数的结构

（2）函数的应用。

1）插入函数。

单击 Excel 应用程序窗口中编辑框和名称框之间的插入函数按钮"f_x"，在打开的"插入函数"对话框中，选择所需函数后单击"确定"按钮，弹出"函数参数"对话框。根据提示分别输入各参数后，单击"确定"按钮。

插入函数时，可通过"函数参数"对话框中的提示信息或"有关函数的帮助"链接等获知函数的功能，参数使用等帮助信息。

2）　输入函数。

在确定单元格或选定单元格后在编辑栏中先输入"="，再按函数结构输入函数名和参数，之后按"Enter"键或单击编辑框左侧的"√"。

手动输入函数时，可通过单击函数下方的链接获知函数的功能，参数使用等帮助信息。

（3）　常用函数。

Excel 提供了 9 类函数，分别为财务、日期与时间、数学与三角函数、统计、数据库、文本、查找与引用、信息和逻辑等。

1）　常用的数学函数。

① ABS(number)：返回给定数值的绝对值。

② INT(number)：将数字向下舍入到最接近的整数。

③ ROUND(number, num_digits)：将数字四舍五入到指定的位数。

④ ROUNDUP(number, num_digits)：将数字进行向上舍入。

⑤ ROUNDDOWN(number, num_digits)：将数字进行向下舍入。

⑥ PRODUCT(number1, [number2], ...)：计算所有参数的乘积。

⑦ SUM(number1, [number2], ...)：对指定单元格区域中的单元格求和。

⑧ SUMIF(range, criteria, [sum_range])：对范围中符合指定条件的值求和。

⑨ SUMIFS(sum_range, criteria_range1, criteria1, [criteria_range2, criteria2], ...)：计算满足多个条件的全部参数的总和。

⑩ SUMPRODUCT(array1, [array2], [array3], ...)：将给定数组间的对应元素相乘，并返回乘积之和。

2）　常用统计函数。

① AVERAGE(number1, [number2], ...)：计算参数的平均值。

② COUNT(value1, [value2], ...)：对指定区域的数字单元格计数。

③ COUNTA(value1, [value2], ...)：对指定区域的非空单元格计数。

④ COUNTIF(range, criteria)：计算指定区域中满足条件的单元格数目。

⑤ COUNTIFS(criteria_range1, criteria1, [criteria_range2, criteria2],…)：统计满足多个条件的单元格个数。

⑥ MAX(number1, [number2], ...)：统计单元格区域中的最大值。

⑦ MIN(number1, [number2], ...)：统计单元格区域中的最小值。

⑧ RANK(number,ref,[order])：返回一个数字在数字列表中的排位。

⑨ LARGE(array,k)：返回数据集中的第 k 个最大值。

⑩ SMALL(array,k)：返回数据集中的第 k 个最小值。

3）　常用文本函数。

① LEFT(text, [num_chars])：返回指定字符串左边的指定长度的子字符串。

② LEN(text)：返回文本字符串的字符个数。

③ MID(text, start_num, num_chars)：返回字符串中指定位置起的指定长度的子字符串。

④ RIGHT(text,[num_chars])：返回指定字符串右边的指定长度的子字符串。

⑤ TEXT(Value,"Format")：将指定数值转换成指标格式的文本。

⑥ TRIM(text)：除了英文单词之间的单个空格之外，去除文本中的所有空格。

⑦ FIND(find_text, within_text, [start_num])：返回指定字符串在字符串中的起始位值。

⑧ SEARCH(find_text,within_text,[start_num])：返回指定字符或文本字符串在字符串中的起始位函数值。

"FIND"函数与"SEARCH"函数的区别：

● "FIND"函数区分大小写，"SEARCH"函数不区分大小写。

● "SEARCH"函数支持通配符，"FIND"函数不支持。

4）常用日期和时间函数。

① DATE(year,month,day)：生成日期。

② DAY(serial_number)：获取日期的天数。

③ MONTH(serial_number)：获取日期的月份。

④ YEAR(serial_number)：获取指定日期的年份。

⑤ TODAY()：获取系统日期。

⑥ TIME(hour, minute, second)：返回代表制定时间的序列数。

⑦ HOUR(serial_number)：返回时间值的小时数。

⑧ MINUTE(serial_number)：返回时间值中的分钟。

⑨ WEEKDAY(serial_number,[return_type])：返回某个日期在一周中是第几天。默认情况下，天数是 1（星期日）到 7（星期六）范围内的整数。

⑩ NOW()：获取系统的日期和时间。

⑪ YEARFRAC(start_date, end_date, [basis])：返回"start_date"和"end_date"之间的天数占全年天数之比。"basis"为日基准型，可默认或取 0～4。

⑫ DATEDIF(start_date,end_date,unit)：计算两个日期之间相隔的天数、月数或年数。"unit"可取"Y"（年）、"M"（月）、"D"（日）。

5）常用逻辑函数。

① AND(logical1,logical2,...)：逻辑与函数，所有参数都成立时返回"TRUE"，否者返回"FALSE"。

② OR(logical1,logical2,...)：逻辑或函数，参数中有一个参数成立就返回"TRUE"，否者返回"FALSE"。

③ NOT(logical)：对参数值求反。

④ IF(logical_test,value_if_true,value_if_false)：根据条件真假返回不同结果。如条件为真，返回"value_if_true"，否则返回"value_if_false"。

6）常用的查找与引用函数。

① VLOOKUP(lookup_value, table_array, col_index_num, [range_lookup])：在表格的首列或数值数组中搜索值，然后返回表格或数组中指定列的所在行中的值。

② HLOOKUP(lookup_value, table_array, row_index_num, [range_lookup])：在表格的首行或数值数组中搜索值，然后返回表格或数组中指定行的所在列中的值。

③ INDEX(array, row_num, [column_num])：返回表格或区域中的值或值的引用。

④　OFFSET(reference, rows, cols, [height], [width])：返回对单元格或单元格区域中指定行数和列数的区域的引用。

⑤　MATCH(lookup_value, lookup_array, [match_type])：在一定范围的单元格中搜索特定的项，然后返回该项在此区域中的相对位置。

⑥　ROW([reference])：返回指定单元格引用的行号。"reference"默认则返回当前单元格的行号。

⑦　COLUMN([reference])：返回指定单元格引用的列号。"reference"默认则返回当前单元格的列号。

⑧　CHOOSE(index_num, value1, [value2], ...)：根据给定的索引值，在参数列表中选出相应的值。

⑨　ADDRESS(row_num, column_num, [abs_num], [a1], [sheet_text])：根据指定行号和列号获得工作表中的某个单元格的地址。

7）　常用的信息函数。

①　ISERROR(value)：检查一个值是否为错误（#N/A、#VALUE、#REF！、#DIV/0!、#NUM!、#NAME？、#NULL!），是则返回"TRUE"，不是则返回"FALSE"。

②　ISBLANK(value)：检查是否引用了空单元格，是则返回"FALSE"，不是则返回"TRUE"。

③　ISEVEN(number)：检查一个值是否为偶数，是则返回"TRUE"，不是则返回"FALSE"。

④　ISODD(number)：检查一个值是否为奇数，是则返回"TRUE"，不是则返回"FALSE"。

⑤　ISLOGICAL(value)：检查一个值是否为逻辑值，是则返回"TRUE"，不是则返回"FALSE"。

⑥　ISTEXT(value)：检查一个值是否是文本，是则返回"TRUE"，不是则返回"FALSE"。

⑦　ISNONTEXT(value)：检查一个值是否不是文本，是则返回"TRUE"，不是则返回"FALSE"。

⑧　ISNUMBER(value)：检查一个值是否是数值，是则返回"TRUE"，不是则返回"FALSE"。

3.　公式和函数中的引用

（1）　引用的作用。

在 Excel 中引用的作用在于标识工作表上的单元格或单元格区域，并指明公式中所使用的数据的位置。通过引用，可以在公式中使用工作表不同部分的数据，或者在多个公式中使用同一单元格的数值。还可以引用同一工作簿不同工作表的单元格、不同工作簿的单元格，甚至其他应用程序中的数据。

（2）　引用的类型。

1）　相对引用。

在应用公式或函数时，单元格或单元格区域的引用，随包含公式或函数的单元格的位置改变而改变。

2）　绝对引用。

在应用公式或函数时，单元格或单元格区域的引用，不随包含公式或函数的单元格的位置改变而改变。

3）混合引用。

在应用公式或函数时，单元格或单元格区域的引用，行或列随包含公式或函数的单元格的位置改变而改变。

（3）引用的表示方法。

1）相对引用。

列号+行号，如 A1、B2：F10 等。

2）绝对引用。

$列号+$行号，如$A$1、$B$2：$F$10。

3）混合引用。

$列号+行号或列号+$行号，如：$A1、$B2：$F10 或 A$1、B$2：F$10。

不同的引用可在选定引用后，按"F4"键切换。

4．函数嵌套

在函数应用中，有时需要将某函数作为另一函数或公式的参数使用，称为函数嵌套，如图 3-33 所示的公式使用了嵌套的"AVERAGE"和"SUM"函数，其含义是：如果单元格 F2 到 F5 的平均值大于 50，则求 G2 到 G5 的和，否则显示数值 0。

图 3-33　函数嵌套示意图

5．名称的定义及应用

定义名称是 Excel 中方便进行数据统计和有效管理的工具。通过定义名称和引用名称，可以使用户在引用和复制公式、函数时，避开棘手的单元格引用问题。定义名称，顾名思义就是将一个区域、常量值，或者数组定义为一个名称，这样，用户在编写公式时就可以用已定义的名称替代该区域、常量值，或者数组，使操作更为简单、便捷。

（1）定义名称。

选定需定义名称的区域、常量或数组，单击"公式"选项卡"定义的名称"功能组的"定义名称"按钮。选择"定义名称"选项，在打开的"新建名称"对话框中，输入名称，单击"确定"按钮。

或选定需定义名称的区域、常量或数组，按"Ctrl+F3"组合键，在"名称管理器"对话框中，单击"新建"按钮，在打开的"新建名称"对话框中，输入名称，单击"确定"按钮。

（2）引用名称。

定义名称后，在应用公式、函数时，如果需要定义名称所对应的区域、常量或数组，都可用已定义的名称替代。

五、答案解析

1. 打开"课堂练习"文件夹中的"学生成绩统计表.xlsx"，完成下列操作：

（1）用适当的函数或公式计算"学生成绩表"区域的"总分""平均分"和"名次"列数据。

1）求"总分"。

操作步骤如下：

方法一：

① 选定 I3 单元格，单击插入函数按键"f_x"，在"插入函数"对话框中选择"SUM"，单击"确定"按钮，在"函数参数"对话框中的"Number1"栏中输入"E3：H3"后，单击"确定"按钮。

② 双击 I3 单元格右边的填充柄，填充其余数据。

方法二：

① 选定 E3：I3 区域，在"开始"选项卡的编辑功能区中，单击"自动求和"按钮，选择"求和"。

② 双击 I3 单元格右边的填充柄，填充其余数据。

方法三：

选定 E3：I39 区域，在"开始"选项卡的编辑功能区中，单击"自动求和"按钮，选择"求和"。

2）求"平均分"。

操作步骤如下：

方法一：

① 选定 J3 单元格，单击插入函数按键"f_x"，在"插入函数"对话框中选择"AVERAGE"，单击"确定"按钮，在"函数参数"对话框中的"Number1"栏中输入"E3：H3"后，单击"确定"按钮。

② 拖动 J3 单元格右边的填充柄，填充其余数据。

方法二：

① 选定 E3：J3 区域，在"开始"选项卡的编辑功能区中，单击"自动求和"按钮，选择"求平均值"。

② 再次选定 J3 单元格，在编辑栏中修改函数参数为"E3：H3"，按"Enter"键。

③ 拖动 J3 单元格右边的填充柄，填充其余数据。

3）求"名次"。

操作步骤如下：

方法一：

① 选定 K3 单元格，单击插入函数按键"f_x"，在"插入函数"对话框中选择"RANK"，单击"确定"按钮。

② 鼠标定位在如图 3-34 所示的"函数参数"对话框中的"Number"栏，单击 I3 单元格；在"Ref"栏选择 I3：I39 区域后，按"F4"键将其调整为绝对引用；在"Order"栏中

输入"0"后，单击"确定"按钮。

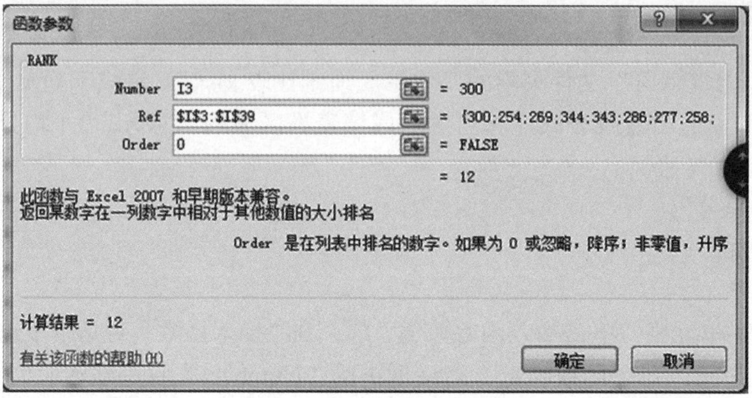

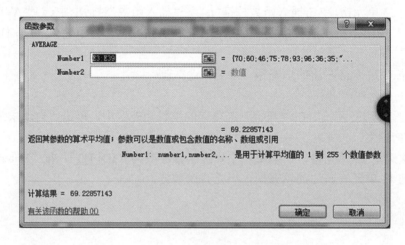

图 3-34　排名函数操作示意图

③ 拖动 K3 单元格右边的填充柄，填充其余数据。

方法二：

① 选定 K3 单元格，在单元格或编辑栏中直接输入："=RANK(I3,$I$3:$I$39,0)"，按"Enter"键或单击"√"按钮。

② 拖动 K3 单元格右边的填充柄，填充其余数据。

（2）用适当的函数或公式计算"成绩统计表"区域的各项数据。

1）计算各科的成绩平均分。

操作步骤如下：

① 选定 N3 单元格，插入函数或输入："=AVERAGE(E3:E39)"，按"Enter"键或单击"√"按钮，如图 3-35 所示。

图 3-35　求平均值示意图

② 拖动 N3 单元格的填充柄，向右填充至 Q3。

2）计算各科的班级最高分。

操作步骤如下：

① 选定 N4 单元格，插入或输入："=MAX(E3:E39)"，按"Enter"键或单击"√"按钮。

② 拖动 N4 单元格的填充柄，向右填充至 Q4。

3）　计算各科的班级最低分。

操作步骤如下：

① 选定 N5 单元格，插入或输入："=MIN(E3:E39)"，按"Enter"键或单击"√"按钮。

② 拖动 N5 单元格的填充柄，向右填充至 Q5。

4）　计算各科的应考人数。

操作步骤如下：

① 选定 N6 单元格，插入或输入："=COUNTA(E3:E39)"，按"Enter"键或单击"√"按钮。

② 拖动 N6 单元格的填充柄，向右填充至 Q6。

5）　计算各科的参考人数。

操作步骤如下：

① 选定 N7 单元格，插入或输入："=COUNT (E3:E39)"，按"Enter"键或单击"√"按钮。

② 拖动 N7 单元格的填充柄，向右填充至 Q7。

6）　计算各科的缺考人数。

操作步骤如下：

① 选定 N8 单元格，插入或输入："=COUNTIF(E3:E39,"缺考")"，按"Enter"键或单击"√"按钮。

② 拖动 N8 单元格的填充柄，向右填充至 Q8。

7）　统计各科 90～100 分的人数。

操作步骤如下：

① 选定 N9 单元格，插入或输入："=COUNTIF(E3:E39,">=90")"，按"Enter"键或单击"√"按钮。

② 拖动 N9 单元格的填充柄，向右填充至 Q9。

8）　统计各科 80～89 分的人数。

操作步骤如下：

① 选定 N10 单元格，插入或输入：

"=COUNTIF(E3:E39,">=80") - COUNTIF(E3:E39,">=90")"，按"Enter"键或单击"√"按钮。

② 拖动 N10 单元格的填充柄，向右填充至 Q10。

9）　统计各科 70～79 分的人数。

操作步骤如下：

① 选定 N11 单元格，插入或输入：

② "=COUNTIF(E3:E39,">=70") - COUNTIF(E3:E39,">=80")"，按"Enter"键或单击

"√"按钮。

③ 拖动 N11 单元格的填充柄，向右填充至 Q11。

10） 统计各科 60～69 分的人数。

操作步骤如下：

① 选定 N12 单元格，插入或输入：

"=COUNTIF(E3:E39,">=60") – COUNTIF(E3:E39,">=70")"，按"Enter"键或单击"√"按钮。

② 拖动 N12 单元格的填充柄，向右填充至 Q12。

11） 统计各科小于 60 分的人数。

操作步骤如下：

① 选定 N13 单元格，插入或输入："=COUNTIF(E3:E39,"<60")"，按"Enter"键或单击"√"按钮。

② 拖动 N13 单元格的填充柄，向右填充至 Q13。

12） 统计各科的成绩及格率。

操作步骤如下：

① 选定 N14 单元格，插入或输入："=COUNTIF(E3:E39,">=60")/COUNT(E3:E39)"，按"Enter"键或单击"√"按钮。

② 拖动 N14 单元格的填充柄，向右填充至 Q14。

③ 选定 N14:Q14，单击"开始"选项卡"数字"功能组的对话框启动器，在"设置单元格格式"对话框的"数字"选项卡中选择"百分比"，选择"小数位数"为"2"，单击"确定"按钮。

13） 统计各科的成绩优秀率。

操作步骤如下：

① 选定 N15 单元格，插入或输入："=COUNTIF(E3:E39,">=90")/COUNT(E3:E39)"，按"Enter"键或单击"√"按钮。

② 拖动 N15 单元格的填充柄，向右填充至 Q15。

③ 选定 N15:Q15，单击"开始"选项卡"数字"功能组的对话框启动器，在"设置单元格格式"对话框的"数字"选项卡中选择"百分比"选择"小数位数"为"2"，单击"确定"按钮。

④ 或选定 N14:Q14，双击"开始"选项卡"剪贴板"功能组的格式刷，按住鼠标左拖动 N15:Q15 区域，复制格式。

14） 统计各科的成绩不合格率。

操作步骤如下：

① 选定 N16 单元格，插入或输入："=COUNTIF(E3:E39,"<60")/COUNT(E3:E39)"，按"Enter"键或单击"√"按钮。

② 拖动 N16 单元格的填充柄，向右填充至 Q16。

③ 选定 N16: Q16，单击"开始"选项卡"数字"功能组的对话框启动器，在"设置单元格格式"对话框的"数字"选项卡中选择"百分比"选择"小数位数"为"2"，单击"确定"按钮。

或选定 N14：Q14，双击"开始"选项卡"剪贴板"功能组的格式刷，按住鼠标左键拖动 N16：Q16 区域，复制格式。

（3）以原文件名保存。

操作步骤如下：

单击"文件"菜单，选择"保存"命令，默认文件名及保存路径，单击"确定"按钮。

或单击"快速访问工具栏"中的"保存"按钮。

2. 打开"课堂练习"文件夹中的"学生成绩.xlsx"，完成下列操作：

（1）在"初三学生档案"工作表中，利用公式或函数依次输入每个学生的性别"男"或"女"、出生日期"xxxx 年 xx 月 xx 日"和年龄。其中，身份证号的倒数第 2 位（第 17位）为性别，奇数为男，偶数为女。身份证的第 7～14 位为出生年月日，年龄要按周岁计算，满 1 年才算 1 岁。调整工作表的行高和列宽、对齐方式等，以便阅读。

1）确定"性别"。

操作步骤如下：

选定 D2 单元格，在单元格或编辑栏中输入："=IF(MOD(MID([@身份证号码],17,1),2)=0,"女","男")"，按"Enter"键。

2）确定"出生日期"。

操作步骤如下：

方法一：

选定 E2 单元格，在单元格或编辑栏中输入："=MID([@身份证号码],7,4)&"年"&MID([@身份证号码],11,2)&"月"&MID([@身份证号码],13,2)&"日""，按"Enter"键。

方法二：

选定 E2 单元格，在单元格或编辑栏中输入："=TEXT(MID([@身份证号码],7,8),"0000年 00 月 00")"，按"Enter"键。

3）确定"年龄"。

方法一：

选定 F2 单元格，在单元格或编辑栏中输入："=INT((TODAY()-[@出生日期])/365)"，按"Enter"键。

方法二：

选定 E2 单元格，在单元格或编辑栏中输入："=DATEDIF([@出生日期],TODAY(),"Y")"，按"Enter"键。

4）调整工作表的行高和列宽、对齐方式。

操作步骤如下：

① 选定 A：G 列，双击任意列框线，将列宽设置为最适合的值。

② 选定 1 至 56 行，单击鼠标右键，在弹出的快捷菜单中选择"行高"（或在"开始"选项卡的"单元格"功能组的"格式"按钮中选择"行高"），在"行高"对话框中输入"20"或其他值。

③ 选定 A1：G56 区域，在"开始"选项卡的"对齐方式"功能组中分别单击"水平居中"和"垂直居中"按钮。

或单击"开始"选项卡的"对齐方式"功能组的对话框启动器，在"设置单元格格式"

对话框中的"对齐"选项卡中设置水平居中和垂直居中。

（2） 参考工作表"初三学生档案"，在"语文"工作表中输入与学号对应的"姓名"；按照平时、期中、期末成绩各占 30%、30%、40%计算每个学生的"学期成绩"，按成绩由高到低的顺序统计每个学生的"学期成绩"排名，并按"第 n 名"的形式填入"班级名次"列中，按照下列条件填写"期末总评"。

语文、数学的学期成绩	其他科目的学期成绩	期末总评
≥102	≥90	优秀
≥84	≥75	良好
≥72	≥60	及格
<72	<60	不合格

1） 在"语文"工作表中输入与学号对应的"姓名"。

操作步骤如下：

① 选定 B2 单元格，在单元格或编辑栏中输入："=VLOOKUP(A2,初三学生档案!A:B,2,0)"，按"Enter"键。

② 双击 B2 单元格的填充柄，快速填充其余学生的"姓名"。

2） 计算每个学生的"学期成绩"。

① 选定 F2 单元格，在单元格或编辑栏中输入："=C2*30%+D2*30%+E2*40%"，按"Enter"键。

② 双击 F2 单元格的填充柄，快速填充其余学生的"学期成绩"。

3） 统计每个学生的"学期成绩"排名。

① 选定 G2 单元格，在单元格或编辑栏中输入："="第"&RANK(F2,$F$2:$F$45,0)&"名""，按"Enter"键。

② 双击 G2 单元格的填充柄，快速填充其余学生的"学期成绩"排名。

4） 填写"期末总评"。

方法一：

① 选定 G2 单元格，在单元格或编辑栏中输入："=IF(F2>=102,"优秀",IF(F2>=84,"良好",IF(F2>=72,"及格","不合格")))"，按"Enter"键。

② 双击 G2 单元格的填充柄，快速填充其余学生的"学期成绩"排名。

方法二：

① 选定 H2 单元格，单击"f_x"按钮，在"插入函数"对话框中选择"IF"函数，单击"确定"按钮。

② 在如图 3-36 所示的"函数参数"对话框中填入"Logical_test"和"Value_if_true"参数后，鼠标单击"Value_if_false"栏，再单击"名称框"，打开如图 3-37 所示的"函数参数"对话框，输入嵌套的 if "函数参数"对话框。

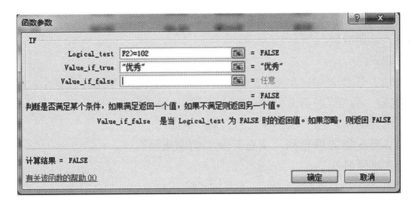

图 3-36 IF 函数嵌套示意图 1

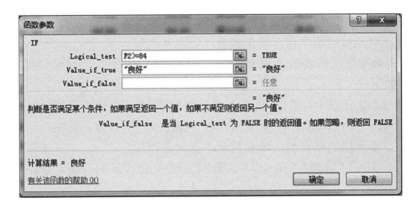

图 3-37 IF 函数嵌套示意图 2

③ 按如图 3-38 所示的对话框，输入完全部参数后，单击"确定"按钮。

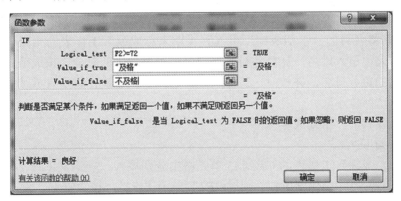

图 3-38 IF 函数嵌套示意图 3

（3） 统计其他科目的"姓名""学期成绩""班级名次"，按上述要求统计"期末总评"。

1） 统计"姓名"。

操作步骤如下：

① 同时选定"数学""英语""物理""化学""品德""历史"工作表。

② 在 B2 单元格中输入："=语文！B2"，按"Enter"键。

③ 双击 B2 单元格的填充柄，填充其余"姓名"。

2） 统计"学期成绩"。

操作步骤如下：

① 在"语文"工作表中，单击 F2 单元格，在"编辑栏"中选定公式后，按"Esc"键。

② 同时选定"数学""英语""物理""化学""品德""历史"工作表。

③ 在 F2 单元格中，按"Ctrl+V"组合键，粘贴。

④ 双击 F2 单元格的填充柄，填充其余"学期成绩"。

3） 统计"班级名次"。

操作步骤如下：

① 在"语文"工作表中，单击 G2 单元格，在"编辑栏"中选定公式后，按"Esc"键。

② 同时选定"数学""英语""物理""化学""品德""历史"工作表。

③ 在 G2 单元格中，按"Ctrl+V"组合键，粘贴。

④ 双击 G2 单元格的填充柄，填充其余"班级名次"。

4） 统计"数学"工作表的"期末总评"。

操作步骤如下：

① 在"语文"工作表中，单击 H2 单元格，在"编辑栏"中选定公式后，按"Esc"键。

② 选定"数学"工作表的 G2 单元格，按"Ctrl+V"组合键，粘贴。

③ 双击 G2 单元格的填充柄，填充其余"期末总评"。

5） 统计"英语""物理""化学""品德""历史"工作表的"期末总评"。

操作步骤如下：

① 同时选定"英语""物理""化学""品德""历史"工作表。

② 在 H2 单元格中，按前述"语文"工作表的统计"期末总评"的方法，填入："=IF(F2>=90,"优秀",IF(F2>=75,"良好",IF(F2>=60,"及格","不及格")))"。

③ 双击 H2 单元格的填充柄，填充其余"期末总评"。

（4） 分别将各科的"学期成绩"引入到"期末总成绩"工作表的相应列，在"期末总成绩"工作表中引入姓名，计算各科的平均分，每个学生的总分，按成绩由高到低顺序统计每个学生的总分排名，并按 1、2、3、…、形式标识名次；将所有成绩的数字格式设置为数值，保留两位小数。

1） 引入各科的"学期成绩"。

操作步骤如下：

在"期末总成绩"工作表的 C3 到 I3 单元格中分别填入："=语文!F2""=数学!F2""=英语!F2""=物理!F2""=化学!F2""=品德!F2""=历史!F2"，按"Enter"键。

2） 引入姓名。

操作步骤如下：

① 在"期末总成绩"工作表的 B2 单元格中填入："=VLOOKUP(A3,初三学生档案!A:B,2,0)"，按"Enter"键。

② 双击 B2 的填充柄，向下填充其余学生姓名。

3） 计算各科的平均分。

操作步骤如下：

① 在"期末总成绩"工作表中，选定 C3：C47 区域，单击"开始"选项卡"编辑"功能区的"自动求和"按钮，选择"平均值"选项。或在"期末总成绩"工作表中的 C47 单元格中，插入："=AVERAGE(C2:C46)"。

② 拖动 C47 的填充柄，向右填充至 I47。

4) 计算每个学生的总分。

操作步骤如下：

① 在"期末总成绩"工作表中，选定 C3：J47 区域，单击"开始"选项卡"编辑"功能区的"自动求和"按钮，选择"求和"选项。

或在"期末总成绩"工作表中的 J3 单元格中，插入："=SUM(C3:I3)"。

② 拖动 J3 的填充柄，向下填充至 J46。

5) 统计名次，按 1、2、3、…、形式标识。

操作步骤如下：

① 在"期末总成绩"工作表的 K3 单元格中，输入或插入："=RANK(J3,$J$3:$J$46,0)"。单击"开始"选项卡"编辑"功能区的"自动求和"按钮，选择"求和"选项。

② 拖动 K3 的填充柄，向下填充至 K46。

6) 设置成绩的数字格式。

操作步骤如下：

① 在"期末总成绩"工作表中，选定 C3：J46 区域，单击"开始"选项卡"数字"功能区右侧的对话框启动器。

② 在"设置单元格格式"对话框中的"数字"选项卡中选择"数值"，小数位数设置为"2"，单击"确定"按钮。

（5) 在"期末总成绩"工作表中用红色（标准色）加粗格式标明各科第一名成绩，并将前 10 名的总分成绩用浅蓝色填充。

1) 红色（标准色）加粗格式标明各科第一名成绩。

操作步骤如下：

方法一：

① 选定 C3：C46 区域，单击"开始"选项卡"样式"功能区的"条件格式"按钮，选择"新建规则"命令。

② 在如图 3-39 所示的"新建规则"对话框中，选择"仅对排名靠前或靠后的数值设置格式"，"编辑规则说明"设置为"1"，单击"格式"按钮。

③ 在"设置单元格格式"对话框的"字体"选项卡中，设置文字为红色、加粗，单击"确定"按钮。

方法二：

① 选定 C3：C46 区域，单击"开始"选项卡"样式"功能区的"条件格式"按钮，选择"新建规则"命令。

② 在如图 3-40 所示的"新建格式规则"对话框中，选择"使用公式确定要设置格式的单元格"，在"编辑规则说明"中输入公式"=C3=MAX($C$3:$C$46)"，单击"格式"按钮。

图 3-39　"条件格式"设置示意图　　　　　图 3-40　公式设置条件格式示意图

③ 在"设置单元格格式"对话框的"字体"选项卡中，设置文字为红色、加粗，单击"确定"按钮。

④ 同样方法设置其他科目的第一名成绩的格式。

2）前 10 名的总分成绩填充浅蓝色。

操作步骤如下：

① 选定 J3：J46 区域，单击"开始"选项卡"样式"功能区的"条件格式"按钮，选择"新建规则"命令。

② 在"新建规则"对话框中，选择"仅对排名靠前或靠后的数值设置格式"，将"编辑规则说明"设为"10"，单击"格式"按钮，单击"格式"按钮。

③ 在"设置单元格格式"对话框的"填充"选项卡中，选择背景色为浅蓝色，单击"确定"按钮。

（6）调整"期末总成绩"工作表页面布局以便打印：纸张方向为横向，缩减打印输出使得所有列只占一个页面宽度（不得缩小列宽），水平居中打印在纸上。

操作步骤如下：

① 在"期末总成绩"工作表中，单击"页面布局"选项卡"页面设置"功能区的对话框启动器，在"页面"选项卡中，选择纸张方向为"横向"。

② 在"页边距"选项卡中，勾选"水平居中"复选框。

③ 单击"打印预览"按钮，在背景视图中的"缩放"列表中，选择"将所有列调整为一页"。

3. 打开"课堂练习"文件夹中的"Excel.xlsx"，完成下列操作：

（1）在"费用报销管理"工作表"日期"列的所有单元格中，标注每个报销日期属于星期几，例如日期为："2013 年 1 月 20 日"的单元格应显示为"2013 年 1 月 20 日 星期日"，日期为："2013 年 1 月 21 日"的单元格应显示为"2013 年 1 月 21 日 星期一"。

操作步骤如下：

① 选定"费用报销管理"工作表的 A 列，单击"开始"选项卡"数字"功能组的对

话框启动器，打开"设置单元格格式"对话框。

② 在"分类"列表中选择自定义，在"类型"栏输入"yyyy"年"m"月"d"日" aaaa"，单击"确定"按钮。

（2）　如果"日期"列中的日期是星期六或星期日，则在"是否加班"列的单元格中显示"是"，否则显示"否"（必须使用公式）。

操作步骤如下：

① 选定 H3 单元格，在单元格或编辑栏中输入或插入"=IF(WEEKDAY(A3,2)<5,"否", "是")"，按"Enter"键或单击"确定"按钮。

② 双击 H3 单元格的填充柄，填充到 H401。

（3）　使用公式统计每个活动地点所在的省份或直辖市，并将其填写在"地区"列所对应的单元格中，例如"北京市""浙江省"。

操作步骤如下：

① 选定 D3 单元格，在单元格或编辑栏中输入或插入"=LEFT(C3,3)"，按"Enter"键或单击"确定"按钮。

② 双击 D3 单元格的填充柄，填充到 D401。

（4）　依据"费用类别编号"列内容，使用 VLOOKUP 函数，生成"费用类别"列内容。对照关系参考"费用类别"工作表。

操作步骤如下：

方法一：选定 F3 单元格，在单元格或编辑栏中输入"=VLOOKUP(E3,费用类别! A:B,2,0)"，按"Enter"键；双击 D3 单元格的填充柄，填充到 D401。

方法二：按如图 3-41 所示的对话框插入函数，单击"确定"按钮；双击 D3 单元格的填充柄，填充到 D401。

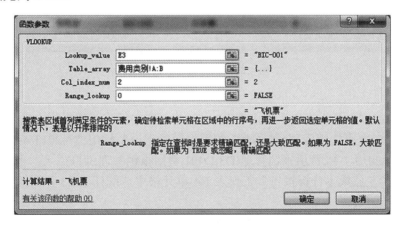

图 3-41　"VLOOKUP"函数示意

（5）　在"差旅成本分析报告"工作表 B3 单元格中，统计 2013 年第二季度发生在北京市的差旅费用总金额。

操作步骤如下：

方法一：

① 选定"差旅成本分析报告"工作表 B3 单元格，单击"f_x"按钮，在弹出的对话框

中的，搜索栏输入"SUMIFS"函数后，单击"转到"按钮，再单击"确定"按钮。

② 按图 3-42 和图 3-43 所示的对话框，输入函数参数后，单击"确定"按钮。

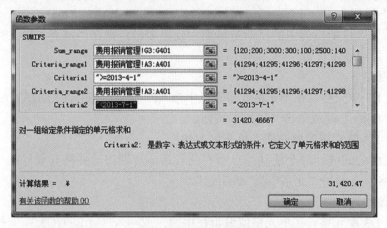

图 3-42　练习操作示意图 1

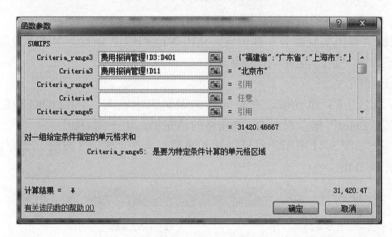

图 3-43　练习操作示意图 2

方法二：

选定"差旅成本分析报告"工作表 B3 单元格，在单元格或编辑栏中输入：

"=SUMIFS(费用报销管理!G3:G401,费用报销管理!A3:A401,">=2013-4-1",费用报销管理!A3:A401,"<2013-7-1",费用报销管理!D3:D401,费用报销管理!D11)"后，按"Enter"键。

（6）在"差旅成本分析报告"工作表 B4 单元格中，统计 2013 年员工钱顺卓报销的火车票费用总金额。

操作步骤如下：

方法一：

① 选定"差旅成本分析报告"工作表 B4 单元格，单击"f_x"按钮，在弹出的对话框中，选择"SUMIFS"函数后，单击"确定"按钮。

② 按如图 3-44 所示的对话框，输入函数参数后，单击"确定"按钮。

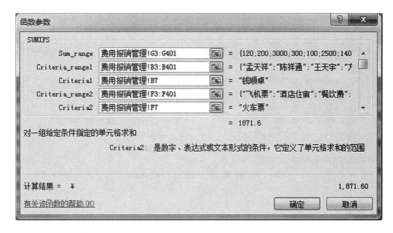

图 3-44　练习操作示意图

方法二：

选定"差旅成本分析报告"工作表 B4 单元格，在单元格或编辑栏中输入：

"=SUMIFS(费用报销管理!G3:G401,费用报销管理!B3:B401,费用报销管理!B7,费用报销管理!F3:F401,费用报销管理!F7)"后，按"Enter"键。

方法三：

选定"差旅成本分析报告"工作表 B4 单元格，在单元格或编辑栏中输入：

"=SUMPRODUCT((费用报销管理!G3:G401)*(费用报销管理!F3:F401=费用报销管理!F7)*(费用报销管理!B3:B401=费用报销管理!B20))"后，按"Enter"键。

方法四：

选定"差旅成本分析报告"工作表 B4 单元格，在单元格或编辑栏中输入：

"=SUM((费用报销管理!G3:G401)*(费用报销管理!F3:F401=费用报销管理!F7)*(费用报销管理!B3:B401=费用报销管理!B20))"后，按"Ctrl+Shift+Enter"组合键。（注：操作后在函数的外面添加了"{ }"）

（7）在"差旅成本分析报告"工作表 B5 单元格中，统计 2013 年差旅费用中，飞机票费用占所有报销费用的比例，并保留 2 位小数。

操作步骤如下：

① 选定"差旅成本分析报告"工作表 B5 单元格，在单元格或编辑栏中输入：

"=SUMIFS(费用报销管理!G3:G401,费用报销管理!F3:F401,费用报销管理!F3)/SUM(费用报销管理!G3:G401)"后，按"Enter"键。

② 再次选定 B5 单元格，单击"开始"选项卡"数字"功能组的对话框启动器，设置"类型"为数值，"小数位数"为"2"，单击"确定"按钮。

（8）在"差旅成本分析报告"工作表 B6 单元格中，统计 2013 年发生在周末（星期六和星期日）的通信补助总金额。

操作步骤如下：

方法一：

① 选定"差旅成本分析报告"工作表 B6 单元格，单击"fx"按钮，在弹出的对话框中，选择"SUMIFS"函数后，单击"确定"按钮。

② 按如图 3-45 所示的对话框，输入函数参数后，单击"确定"按钮。

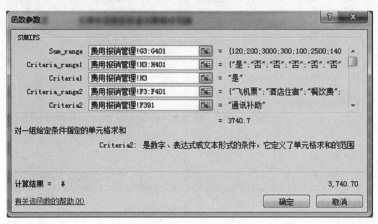

图 3-45　练习操作示意图

方法二：

选定"差旅成本分析报告"工作表 B6 单元格，在单元格或编辑栏中输入：

"=SUMIFS(费用报销管理!G3:G401,费用报销管理!H3:H401,费用报销管理!H3,费用报销管理!F3:F401,费用报销管理!F14)"后，按"Enter"键。

方法三：

选定"差旅成本分析报告"工作表 B6 单元格，在单元格或编辑栏中输入：

"=SUMPRODUCT((费用报销管理!G3:G401)*(费用报销管理! H3:H401=费用报销管理! H3)*(费用报销管理! F3:F401=费用报销管理! F14))"后，按"Enter"键。

方法四：

选定"差旅成本分析报告"工作表 B6 单元格，在单元格或编辑栏中输入：

"=SUM((费用报销管理!G3:G401)*(费用报销管理! H3:H401=费用报销管理! H3)*(费用报销管理! F3:F401=费用报销管理! F14))"后，按"Ctrl+Shift+Enter"组合键。

4. 打开"课堂练习"文件夹中的"素材.xlsx"，完成下列操作：

（1） 将"素材.xlsx"另存为"滨海市 2015 年春高二物理统考情况分析.xlsx"文件，后续操作均基于此文件。

操作步骤如下：

打开"素材.xlsx"，选择"文件"|"另存为"命令，在随后打开的"另存为"对话框中，输入文件名"滨海市 2015 年春高二物理统考情况分析"，保存类型为"Excel 工作簿"，保存路径默认，单击"确定"按钮。

（2） 利用"成绩单""小分统计"和"分值表"工作表中的数据，完成"按班级汇总"和"按学校汇总"工作表中相应空白列的数值计算。

1） 计算"按班级汇总"工作表的"考试学生数"。

操作步骤如下：

方法一：

① 选定"按班级汇总"工作表的 C2 单元格，单击"f_x"按钮，在弹出的对话框中，搜索到"COUNTIFS"函数后，依次单击"转到"和"确定"按钮。

② 按如图 3-46 所示的对话框，输入函数参数后，单击"确定"按钮。

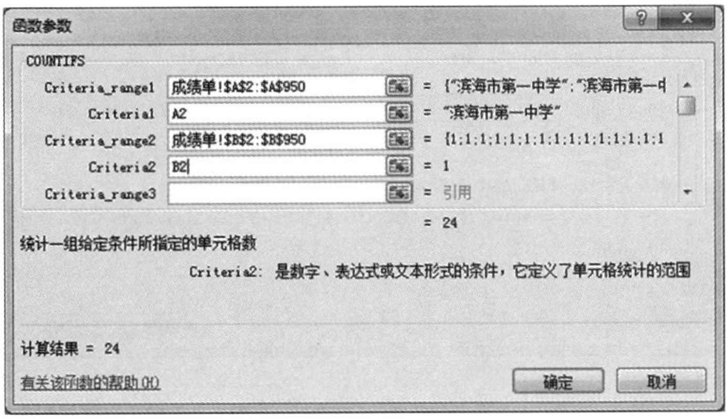

图 3-46　练习操作示意图

③ 双击 C2 单元格的填充按钮，填充其余"考试学生数"。

方法二：

选定"按班级汇总"工作表的 C2 单元格，在单元格或编辑栏中输入："=SUM((成绩单!\$A\$2:\$A\$950=A2)*(成绩单!\$B\$2:\$B\$950=B2))"后，按"Ctrl+Shift+Enter"组合键。

方法三：

选定"按班级汇总"工作表的 C2 单元格，在单元格或编辑栏中输入："=SUMPRODUCT((成绩单!\$A\$2:\$A\$950=A2)*(成绩单!\$B\$2:\$B\$950=B2))"后，按"Enter"键。

2）　计算"按班级汇总"工作表的"最高分"。

操作步骤如下：

① 选定"按班级汇总"工作表的 D2 单元格，在单元格或编辑栏中输入："=MAX((成绩单!\$A\$2:\$A\$950=A2)*(成绩单!\$B\$2:\$B\$950=B2)*成绩单!\$D\$2:\$D\$950)"后，按"Ctrl+Shift+Enter"组合键。

◆ 双击 D2 单元格的填充柄，填充其余"最高分"。

3）　计算"按班级汇总"工作表的"最低分"。

操作步骤如下：

① 选定"按班级汇总"工作表的 E2 单元格，在单元格或编辑栏中输入："=MIN(IF((成绩单!\$A\$2:\$A\$950=A2)*(成绩单!\$B\$2:\$B\$950=B2),成绩单!\$D\$2:\$D\$950))"后，按"Ctrl+Shift+Enter"组合键。

◆ 双击 E2 单元格的填充柄，填充其余"最低分"。

4）　计算"按班级汇总"工作表的"平均分"。

操作步骤如下：

方法一：

① 选定"按班级汇总"工作表的 F2 单元格，单击"f_x"按钮，在弹出的对话框中，搜索"AVERAGEIFS"函数后，依次单击"转到"和"确定"按钮。

◆ 按如图 3-47 所示的对话框，输入函数参数后，单击"确定"按钮。

③ 双击 F2 单元格的填充按钮，填充其余"平均分"。

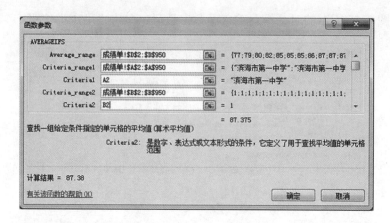

图 3-47   练习操作示意图

方法二：

选定"按班级汇总"工作表的 F2 单元格，在单元格或编辑栏中输入："=AVERAGEIFS(成绩单!$D$2:$D$950,成绩单!$A$2:$A$950,A2,成绩单!$B$2:$B$950,B2)"后，按"Enter"键。

5） 计算"按班级汇总"工作表的"客观题平均分"。

操作步骤如下：

方法一：

① 选定"按班级汇总"工作表的 G2 单元格，单击"f_x"按钮，在弹出的对话框中，选择"SUM"函数后，单击"确定"按钮。

② 按如图 3-48 所示的对话框，输入函数参数后，单击"确定"按钮。

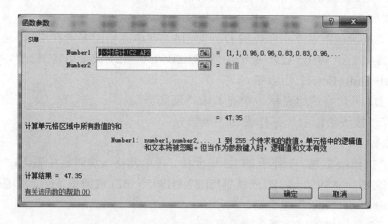

图 3-48   练习操作示意图

③ 双击 G2 单元格的填充按钮，填充其余"客观题平均分"。

方法二：

选定"按班级汇总"工作表的 G2 单元格，在单元格或编辑栏中输入："=SUM(小分统计!C2:AP2)"后，按"Enter"键。

6） 计算"按班级汇总"工作表的"主观题平均分"。

操作步骤如下：

方法一：

① 选定"按班级汇总"工作表的 H2 单元格，单击"f_x"按钮，在弹出的对话框中，选择"SUM"函数后，单击"确定"按钮。

② 按如图 3-49 所示的对话框，输入函数参数后，单击"确定"按钮。

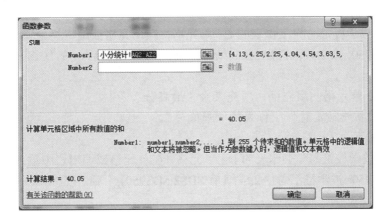

图 3-49 练习操作示意图

③ 双击 H2 单元格的填充按钮，填充其余"客观题平均分"。

方法二：

选定"按班级汇总"工作表的 G2 单元格，在单元格或编辑栏中输入："=SUM(小分统计!AQ2:AZ2)"后，按"Enter"键。

7）计算"按学校汇总"工作表的"考试学生数"。

操作步骤如下：

方法一：

① 选定"按学校汇总"工作表的 B2 单元格，单击"f_x"按钮，在弹出的对话框中，选择"COUNTIF"函数后，单击"确定"按钮。

② 按如图 3-50 所示的对话框，输入函数参数后，单击"确定"按钮。

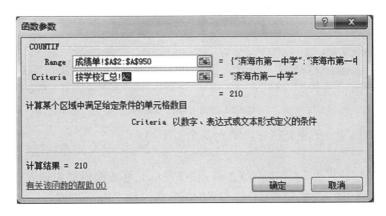

图 3-50 练习操作示意图

③ 双击 B2 单元格的填充按钮，填充其余"考试学生数"。

方法二：

选定"按班级汇总"工作表的 C2 单元格，在单元格或编辑栏中输入："=COUNTIF(成绩单!$A$2:$A$950,按学校汇总!A2)"后，按"Enter"键。

8） 计算"按学校汇总"工作表的"最高分"。

操作步骤如下：

① 选定"按学校汇总"工作表的 C2 单元格，在单元格或编辑栏中输入："=MAX((成绩单!$A$2:$A$950=按学校汇总!A2)*成绩单!$D$2:$D$950)"后，按"Ctrl+Shift+ Enter"组合键。

② 双击 C2 单元格的填充柄，填充其余"最高分"。

9） 计算"按学校汇总"工作表的"最低分"。

操作步骤如下：

① 选定"按学校汇总"工作表的 D2 单元格，在单元格或编辑栏中输入："=MIN(IF(成绩单!$A$2:$A$950=按学校汇总!A2,成绩单!$D$2:$D$950))"后，按"Ctrl+Shift+Enter" 组合键。

② 双击 D2 单元格的填充柄，填充其余"最低分"。

10） 计算"按学校汇总"工作表的"平均分"。

操作步骤如下：

方法一：

① 选定"按学校汇总"工作表的 E2 单元格，单击"f_x"按钮，在弹出的对话框中，搜索"AVERAGEIF"函数后，依次单击"转到"和"确定"按钮。

② 按如图 3-51 所示的对话框，输入函数参数后，单击"确定"按钮。

图 3-51　练习操作示意图

③ 双击 E2 单元格的填充按钮，填充其余"平均分"。

方法二：

① 选定"按学校汇总"工作表的 E2 单元格，在单元格或编辑栏中输入："=AVERAGEIF(成绩单!$A$2:$A$950,A2,成绩单!$D$2:$D$950)"后，按"Enter"键。

② 双击 E2 单元格的填充柄，填充其余"平均分"。

11） 计算"按学校汇总"工作表的"客观题平均分"。

操作步骤如下：

方法一：

① 选定"按学校汇总"工作表的 F2 单元格，在单元格或编辑栏中输入："=SUMPRODUCT((按班级汇总!\$A\$2:\$A\$33=按学校汇总!A2)*按班级汇总!\$C\$2:\$C\$33*按班级汇总!\$G\$2:\$G\$33)/SUM(按学校汇总!B2)"后，按"Enter"键。

② 双击 F2 单元格的填充柄，填充其余"客观题平均分"。

方法二：

① 选定"按学校汇总"工作表的 F2 单元格，在单元格或编辑栏中输入："=SUM((按班级汇总!\$A\$2:\$A\$33=按学校汇总!A2)*按班级汇总!\$C\$2:\$C\$33*按班级汇总!\$G\$2:\$G\$33)/SUM(按学校汇总!B2)"后，按"Ctrl+Shift+Enter"组合键。

② 双击 F2 单元格的填充柄，填充其余"客观题平均分"。

12）计算"按学校汇总"工作表的"主观题平均分"。

操作步骤如下：

方法一：

① 选定"按学校汇总"工作表的 G2 单元格，在单元格或编辑栏中输入："=SUMPRODUCT((按班级汇总!\$A\$2:\$A\$33=按学校汇总!A2)*按班级汇总!\$C\$2:\$C\$33*按班级汇总!\$H\$2:\$H\$33)/SUM(按学校汇总!B2)"后，按"Enter"键。

② 双击 G2 单元格的填充柄，填充其余"客观题平均分"。

方法二：

① 选定"按学校汇总"工作表的 G2 单元格，在单元格或编辑栏中输入："=SUM((按班级汇总!\$A\$2:\$A\$33=按学校汇总!A2)*按班级汇总!\$C\$2:\$C\$33*按班级汇总!\$H\$2:\$H\$33)/SUM(按学校汇总!B2)"后，按"Ctrl+Shift+Enter"组合键。

② 双击 G2 单元格的填充柄，填充其余"客观题平均分"。

13）计算"按学校汇总"工作表的各题的"得分率"。

操作步骤如下：

方法一：

① 选定"按学校汇总"工作表的 H2 单元格，在单元格或编辑栏中输入："=SUM((小分统计!\$A\$2:\$A\$33=\$A2)*小分统计!C\$2:C\$33*按班级汇总!\$C\$2:\$C\$33)/\$B2/分值表!B\$3"后，按"Ctrl+Shift+Enter"组合键。

② 拖动 H2 单元格的填充柄，填充其余各题的"得分率"。

方法二：

① 选定"按学校汇总"工作表的 H2 单元格，在单元格或编辑栏中输入：

"=SUMPRODUCT((小分统计!\$A\$2:\$A\$33=\$A2)*小分统计!C\$2:C\$33*按班级汇总!\$C\$2:\$C\$33)/\$B2/分值表!B\$3"后，按"Enter"键。

② 拖动 H2 单元格的填充柄，填充其余各题的"得分率"。

（3）新建"按学校汇总 2"工作表，将"按学校汇总"工作表中所有单元格数值转置复制到新工作表中。

操作步骤如下：

① 单击新建工作表按钮，在新建工作表标签上双击鼠标右键，将其重命名为"按学

校汇总 2"。

② 在"按学校汇总"工作表中选定 A1：BE5 区域，按"Ctrl+C"组合键。

③ 在"按学校汇总 2"工作表中选定 A1 单元格后，单击"开始"选项卡"剪贴板"功能组的"粘贴"按钮，选择"选择性粘贴"，在如图 3-52 所示的"选择性粘贴"对话框中，勾选"转置"复选框后，按"确定"按钮。

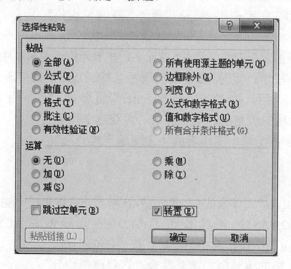

图 3-52 练习操作示意图

（4）将"按学校汇总 2"工作表中的内容套用表格样式为"表样式中等深浅 12"；将得分率低于 80%的单元格标记为"浅红填充色深红色文本"格式，将介于 80%～90%之间的单元格标记为"黄填充色深黄色文本"格式。

操作步骤如下：

① 选定"按学校汇总 2"工作表的 A1：E57 区域，在"开始"选项卡的"样式"功能组中单击"套用表格格式"按钮，选择"表样式中等深浅 12"。

② 选定"按学校汇总 2"工作表的 B8：E57 区域，在"开始"选项卡的"样式"功能组中单击"条件格式"按钮，依次选择"突出显示单元格规则""小于"，在对话框中输入"80%"，选择"浅红填充色深红色文本"，单击"确定"按钮；再次单击"条件格式"按钮，依次选择"突出显示单元格规则"和"介于"，在对话框中输入"80%"到"90%"，选择"黄填充色深黄色文本"，单击"确定"按钮。

5. 在"课堂练习"中打开"计算机全年销量统计表.xlsx"，完成下列操作。

（1）将"Sheet1"工作表命名为"销售情况"，将"Sheet2"工作表命名为"平均单价"。

操作步骤如下：

双击"Sheet1"工作表标签，输入"销售情况"，在工作表编辑区单击；双击"Sheet2"工作表标签，输入"平均单价"，在工作表编辑区单击。

（2）在"店铺"列左侧插入一个空列，输入列标题为"序号"，并以"001、002、003、…"的方式向下填充该列到最后一个数据行。

操作步骤如下：

① 用鼠标右键单击"店铺"所在列的列标签，在弹出的快捷菜单中选择"插入"命

令。

② 选定 A3 单元格，输入"序号"。

③ 选定 A 列，单击"开始"选项卡"数字"功能组的对话框启动器，在"设置单元格格式"对话框的"数字"选项卡中，选择分类为"文本"，单击"确定"按钮。

④ 分别选定 A4、A5 单元格，并输入"001"和"002"。

⑤ 选定 A4：A5 区域，双击其填充柄，向下填充至 A83 单元格。

（3） 将工作表标题跨列合并居中并适当调整其字体、加大字号，并改变字体颜色。适当加大数据行高和列宽，设置对齐方式及销售额列的数值格式（保留 2 位小数），并为数据区域增加边框线。

操作步骤如下：

① 选定 A1：F1 区域，单击"开始"选项卡"对齐方式"功能组中的"合并后居中"按钮。

② 选定 A1 单元格，在"开始"选项卡的"字体"功能组中，将字体设置为"黑体"（可以是其他字体）、字号设置为"16"（可以是不小于 11 的任意值）、默认单位、颜色设置为"深蓝"（可以是其他任意颜色）。

③ 选定 A：F 列，拖动任意列框线，调整各列宽度（或右键单击鼠标后，选择"列宽"，在对话框中设置列宽值后，单击"确定"按钮）；选定第 1～83 行，拖动任意行框线，调整行高（或右键单击鼠标后，选择"行高"，在对话框中设置行高值后，单击"确定"按钮）。

④ 选定 A1：F83，区域，在"开始"选项卡"对齐方式"功能组中，单击"水平、垂直居中"按钮。

⑤ 单击 E 列，单击"数字"功能区的对话框启动器，在打开的"设置单元格格式"对话框中的"数字"选项卡，将"分类"设置为"数值"，将"小数位数"设置为 2，单击"确定"按钮。

⑥ 选定 A3：F83 区域，单击"开始"选项卡"字体"功能区的边框线按钮"田·"，选择"所有框线"。

（4） 将工作表"平均单价"中的区域 B3：C7 定义名称为"商品均价"。运用公式计算工作表"销售情况"中 F 列的销售额，要求在公式中通过"VLOOKUP"函数自动在工作表"平均单价"中查找相关商品的单价，并在公式中引用所定义的名称"商品均价"。

操作步骤如下：

① 在"平均单价"工作表中，选定 B3：C7 区域，单击"公式"选项卡"定义的名称"功能组的"定义名称"按钮，选择"定义名称"选项，打开"新建名称"对话框。

② 在如图 3-53 所示的对话框中的"名称"栏中，输入"商品均价"，单击"确定"按钮。

③ 在"销售情况"工作表中，选定 F4 单元格，输入"=VLOOKUP(D4, 商品均价,2,0)*E4"，按"Enter"键或按"√"。

④ 双击 E4 单元格的填充柄，填充其余数

图 3-53 "新建名称"对话框

据到 F83。

六、课后练习

1. 打开"课后练习"文件夹中的"公式与函数的应用.xlsx"工作簿，分别完成"练习1""练习2""巩固练习"工作表中相关数据的统计和计算。

2. 打开"课后练习"文件夹中的"Excel.xlsx"工作簿，按下列要求完成统计和分析工作。

（1）请对"订单明细表"工作表进行格式调整，通过套用表格格式的方法将所有的销售记录调整成一致的外观格式，并将"单价"列和"小计"列所包含的单元格调整为"会计专用"（人民币）数字格式。

（2）根据图书编号，请在"订单明细表"工作表的"图书名称"列中，使用"VLOOKUP"函数完成图书名称的自动填充。"图书名称"和"图书编号"的对应关系在"编号对照"工作表中。

（3）根据图书编号，请在"订单明细表"工作表的"单价"列中，使用"VLOOKUP"函数完成图书单价的自动填充。"单价"和"图书编号"的对应关系在"编号对照"工作表中。

（4）在"订单明细表"工作表的"小计"列中，计算每笔订单的销售额。

（5）根据"订单明细表"工作表中的销售数据，统计所有订单的总销售金额，并将其填写在"统计报告"工作表的 B3 单元格中。

（6）根据"订单明细表"工作表中的销售数据，统计《MS Office 高级应用》图书在2012 年的总销售金额，并将其填写在"统计报告"工作表的 B4 单元格中。

（7）根据"订单明细表"工作表中的销售数据，统计隆华书店在 2011 年第 3 季度的总销售额，并将其填写在"统计报告"工作表的 B5 单元格中。

（8）根据"订单明细表"工作表中的销售数据，统计隆华书店在 2011 年的每月平均销售额（保留 2 位小数），并将其填写在"统计报告"工作表的 B6 单元格中。

（9）保存"Excel.xlsx"文件。

3. 打开"课后练习"文件夹中的"Excel 素材.xlsx"工作簿，完成下列操作：

（1）在最左侧插入一个空白工作表，重命名为"员工基础档案"，并将该工作表标签颜色设为标准红色。

（2）将以分隔符分隔的文本文件"员工档案.csv"自 A1 单元格开始导入到工作表"员工基础档案"中，将第 1 列数据从左到右依次分成"工号"和"姓名"两列显示；将工资列的数字格式设为不带货币符号的会计专用，适当调整行高和列宽，最后一个名为"档案"，包含数据区域 A1：N102，包含标题的表，同时删除外部链接。

（3）在工作表"员工基础档案"中，利用公式及函数依次输入每个学生的性别"男"或"女"，出生日期"xxxx 年 xx 月 xx 日"，每位员工截止 2015 年 9 月 30 日的年龄、工龄工资、基本月工资。其中：

1）身份证号码的倒数第 2 位用于判断性别，奇数为男性，偶数为女性。

2）身份证号码的第 7~14 位代表出生年月日。

3）　年龄需要按周岁计算，满 1 年才计 1 岁，每月按 30 天，一年按 360 天计算。

4）　工龄工资的计算方法：本公司工龄达到或超过 30 年的每满一年每月增加 50 元、不足 10 年的每满一年每月增加 20 元、工龄不满 1 年的没有工龄工资，其他为每满一年每月增加 30 元。

5）　基本月工资=签约月工资+月工龄工资。

（4）　参照"员工基础档案"中的信息，在工作表"年终奖金"中输入与工号对应的员工改名、部门、月基本工资；按照年基本工资总额的 15%计算每个员工的年终应发奖金。

（5）　在工作表"年终奖金"中，根据工作表"个人所得税率"中的对应关系计算每个员工年终奖金应交的个人所得税、实发工资，并填入 G 列和 H 列。年终资金目前的计税方法是：

1）　年终奖金的月应税所得额=全部年终奖金÷12。

2）　根据步骤①计算得出的月应税所得额在个人所得税税率表中找到对应的税率。

3）　年终奖金应交个税=全部年终奖金×月应税所得额的对应税率-对应速算扣除数。

4）　实发奖金=应发奖金-应交个税。

（6）　根据工作表"年终奖金"中的数据，在"12 月工资表"中依次输入每个员工的"应发年终奖金"和"奖金个税"，并计算员工的"实发工资奖金"总额（实发工资奖金=应发工资奖金-扣除社保-工资个税-奖金个税）。

（7）　基于工作表"12 月工资表"中的数据，从"工资条"的 A2 单元格开始依次为每位员工生成样例所示的工资条，要求每张工资条占用两行，内外均加框线，第 1 行为工号、姓名、部门等列标题，第 2 行为相应工资奖金及个税金额，两张工资条之间空一行以便剪裁，行高统一设为 40 默认单位，自动调整列宽到最合适大小，字号不得小于 10 磅。

（8）　调整工作表"工资条"的页面布局以备打印：纸张方向为横向，缩减打印输出使得所有列只占一个页面宽（但不得改变页边距），水平居中打印在纸上。

4. 利用适当的公式或函数制作一张九九乘法表。

任务 3-4　图表的应用

一、教学目标

1. 会创建、编辑和修饰图表。
2. 能创建并编辑迷你图。
3. 会打印图表。

二、重难点

1. 图表的编辑和修饰方法。
2. 复杂图表的创建、编辑和修饰。

三、课堂练习

1. 打开"课堂练习"文件夹的"销售统计表.xlsx"工作簿，根据"销售统计表"工作表中的数据，按下列要求创建如图 3-54 所示的图表。

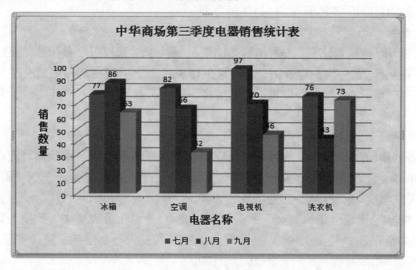

图 3-54　图表创建效果图

（1）　在"Sheet1"工作表单元格区域为 B3：E7 的数据建立"三维簇状柱形图"。

（2）　在图表上方添加"图表标题"为"中华商场第三季度电器销售统计表"，在图表下方添加"横坐标轴标题"为"电器名称"，在图表左侧添加"纵坐标轴标题"为"销售数量"。

（3）　显示"数据标签"，显示"主要横网格线"，显示"从左向右横坐标轴"，显示"默认纵坐标轴"，其中"图例"显示在底部。

（4）　适当调整图表大小、移动图表位置，选择适当的图表背景墙。

（5）　按原文件名保存文件。

2. 在"课堂练习"文件夹下，打开"Excel 素材.xlsx"文件，完成下列操作。

在"销售评估"工作表中创建一标题为"销售评估"的图表，图表效果参照"销售评估"工作表中的样例。

3. 在"课堂练习"文件夹下，打开"Excel.xlsx"文件，完成下列操作。

（1）　在"2013 图书销售分析"工作表中的 N4：N11 单元格中，插入用于统计销售趋势的迷你折线图，各单元中迷你图的数据范围为所对应的 1～12 月销售数据。

（2）　为各迷你折线图标记销量的最高点和最低点。

四、知识点

图表是以图的形式来显示数值数据系列，使人更容易理解大量数据及不同数据系列之间的关系。

1. 图表的类型

Excel 共提供 11 个大类图表，分别是：柱形图、折线图、饼图、条形图、（XY）散点图、面积图、曲面图、圆环图、气泡图、雷达图和股价图。每个大类下又包含有若干个子类型，每一类图表都有其特定的功能，如：柱形图主要用于一个或多个数据系列中值的比较；条形图用于一种趋势，在某一段时间内的相关值；饼图主要着重部分与整体之间的相对大小关系等。

2. 图表的创建方法

（1）　先选择数据，再创建图表。

1）　选择数据区域。

① 选择连续的数据区域：拖动鼠标或单击数据区的第一个单元格，按住"Shift"键时，单击数据区域最后一个单元格。

② 选择不连续的数据区域：按住"Crtl"键，依次单击单元格或拖动鼠标选择待选区域。

2）　插入图表。

在"插入"选项卡的"图表"功能组中，单击各类图表按钮。或单击"插入"选项卡"图表"功能组的对话框启动器，在"插入图表"对话框中，选择所需的图表类型和子类型后，单击"确定"按钮。

（2）　先插入空图表，再选择数据。

1）　在"插入"选项卡的"图表"选项组中选择合适的图表类型并确定插入，则插入一个仅有图表区的空图表。

2）　用鼠标右键单击空图表区，在弹出的快捷菜单中选择"选择数据"选项（或单击空图表后，在"图表工具"的"设计"选项卡"数据"功能组中单击"选择数据"按钮），在打开的如图 3-55 所示的"选择数据源"对话框中，选择图表数据区；单击"添加"按钮，设置系列的标题和数据；单击"编辑"按钮，设置分类数据（X 轴的值）；单击"确定"按钮完成。

图 3-55　"选择数据源"对话框

3. 图表的编辑

（1）　图表的结构。

图表一般包括图表区、绘图区、图例、垂直（值）轴（以前版本中称为数值轴）、垂

直（值）轴标题、水平（类别）轴（以前版本中称为分类轴）、水平（类别）轴标题、图表标题、系列（数据系统）等。

1）　图表区：包含整个图表及其全部元素。

2）　绘图区：通过坐标轴来界定的区域，包括所有数据系列、分类名、刻度线标志和坐标轴标题等。

3）　坐标轴：横坐标轴（x 轴、分类轴）和纵坐标轴（y 轴、值轴）全称坐标轴，是界定图表绘图区的线条，用作度量的参照框架。数据沿着横坐标轴和纵坐标轴绘制在图表中。

4）　图例：图例是一个方框，用于标识为图表中的数据系列或分类指定的图案和颜色。

5）　图表标题：是对整个图表的说明性文本。

6）　坐标轴标题：是对坐标轴的说明性文本。

7）　数据标签：代表源于单元格的单个数据点或数值。可以用来标识数据系列中数据点的详细信息。

（2）　图表的编辑。

创建图表后，可以为图表应用预定义布局和样式以快速更改它的外观。Excel 提供了多种预定义布局和样式，必要时还可以根据需要手动更改各个图表元素的布局和格式。

1）　应用预定义图表布局。

单击图表，在"图表工具"的"设计"选项卡的"图表布局"功能组中，选择适当的图表布局。

2）　应用预定义图表样式。

单击图表，在"图表工具"的"设计"选项卡的"图表样式"功能组中，选择适当的图表样式。选择样式时需根据打印时是否彩色打印，来选择颜色搭配。

3）　更改图表的类型。

选定图表，用鼠标右键单击空白处，在弹出的快捷菜单中选择"更改图表类型"选项（或"图表工具"的"设计"选项卡的"类型"功能组中，单击"更改图表类型"按钮"▥"），打开"更改图表类型"对话框，选择合适类型，单击"确定"按钮完成。

4）　更改数据源。

选定图表，用鼠标右键单击空白处，在弹出的快捷菜单中选择"选择数据"选项（或单击"图表工具"的"设计"选项卡"数据"功能组的"选择数据"按钮"▥"），在打开的"选择数据"对话框中，设置数据系列和分类，单击"确定"按钮完成。

5）　更改图表的位置。

Excel 图表按位置分有嵌入式图表和独立图表两种。嵌入式图表，即将根据工作表中数据所建立的图表嵌入原工作表中；独立图表，即图表工作表，是将图表单独存放在一张工作表中。需更改图表的位置时，可选定图表，用鼠标右键单击空白处，在弹出的快捷菜单中选择"移动图表"选项（或单击"图表工具"的"设计"选项卡"位置"功能组的"移动图表"按钮"▥"），在打开的"移动图表"对话框中，设置新的位置后，单击"确定"按钮完成。

6）　更改图表布局选项。

① 更改图表标题和坐标轴标题。

选定图表，在"图表工具"的"布局"选项卡"标签"功能组中单击"图表标题"按钮，在下拉菜单中选择相应的命令项即可。

②　更改图例显示。

选定图表，在"图表工具"的"布局"选项卡"标签"功能组中单击"图例"按钮，在下拉菜单中选择相应的命令项即可。

③　更改数据标签。

选定图表，在"图表工具"的"布局"选项卡"标签"功能组中单击"数据标签"按钮，在下拉菜单中选择相应的命令项即可。

④　更改模拟运算表显示。

选定图表，在"图表工具"的"布局"选项卡"标签"功能组中单击"模拟运算表"按钮，在下拉菜单中选择相应的命令项即可。

⑤　更改坐标轴显示。

选定图表，在"图表工具"的"布局"选项卡"坐标轴"功能组中单击"坐标轴"按钮，在下拉菜单中选择相应的命令项即可。

⑥　更改网络线显示。

选定图表，在"图表工具"的"布局"选项卡"坐标轴"功能组中单击"网格线"按钮，在下拉菜单中选择相应的命令项即可。

4.　图表的格式化

图表的格式化是指对图表的各个对象的格式设置，可以设置文字的字体和字号、数值的格式、颜色、图案等多项内容。进行图表格式化有以下 3 种方法。

方法一：双击图表对象，在打开的"设置图表区格式"对话框中，进行相应的格式设置。

方法二：右键单击图表对象，在弹出的快捷菜单中选择相应的格式设置命令。

方法三：单击图表或图表对象，再通过单击"图表工具"的"布局"选项卡"当前所选内容"功能组的"设置所选内容格式"，对选定的图表对象进行相应的格式设置。

操作方法如下：

选定图表，选择"图表工具"的"布局"（或"格式"）选项卡，在"当前所选内容"功能组中单击"图表元素"下三角按钮，选择设置对象，之后单击"设置所选内容格式"按钮，打开"设置格式"对话框，进行相应的格式设置。

5.　创建并编辑迷你图

迷你图是 Excel 2010 的新功能，是插入到单元格中的微型图表，可显示一系列数值的趋势（例如，季节性增加或减少、经济周期），还可以突出显示最大值和最小值。

（1）　迷你图的特点与作用。

1）　迷你图不是对象，而是嵌入在单元格中的微型图表，可作为背景。

2）　在数据旁边插入迷你图可以通过清晰、简明的图形表示方法显示相邻数据的趋势，而且迷你图只需占用少量空间。

3）　当数据发生更改时，可以立即在迷你图中看到相应的变化。

4）　通过使用填充柄填充迷你图。

5）　在打印包含迷你图的工作表时迷你图将会被同时打印。

（2）创建迷你图。

1）选定需创建迷你图的区域，在"插入"选项卡的"迷你图"功能组中选择所需的迷你图样式，打开如图 3-56 所示的"创建迷你图"对话框。

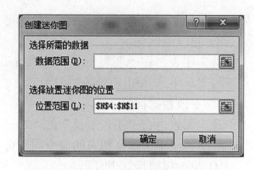

2）在对话框中的"数据范围"栏选择需创建迷你图的数据区域后，单击"确定"按钮。

（3）编辑迷你图。

1）改变迷你图类型。

图 3-56　"创建迷你图"对话框

当选择某个已创建的迷你图时，功能区中将会出现"迷你图工具"及"设计"选项卡。通过该选项卡，可以更改迷你图的类型、设置其格式、显示或隐藏折线迷你图上的数据点，或者设置迷你图组中的垂直轴的格式等。

2）取消图组合。

选择要取消组合的图组，在"迷你图工具"的"设计"选项卡的"分组"功能区中，单击"取消组合"按钮，撤销图组合。

（4）突出显示数据点。

选择需要突出显示数据点的迷你图，在"迷你图工具"的"设计"选项卡的"显示"功能组中，选择显示的标记类型。

（5）迷你图样式和颜色设置。

选择要设置格式的迷你图，在"迷你图工具"的"设计"选项卡的"样式"功能组中选择需要的样式或自定义线条及标记颜色。

（6）隐藏和空单元格。

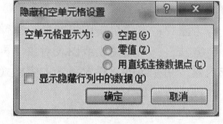

选择要进行设置的迷你图，在"迷你图工具"的"设计"选项卡的"迷你图"功能组的"编辑数据"按钮，选择"隐藏和清空单元格"命令，在如图 3-57 所示的"隐藏和空单元格设置"对话框中，进行相关设置后，单击"确定"按钮。

（7）清除迷你图。

图 3-57　"隐藏和空单元格设置"对话框

选择要删除的迷你图，在"迷你图工具"的"设计"选项卡的"分组"功能区中，单击"清除"按钮，选择"清除所选的迷你图"或"清除所选的迷你图组"。

6. 打印图表

位于工作簿中的图表将会在保存工作簿时一起保存在工作簿文档中，可对图表进行单独的打印设置。

（1）整页打印图表。

1）打印独立图表。

当图表放置于单独的工作表中时，直接打印该张工作表即可单独打印图表到一页纸上。

2）打印嵌入图表。

当图表以嵌入方式与数据列表位于同一张工作表上时，打印时，需选定该张图表，再选择"文件"选项卡的"打印"命令，在打印视图中选择"打印选定图表"，单击"打印"按钮。

（2）作为表格的一部分打印图表。

当图表以嵌入方式与数据列表位于同一张工作表上时，首先选择这张工作表，保证不要单独选定图表，此时通过"文件"选项卡上的"打印"命令进行打印，即可将图表作为工作表的一部分与数据列表一起打印在一张纸上。

（3）不打印工作表中的图表。

方法一：将需要打印的数据区域（不包括图表）设定为打印区域，再执行"文件"|"打印"命令打印活动工作表，将不打印工作表中的图表。

方法二：执行"文件"|"选项"|"高级"命令，在"此工作簿的显示选项"区域的"对于对象，显示："下，选定"无内容（隐藏对象）"，嵌入到工作表中的图表将会被隐藏起来。此时通过"文件"选项卡上的"打印"命令进行打印，将不会打印嵌入的图表。

五、答案解析

1. 打开"课堂练习"文件夹的"销售统计表.xlsx"工作簿，按要求创建图表。

（1）对"Sheet1"工作表单元格区域为 B3：E7 的数据建立"三维簇状柱形图"。

操作步骤如下：

双击"销售统计表.xlsx"，打开工作簿，选定为 B3：E7 区域，单击"插入"选项卡，在"图表"功能区中单击"柱形图"按钮，选择"三维簇状柱形图"。

（2）在图表上方添加"图表标题"为"中华商场第三季度电器销售统计表"；在图表下方添加"横坐标轴标题"为"电器名称"；在图表左侧添加"纵坐标轴标题"为"销售数量"。

操作步骤如下：

① 选定图表，单击"图表工具"的"布局"选项卡"标签"功能组中的"图表标题"按钮，选择"图表上方"，在图表标题处输入"中华商场第三季度电器销售统计表"替换原有的文字。

② 单击"图表工具"的"布局"选项卡"标签"功能组中的"坐标轴标题"按钮，依次选择"主要横坐标轴标题"和"坐标轴下方标题"，之后输入"电器名称"替换原有文字。

③ 单击"图表工具"的"布局"选项卡"标签"功能组中的"坐标轴标题"按钮，依次选择"主要纵坐标轴标题"和"竖排标题"，之后输入"销售数量"替换原有文字。

（3）显示"数据标签"，显示"主要横网格线"，显示"从左向右横坐标轴"，显示"默认纵坐标轴"，其中"图例"显示在底部。

操作步骤如下：

① 选定图表，单击"图表工具"的"布局"选项卡"坐标轴"功能组中的"网格线"按钮，依次选择"主要横网格线"和"主要网格线"。

② 单击"图表工具"的"布局"选项卡"坐标轴"功能组中的"坐标轴"按钮，依次选择"主要横坐标轴"和"显示从左到右坐标轴"。

③ 单击"图表工具"的"布局"选项卡"坐标轴"功能组中的"坐标轴"按钮，依次选择"主要纵坐标轴"和"显示默认坐标轴"。

④ 单击"图表工具"的"布局"选项卡"标签"功能组中的"图例"按钮，选择"在底部显示图例"。

（4）适当调整图表大小，移动图表位置，选择适当的图表背景墙。

操作步骤如下：

① 选定图表，在其对角线上拖动鼠标进行适当缩放，以能完全显示图表内容为准。

② 按住鼠标左键拖动图表到适当位置。

③ 选定图表，在"图表工具"的"布局"选项卡"当前所选内容"功能区中的下拉列表中选择"背景墙"，单击"设置所选内容格式"，在"设置背景墙格式"对话框中，选择适当的填充色，单击"确定"按钮。

（5）按原文件名保存文件。

操作步骤如下：

单击"快速访问工具栏"中的"保存"按钮（还可以执行"文件"|"保存"命令或按"Ctrl+S"组合键）。

2. 在"课堂练习"文件夹下，打开"Excel 素材.xlsx"文件，完成下列操作：

在"销售评估"工作表中创建一标题为"销售评估"的图表，图表效果参照"销售评估"工作表中的样例。

操作步骤如下：

① 双击"Excel 素材.xlsx"打开工作簿，选定 A2：G5 区域，单击"插入"选项卡"图表"功能区的"柱形图"按钮，选择"堆积柱形图"。

② 单击"计划销售额"系列，在"图表工具"的"布局"选项卡"当前所选内容"功能区中，单击"设置所选内容格式"（或右键单击"计划销售额"系列，选择"设置数据系列格式"），打开"设置数据系列格式"对话框。

③ 在"设置数据系列格式"对话框中，依次设置"系列绘制在"为"次坐标轴"，设置"填充色"为"无"，设置"边框颜色"为"实线""红色（标准色）"，设置"边框样式"为 1.5 磅。调整"分类间距"滑块到 30%左右，单击"确定"按钮。

④ 选定图表，单击"图表工具"的"布局"选项卡中"标签"功能区的"图例"按钮，选择"在底部显示图例"。

⑤ 选定"次坐标轴"，在"图表工具"的"布局"选项卡"当前所选内容"功能区中，单击"设置所选内容格式"（或右键单击"次坐标轴"，选择"设置坐标轴格式"），打开"设置坐标轴格式"对话框。将"坐标轴标签"设置为"无"，单击"关闭"按钮。

⑥ 选定"垂直轴"，在"图表工具"的"布局"选项卡"当前所选内容"功能区中，单击"设置所选内容格式"（或右键单击"垂直轴"，选择"设置坐标轴格式"），打开"设置坐标轴格式"对话框。将"坐标轴选项"中的最大值设置为"固定"和"5.0E6"后，单击"关闭"按钮。

⑦ 选定图表，单击"图表工具"的"布局"选项卡中"标签"功能区的"图表标题"按钮，选择"图表上方"，在标题处输入"销售评估"替换原来的文字。

⑧ 选定图表，拖动鼠标，适当调整图表的高度和宽度。

3. 在"课堂练习"文件夹下，打开"Excel.xlsx"文件，完成下列操作：

在"2013 图书销售分析"工作表中的 N4：N11 单元格中，插入用于统计销售趋势的迷你折线图，各单元中迷你图的数据范围为所对应的 1 月～12 月销售数据。

操作步骤如下：

① 双击"Excel.xlsx"打开工作簿，在"2013 图书销售分析"工作表中选定 N4：N11 单元格区域。

② 单击"插入"选项卡"迷你图"功能区中的"折线图"按钮，在打开的"创建迷你图"对话框中，将"数据范围"选择为 B4：M11，单击"确定"按钮。

为各迷你折线图标记销量的最高点和最低点。

操作步骤如下：

选定刚创建的迷你图区域，在"迷你图"工具的"设计"选项卡的"显示"功能组中，勾选"高点"和"低点"复选框。

六、课后练习

1. 在"课后练习"文件夹中打开"开支明细表.xlsx"文件，完成下列操作。

（1） 在"按季度汇总"工作表后面新建一个名为"折线图"的工作表。

（2） 创建一个带数据标志的折线图，水平轴标签为各类开支，对各类开支的季度平均支出进行比较。

（3）给每类开支的最高季度月均支出值添加数据标签。折线图的样式如图 3-58 所示。

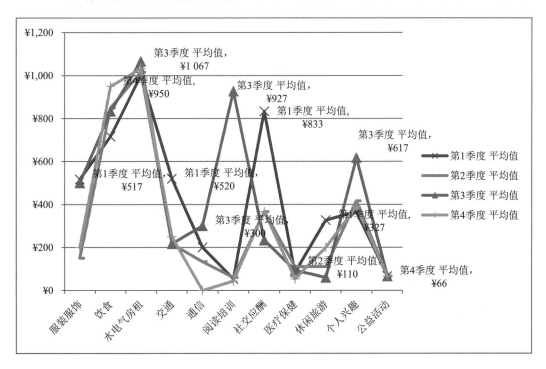

图 3-58　课后练习参照图

2. 在"课后练习"文件夹中打开"中国网民规模与互联网普及率.xlsx"文件，完成下列操作。

在"Sheet1"工作表中的 K5：J25 区域插入一个图表，图表的标题、纵坐标轴、折线图的格式和位置需与示例图相同。

3. 在"课后练习"文件夹中打开"产品销售一览表.xlsx"文件，完成下列操作。

在"Sheet1"工作表中的 D2：L22 区域插入一个如"Sheet2"工作表中的示例图所示的图表。

任务 3-5　数据分析与处理

一、教学目标

1. 能在 Excel 的工作表中进行数据的排序。
2. 能在 Excel 的工作表中进行数据的自动筛选。
3. 能在 Excel 的工作表中进行数据的高级筛选。
4. 能在 Excel 的工作表中进行数据的分类汇总。
5. 能在 Excel 的工作表中创建数据透视表。
6. 能进行 Excel 的工作表的数据合并计算。

二、重难点

1. 数据高级筛选的方法。
2. 数据分类汇总的方法。
3. 数据透视表的创建方法。
4. 数据的合并计算方法。

三、课堂练习

1. 在"课堂练习"文件夹中，打开"数据处理练习"工作簿文件，完成下列操作。

（1）复制"学生信息表"工作表，将其重命名为"单字段排序"，在该工作表中按"系别"进行"升序"排序操作。

（2）复制"学生信息表"工作表，将其重命名为"多字段排序"，在该工作表中以"系别"为第一关键字，"姓名"为第二关键字，"性别"为第三关键字进行升序排序操作。

（3）复制"学生信息表"工作表，将其重命名为"自动筛选 1"，采用"自动筛选"的方法筛选出该工作表中"机电工程系"的"女生"。

（4）复制"学生信息表"工作表，将其重命名为"自动筛选 2"，采用"自动筛选"的方法筛选出"学生信息表"表中"机电工程系"和"艺术系"的所有"男生"。

（5）　复制"学生信息表"工作表，将其重命名为"自动筛选 3"，以"性别"为"降序"排列筛选出"学生信息表"表中"江苏宜兴"的所有学生。

（6）　用"数据透视表"快速统计汇总"教师信息表"中不同性别、不同职称教师的平均年龄，并生成名为"数据透视"的新表保存。

（7）　按工作表中的要求完成"分类汇总 1""分类汇总 2""高级筛选 1""高级筛选 2""高级筛选 3"的相关操作。

（8）　将文件另存为文件名"学号姓名-数据处理"。

2. 打开"课堂练习"文件夹中的"学生成绩单"工作簿文件，完成下列操作。

（1）　对工作表"第一学期期末成绩"中的数据列表进行格式化操作：将第一列"学号"列设为文本，将所有成绩列设为保留两位小数的数值；适当加大行高、列宽，改变字体、字号，设置对齐方式，增加适当的边框和底纹以使工作表更加美观。

（2）　利用"条件格式"功能进行下列设置：将语文、数学、英语三科中不低于 110 分的成绩所在的单元格以一种颜色填充，其他四科中高于 95 分的成绩以另一种字体颜色标出，所用的颜色深浅以不遮挡数据为宜。

（3）　利用"SUM"和"AVERAGE"函数计算每一个学生的总分和平均成绩。

（4）　学号的第 3、4 位代表学生所在的班级，例如：120105 代表 12 级 1 班 5 号。请通过函数提取每个学生所在的班级并按下列对应关系填写在"班级"列中：

"学号"的 3、4 位	对应班级
01	1 班
02	2 班
03	3 班

（5）　复制工作表"第一学期期末成绩"，将副本放置到原表之后；改变副本工作表标签颜色，并重命名为"分类汇总"。

（6）　通过分类汇总功能求出"分类汇总"工作表中每个班的平均成绩，并将每组结果分页显示。

（7）　以分类汇总结果为基础，创建一个簇状柱形图，对每个班各科平均成绩进行比较，并将图表放置在一个名为"柱状分析图"的新工作表中。

（8）　按原文件名保存文件。

3. 打开"课堂练习"文件夹中的"全国人口普查数据分析.xlsx"工作簿文件，完成下列操作。

（1）　将两个工作表"第五次普查数据"和"第六次普查数据"的内容合并，合并后的内容放在工作表"比较数据"中自 A1 单元格开始的位置，保持最左列仍为地区名称，A1 单元格的列标题为"地区"，对合并后的工作表适当调整行高、列宽、字体字号，边框底纹等，以便阅读。以"地区"为关键字，对工作表"比较数据"进行升序排列。

（2）　在"比较数据"工作表中依次增加"人口增长数"和"比重变化"，计算这两列的值，并设置适当的格式。

（3）　打开"课堂练习"文件夹中的"统计指标.xlsx"工作簿文件，将工作表"统计数据"插入到"比较数据"中的最右侧。

（4）在工作簿"全国人口普查数据分析.xlsx"的"比较数据"工作表的相应单元格内，填入统计结果。

（5）基于"比较数据"创建一个数据透视表，将其单独存放在一个名为"透视分析"的工作表中。透视表中要求筛选出 2010 年人口数超过 5000 万的地区及其人口数和 2010 年所占比重和人口增长数，并按人口数从多到少排序，最后适当调整透视表中的数字格式。（提示：行标签为"地区"，数值项依次为 2010 年人口数、2010 年比重和人口增长数）

4．打开"课堂练习"文件夹"素材.xlsx"，将文件另存为"停车场收费政策情况分析.xlsx"后，完成下列操作。

（1）在"停车收费记录"工作表中，涉及金额的单元格格式均设置为保留 2 位的数值类型。依据"收费标准"表，利用公式将收费标准对应的金额填入"停车收费记录"表中的"收费标准"列；利用出场日期、时间与进场日期、时间的关系，计算"停放时间"列，单元格格式为时间类型的"XX 时 XX 分"。

（2）依据停放时间和收费标准，计算当前收费金额并填入"收费金额"列；计算拟采用的收费政策的预计收费金额并填入"拟收费金额"列；计算拟调整后的收费与当前收费之间的差值并填入"差值"列。

（3）将"停车收费记录"表中的内容套用表格格式"表样式中等深浅 12"，并添加汇总行，最后 3 列"收费金额""拟收费金额""差值"的汇总值均为求和。

（4）在"收费金额"列中，将单次停车收费达到 100 元的单元格突出显示为黄底红字的货币类型。

（5）新建名为"数据透视分析"的表，在该表中创建 3 个数据透视表，起始位置分别为 A3、A11、A19 单元格。第一个透视表的行标签为"车型"，列标签为"进场日期"，求和项为"收费金额"，可以提供当前的每天收费情况；第二个透视表的行标签为"车型"，列标签为"进场日期"，求和项为"拟收费金额"，可以提供调整收费政策后的每天收费情况；第一个透视表的行标签为"车型"，列标签为"进场日期"，求和项为"差值"，可以提供收费政策调整后每天的收费变化情况。

（6）将文件以"停车场收费政策调整情况分析.xlsx"为文件夹，保存在原文件夹中。

5．打开"课堂练习"文件夹"Excel 素材.xlsx"，完成下列操作。

（1）在工作表"Sheet1"中，从 B3 单元格开始，导入"数据源.txt"中的数据，并将工作表名称修改为"销售记录"。

（2）在"销售记录"工作表 A3 单元格中输入文字"序号"，从 A4 单元格开始，为每笔销售记录插入"001、002、003、…"格式的序号；将 B 列（日期）中数据的数字格式修改为只包含月和日的格式（3/14）；在 E3 和 F3 单元格中，分别输入"价格"和"金额"；将标题行区域 A3：F3 应用单元格的上框线和下框线，对数据区域的最后一行 A891：F891 应用单元格的下框线；其他单元格无边框线；不显示工作表的网格线。

（3）在"销售记录"工作表的 A1 单元格中输入文字"2012 年销售数据"，并使其显示在 A1：F1 单元格的正中间（注意：不要合并上述单元格区域）；将"标题"单元格样式的字体修改为"微软雅黑"，并应用 A1 单元格中的文字内容；隐藏第 2 行。

（4）在"销售记录"工作表的 E4：E891 中，应用函数输入 C 列（类型）所对应的产品价格，价格信息可以在"价格表"工作表中进行查询；然后将填入的产品价格设为货币格式，并保留零位小数。

（5）　在"销售记录"工作表的 F4：F891 中，计算每笔订单记录的金额，并应用货币格式，保留零位小数，计算规则为：金额=价格×数量×（1-折扣百分比），折扣百分比由订单中的订货数量和产品类型决定，可以在"折扣表"工作表中进行查询，例如某个订单中产品 A 的订货量为 1510，则折扣百分比为 2%。（提示：为便于计算，可对"折扣表"工作表的表格的结构进行调整）

（6）　将"销售记录"工作表的单元 A3：F891 中所有记录居中对齐，并将发生在周六或周日的销售记录的单元格的填充颜色设为黄色。

（7）　在名为"销售量汇总"的新工作表中自 A3 单元格开始创建数据透视表，按照月份和季度对"销售记录"工作表中的 3 种产品的销售数量进行汇总；在数据透视表右侧创建数据透视图，图表类型为"带数据标记的折线图"，并为"产品 B"系列添加线性趋势线，显示"公式"和"R2 值"（数据透视表和数据透视图的样式可参考文件夹中的"数据透视表和数据透视图.jpg"示例文件）；将"销售量汇总"工作表移动到"销售记录"工作表的右侧。

（8）　在"销售量汇总"工作表右侧创建一个新的工作表，名称为"大额订单"。在这个工作表中使用高级筛选功能，筛选出"销售记录"工作表中产品 A 数量在 1550 以上、产品 B 数量在 1900 以上，以及产品 C 数量在 1500 以上的记录（将条件区域放置在第 1～4 行，筛选结果放置在从 A6 单元格开始的区域）。

（9）　按原文件名将工作簿文件保存到原文件夹中。

四、知识点

1.　数据清单

（1）　基本概念。

数据清单是与数据库相关的概念。在 Excel 中，一个工作簿文件相当于一个数据库，一张数据清单（存放在工作表中）相当于一个数据库表。

1）　数据清单中的列是数据库中的字段。

2）　数据清单中的列标志是数据库中的字段名称。

3）　数据清单中的每一行对应数据库中的一个记录。

数据清单与工作簿、工作表的关系是：一个工作簿有 1～255 张工作表，一张工作表可以有多份数据清单，每份数据清单间至少隔开一行一列。

（2）　记录单。

记录单，是对数据清单进行浏览和基本编辑的命令按钮。单击后可打开一个以"记录"为操作对象的对话框，在此对话框中可以对数据清单中的数据进行逐条浏览、删除和新建操作。

Excel 2010 默认的功能区中没有"记录单"命令，可以通过自定义的形式添加到功能区或快速访问工具栏。

添加方法：

1）　用鼠标右键单击功能区空白处，在弹出的快捷菜单中选择"自定义功能区"或"自定义快速访问工具栏"，打开"Excel 选项"对话框。

2） 选择"开始"或其他选项卡（也可新建选项卡，单击"新建组"，单击"重命名"对新建的组更名（例如更名为"数据库"））。

3） 选择"所有命令"中的"记录单"，单击"添加"按钮，单击"确定"按钮，完成自定义。

（3） 编辑数据记录。

Excel 允许新建、删除数据清单中的数据记录或是按某些条件查询数据记录，而且操作简单，只需要从"数据"下拉菜单中选择"记录单"命令，进入"数据记录单"对话框就能完成这些操作。

（4） 查询数据记录。

要制定一个查询条件，只需单击"条件"按钮，进入"数据记录单"对话框，然后在各字段框中输入查询内容即可。

注：在数据记录单中一次最多只能显示 32 个字段。

2. 排序数据

Excel 工作表中可以按指定的若干数据列对数据清单进行排序。若数据列中是英文字母，则按字母次序（默认不区分大小写）排序，若是汉字则可按拼音或笔画排序。

（1） 排序分类。

1） 简单排序。

指按单一字段（列）进行升序或降序排列。可以将光标定位于待排序列的任一单元格后，单击"数据"选项卡，"排序和筛选"功能组的升序按钮" ᢂ↓ "和降序按钮" ᢂ↓ "，也可单击该组的"排序"按钮，在"排序"对话框中进行简单排序。

注：排序时，若选定了某一列后进行上述操作，排序将只发生在这一列中，其他列的数据排列将保持不变，其结果可能会破坏原始记录结构，造成数据错误。

2） 复杂排序。

当需要按多个字段（关键字）进行排序时，可在"数据"选项卡"排序和筛选"功能组中，单击"排序"按钮，在对话框中设置用于排序的关键字和排序依据后，单击"确定"按钮。

（2） 排序的数据类型及按递增方式的数据顺序。

1） 数字：顺序是从小数到大数，从负数到正数。

2） 文字和包含数字的文字：顺序是 0123456789（空格）!" #$%&'()*+,-./:;<=>?@[]^_'|～ABCDEFGHIJKLMNOPQRSTUVWXYZ。

3） 逻辑值："False"在"True"之前。

4） 错误值：所有的错误值都是相等的。

5） 空白单元格（不是空格）：不论是递增还是递减排序，总排在最后。

6） 日期、时间、汉字：按文字处理，根据其内部表示的基础值排序。

（3） 排序的关键字。

1）　主要关键字。

通过一份下拉菜单选择排序字段，打开位于右边的单选按钮，可控制按递增或递减的方式进行排序。

2）　次要关键字。

前面设置的“主要关键字”列中出现了重复项，就将按次要关键字来排序重复的部分。

3）　第三关键字。

（4）　有、无标题行。

排序时，若选择“有标题行”，则在数据排序时，包含清单的第一行；若选择“无标题行”，则在数据排序时，不包含清单的第一行。

注：在有单元格合并的数据清单中进行排序，必须选定全部待排数据，再执行排序操作。

3. 筛选数据

通过数据筛选功能可以显示数据清单中满足条件的数据行，不满足条件的数据行被暂时隐藏起来。当筛选条件被删除时，隐藏的数据将恢复显示。

（1）　自动筛选。

单击要进行自动筛选的数据清单中的任意单元格，然后在“数据”选项卡“排序和筛选”功能组中，单击“筛选”按钮，则所有列标题（字段名）旁都出现一个下三角按钮，在下拉列表框中选择或设置所要筛选的条件即可。

（2）　高级筛选。

利用自动筛选对各字段进行筛选是“逻辑与”的关系，即同时满足各个字段设置的筛选条件。但若要实现“逻辑或”关系的筛选，则必须借助于高级筛选。

高级筛选可以对一列或者多列应用多个筛选条件。高级筛选需要两个关键步骤：第一步是先构造条件行，第二步执行高级筛选。所谓条件行，就是将用于筛选的条件单独放在工作表的数据清单上方、下方或其他空白区域。具体操作方法是：

1）　构造条件行。

① 选择数据清单中含有要筛选值的列标，将其复制到条件区域中的第一空行里的某个单元格。

② 在条件区域中输入筛选条件，如图 3-59 所示。在同一行的条件是“与”的关系，不在同一行的条件是“或”的关系。

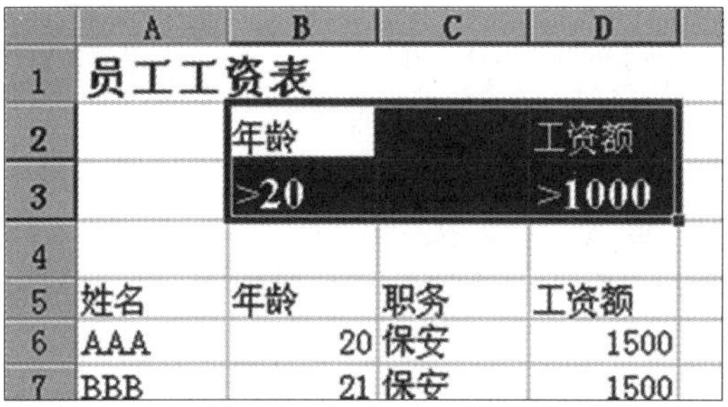

	A	B	C	D
1	员工工资表			
2		年龄		工资额
3		>20		>1000
4				
5	姓名	年龄	职务	工资额
6	AAA	20	保安	1500
7	BBB	21	保安	1500

图 3-59　高级筛选操作示意图

2）执行高级筛选。

① 选定数据清单中的任一单元格，在"数据"选项卡"排序和筛选"功能组中，单击"高级"按钮，打开如图 3-60 所示的"高级筛选"对话框。

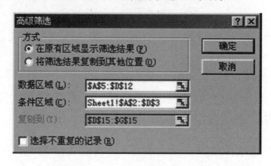

图 3-60　"高级筛选"对话框

② 在"高级筛选"对话框中，选择数据区域和条件区域，设置显示位置等后，单击"确定"按钮。

4．分类汇总

分类汇总是对数据清单按某字段进行分类，将字段值相同的连续记录作为一类，进行求和、平均、计数等汇总运算。在分类汇总前，必须进行排序使分类的字段有序。

（1）简单汇总。

对数据清单的一个字段仅做一种方式的汇总，称为简单汇总。操作方法是：

1）对系别字段进行排序（有序即可）。

2）选定数据清单中的任一单元格后，在"数据"选项卡"分级显示"功能组中，单击"分类汇总"按钮，打开如图 3-61 所示的"分类汇总"对话框。

3）在"分类汇总"对话框中，选择"分类字段"中的"班级"，在"汇总方式"中选择"求各"，并设置显示方式后，单击"确定"按钮。

（2）嵌套汇总。

功能：对数据清单中的全部或部分数据（一般为全部数据），根据两个或两个以上字段（分类关键字）进行逐次分类，并对数据清单中的某一个或多个字段进行相应的统计，起到深层次的数据分析的作用。

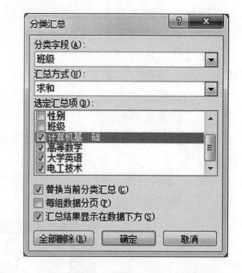

图 3-61　"分类汇总"对话框

操作方法如下：先根据嵌套层次，按每个分类字段对数据清单进行多重排序，再按简单汇总的方式，逐层进行分类汇总。

注意事项：

1）在做嵌套汇总前，必须先按多层嵌套的分类字段对数据清单的数据进行多重排序。

2）除第一层汇总外，其他各内层嵌套的在操作汇总时，必须将"分类汇总"对话框中的"替换当前分类汇总"复选项取消选定状态。

3） 嵌套汇总的结果是层次型的，嵌套顺序不同，结果也不一样。

（3） 汇总结果的分级显示。

执行分类汇总后，工作表窗口出现如图 3-62 所示的分级显示区，单击该区域的"1""2""3"按钮，可以在显示总计项、显示汇总项和显示全部内容之间切换。

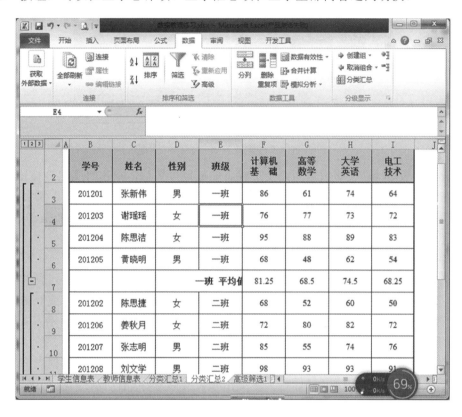

图 3-62 "分类汇总"分级显示

（4） 删除分类汇总。

单击"分类汇总"对话框中的"全部删除"按钮，可删除所有汇总结果。

5. 数据透视表和数据透视图。

（1） 数据透视表。

1） 数据透视的功能。

Excel 的数据透视表是对数据清单中的全部或部分数据（一般为全部数据），根据两个或两个以上字段（分类关键字）进行多维分类，并对数据清单中的某一个或多个字段进行相应的统计，是一个多维度的数据分析的工具。

2） 创建数据透视表。

① 选定到数据清单中的任一单元格，在"插入"选项卡"表格"功能组中，单击"数据透视表"按钮，选择"数据透视表"命令，打开如图 3-63 所示的"创建数据透视表"对话框。

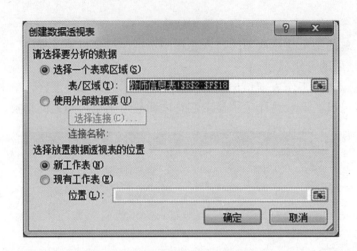

图 3-63 "创建数据透视表"对话框

② 设置"表/区域"（即数据源）及透视表的放置位置后，单击"确定"按钮。

③ 在生成的空透视表或透视表区域中的"数据透视表字段列表"中，按要求或需要设置"报表筛选""行标签""列标签"和"数值"四项信息（可直接从上面拖动字段），完成透视表创建。

3） 编辑透视表。

① 当需要改变数据透视表的数值类别时，可单击"数据透视表字段列表"中的"数值字段"按钮，选择"值字段设置"，在对话框中重新选择"计算类型"。或双击数据透视表中的"数值字段"按钮，在对话框中重新选择"计算类型"，设置"值显示方式"和"数字格式"等。

② 当需要调整行、列标签或报表筛选时，选定透视表后，在"数据透视表字段列表"中，用鼠标拖动方法重新设置（鼠标将其拖至相应设置框）或取消（鼠标将其拖出设置框）。

（2） 数据透视图。

1） 数据透视图功能。

与数据透视表基本一致，只是在数据透视表的基础上多出一个多维的图表。

2） 创建数据透视图。

① 直接创建：选定到数据清单中的任一单元格，在"插入"选项卡"表格"功能组中，单击"数据透视表"按钮，选择"数据透视图"命令，打开"创建数据透视表及数据透视图"对话框，其他的设置同数据透视表的创建一样。

② 在现有透视表上快速创建：选定已经创建的数据透视表，在"数据透视表"工具的"选项"选项卡中，单击"工具"功能组中的"数据透视图"按钮，打开"插入图表"对话框，选择图表类型后，单击"确定"按钮，完成数据透视图的创建。

6. 数据合并

（1） 合并计算的功能。

在使用 Excel 表格时，有时需要将多个表格数据合并到一张表格中，这虽然可以通过复制/粘贴操作实现，但数据量较大时，效率较低。将多个不同表格的数据合并到一张工作表最有效的方法是利用 Excel 的"合并计算"工具。

合并计算有两种情况：一是按类别合并计算，二是按位置合并计算。

合并计算的数据源区域可以是同一工作表中的不同表格，也可以是同一工作簿中的不同工作表，还可以是不同工作簿中的表格。

（2）合并计算的操作方法。

1）选定放置合并计算结果区域的首单元格，在"数据"选项卡"数据工具"功能组中的"合并计算"按钮，打开如图 3-64 所示的"合并计算"对话框。

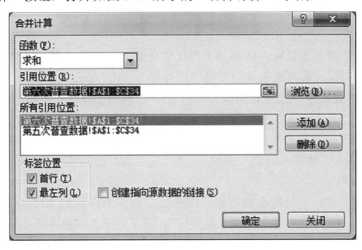

图 3-64 　"合并计算"对话框

2）在对话框中，依次选择合并的数据区域并添加。

3）勾选标签位置中的"首行"和"最左列"复选框后单击"确定"按钮。

7. 模拟运算

（1）模拟运算的功能。

模拟运算是 Excel 附带的模拟分析工具之一。应用模拟运算可以获取一组输入值并确定可能的结果。仅可以处理一个或两个变量，处理多个变量时需应用其他的模拟分析工具。

（2）模拟运算的操作方法，以制作九九乘法表为例。

1）在工作表的 A1、B1 单元格中分别输入"1"和"2"，作为引用行的单元格和列的单元格。

2）在 B2：J2 和 A3：A11 区域分别输入 1～9。

3）在 A2 单元格中输入"=IF(A1<B1,"",B1&"×"&A1&"="&A1*B1)"，按"Enter"键。

4）选定 A2：J11 区域，单击"数据"选项卡"数据工具"功能区的"模拟分析"按钮，选择"模拟运算表"，在打开的如图 3-65 所示的对话框中的"输入引用行的单元格"中，选择或输入$B$1；在"输入引用列的单元格"中，选择或输入$A$1，单击"确定"按钮。

5）选定 A 列，右键单击鼠标，在弹出的

图 3-65 　"模拟运算表"对话框

快捷菜单中选择"隐藏";选定第 1、2 行,右键单击鼠标,在弹出的快捷菜单中选择"隐藏"。

五、答案解析

1. 在"课堂练习"文件夹中,打开"数据处理练习"工作簿文件,完成下列操作。

(1) 复制"学生信息表"工作表,将其重命名为"单字段排序",在该工作表中按"系别"进行"升序"排序操作。

操作步骤如下:

① 按"Ctrl"键,用鼠标左键拖动"学生信息表"工作表,到"教师信息表"工作后面,双击工作表标签,将其重命名为"单字段排序",在工作表工作区中单击任一单元格。

② 在"单字段排序"工作表中,将鼠标置于"系别"列任一单元格,单击"数据"选项卡的升序按钮"⥮"。

(2) 复制"学生信息表"工作表,将其重命名为"多字段排序",在该工作表中以"系别"为第一关键字,"姓名"为第二关键字,"性别"为第三关键字进行升序排序操作。

操作步骤如下:

① 按"Ctrl"键,用鼠标左键拖动"学生信息表"工作表到"单字段工作表"后面,双击工作表标签,将其重命名为"多字段排序",在工作表工作区中单击任一单元格。

② 在"多字段排序"工作表中,将鼠标置于数据区域任一单元格,单击"数据"选项卡的"排序"按钮,打开"排序"对话框。

③ 在对话框中设置主要关键字为"系别",排序依据为"数值",次序为升序;按添加条件分别设置如图 3-66 所示的第二和第三关键字及其排序依据与次序,单击"确定"按钮。

图 3-66 "排序"对话框

(3) 复制"学生信息表"工作表,将其重命名为"自动筛选 1",采用"自动筛选"的方法筛选出该工作表中"机电工程系"的"女生"。

操作步骤如下:

① 按"Ctrl"键,用鼠标左键拖动"学生信息表"工作表,到"多字段工作表"后面,双击工作表标签,将其重命名为"自动筛选 1",在工作表工作区中单击任一单元格。

②　在"自动筛选 1"工作表中，鼠标置于数据区域任一单元格，单击"数据"选项卡的"筛选"按钮。

③　单击"系别"列的"筛选"按钮，取消"全选"，勾选"机电工程系"，单击"确定"按钮；单击"性别"列的"筛选"按钮，取消"全选"，勾选"女"，单击"确定"按钮。

（4）　复制"学生信息表"工作表，并将其重命名为"自动筛选 2"，采用"自动筛选"的方法筛选出"学生信息表"表中"机电工程系"和"艺术系"的所有"男生"。

操作步骤如下：

①　按"Ctrl"键，用鼠标左键拖动"学生信息表"工作表，到"自动筛选 1"后面，双击工作表标签，将其重命名为"自动筛选 2"，在工作表工作区中单击任一单元格。

②　在"自动筛选 2"工作表中，将鼠标置于数据区域任一单元格，单击"数据"选项卡的"筛选"按钮。

③　单击"系别"列的"筛选"按钮，取消"全选"，勾选"机电工程系"和"艺术系"，单击"确定"按钮；单击"性别"列的"筛选"按钮，取消"全选"，勾选"男"，单击"确定"按钮。

（5）　复制"学生信息表"工作表，并将其重命名为"自动筛选 3"，以"性别"为"降序"排列筛选出"学生信息表"表中"江苏宜兴"的所有学生。

操作步骤如下：

①　按"Ctrl"键，用鼠标左键拖动"学生信息表"工作表，到"自动筛选 2"后面，双击工作表标签，将其重命名为"自动筛选 3"，在工作表工作区中单击任一单元格。

②　在"自动筛选 3"工作表中，鼠标置于数据区域任一单元格，单击"数据"选项卡的"筛选"按钮。

③　单击"籍贯"列的"筛选"按钮，取消"全选"，勾选"江苏宜兴"，单击"确定"按钮；单击"性别"列的"筛选"按钮，选择"降序"命令。

（6）　用"数据透视表"快速统计汇总"教师信息表"中不同性别、不同职称教师的平均年龄，并生成名为"数据透视"的新表保存。

操作步骤如下：

①　将鼠标置于"教师信息表"工作表数据区的任一单元格，单击"插入"选项卡的"数据透视表"按钮，选择"数据透视表"。

②　在"创建数据透视表"对话框中，默认"表区域"，选择"新工作表"，单击"确定"按钮。

③　双击新工作表"Sheet1"标签，将其重命名为"数据透视"。

④　在"数据透视"工作表中，将"性别"拖入到"列标签"，将"职称"拖入到"行标签"，将"年龄"拖入到"数值"中。

⑤　单击"数值字段"按钮，选择"值字段设置"，在打开的对话框中选择"计算类型"为"平均值"，单击"确定"按钮。

（7）　按工作表中的要求完成"分类汇总 1""分类汇总 2""高级筛选 1""高级筛选 2""高级筛选 3"的相关操作。

操作步骤如下：

①　用鼠标单击"分类汇总 1"工作表的"性别"列的任一单元格，单击"数据"选项

卡"排序和筛选"功能区的升序或降序按钮，对性别列排序；在"分级显示"功能区，单击"分类汇总"按钮；在打开的对话框中，设置"分类字段"为"性别"，设置"汇总方式"为"平均值"，在"汇总项"中勾选 4 科课程，单击"确定"按钮。

② 用鼠标单击"分类汇总 2"工作表的"班级"列的任一单元格，单击"数据"选项卡"排序和筛选"功能区的升序或降序按钮，对班级列排序；在"分级显示"功能区，单击"分类汇总"按钮；在打开的对话框中，设置"分类字段"为"班级"，设置"汇总方式"为"平均值"，在"汇总项"中勾选 4 科课程，单击"确定"按钮。

③ 在"高级筛选 1"工作表中，选定 F2：I2 区域，按"Ctrl+C"组合键，单击 K2 单元格后，按"Ctrl+V"组合键，复制 4 门课程的列标题；在 K3、L3、M3、N4 单元格中分别输入">80"；鼠标置于数据区域的任一单元格中，在"数据"选项卡"排序和筛选"功能区中，单击"高级"按钮；将鼠标置于"高级筛选"对话框的"条件区域"栏，用鼠标拖选 K2：N3 区域，单击"确定"按钮。

④ 在"高级筛选 2"工作表中，选定 F2：I2 区域，按"Ctrl+C"组合键，单击 K2 单元格后，按"Ctrl+V"组合键，复制 4 门课程的列标题；在 K3、L4、M5、N6 单元格中分别输入">80"；将鼠标置于数据区域的任一单元格中，在"数据"选项卡"排序和筛选"功能区中，单击"高级"按钮；将鼠标置于"高级筛选"对话框的"条件区域"栏，用鼠标拖选 K2：N6 区域，并勾选"将筛选结果复制到其他位置"，在"复制到"栏中，单击 K8 单元格，单击"确定"按钮。

⑤ 在"高级筛选 3"工作表中，选定 F2：I2 区域，按"Ctrl+C"组合键，单击 K2 单元格后，按"Ctrl+V"组合键，复制 4 门课程的列标题；在 K3、L4、M5、N6 单元格中分别输入"<60"；将鼠标置于数据区域的任一单元格中，在"数据"选项卡"排序和筛选"功能区中，单击"高级"按钮；将鼠标置于"高级筛选"对话框的"条件区域"栏，用鼠标拖选 K2：N6 区域，并勾选"将筛选结果复制到其他位置"，在"复制到"栏中，单击 B12 单元格，单击"确定"按钮。

（8） 将文件另存为文件名"学号姓名-数据处理"。

操作步骤如下：

执行"文件"|"另存为"命令，在打开的对话框中设置文件名为"学号姓名-数据处理"，保存路径默认，保存类型为"Excel 工作簿"，单击"确定"按钮。

2. 打开"课堂练习"文件夹中的"学生成绩单"工作簿文件，完成下列操作。

（1） 对工作表"第一学期期末成绩"中的数据列表进行格式化操作：将第一列"学号"列设为文本，将所有成绩列设为保留两位小数的数值；适当加大行高、列宽，改变字体、字号，设置对齐方式，增加适当的边框和底纹以使工作表更加美观。

操作步骤如下：

① 在"第一学期期末成绩"工作表中，选定"学号"列，单击"开始"选项卡"数字"功能组中的对话框启动器，打开"设置单元格格式"对话框。

② 在对话框的"数字"选项卡"分类"列表中选择"文本"，单击"确定"按钮。

③ 选定 D：L 列，单击"开始"选项卡"数字"功能组中的对话框启动器，在"设置单元格格式"对话框"数字"选项卡的"分类"列表中选择"数值"，设置"小数位数"为 2 位，单击"确定"按钮。

④ 选定第 1 行至第 19 行，鼠标拖动任意行框线，适当增大行高；选定 A：L 列，双击任一列框线，将列宽调整为最适合的列宽；选定 A1：L19 区域，在"开始"选项卡"字体"功能组中将字体设为"楷体"、字号为 14；在"对齐方式"功能组中单击"水平居中"和"垂直居中"按钮将单元格内容设置为水平、垂直居中方式；单击"字体"功能组中的边框线按钮，选择所有框线；选定 A1：L1 区域，单击"字体"功能组中的填充颜色按钮，选择一种颜色（如橄榄色，强调文字颜色 3，淡色 80%）。

（2）利用"条件格式"功能进行下列设置：将语文、数学、英语三科中不低于 110 分的成绩所在的单元格以一种颜色填充，其他四科中高于 95 分的成绩以另一种字体颜色标出，所用的颜色深浅以不遮挡数据为宜。

操作步骤如下：

① 选定 D2：F19 区域，单击"开始"选项卡"样式"功能组的"条件格式"按钮，选择"突出显示单元格规则"中的"其他规则"。在"新建格式规则"对话框中，设置条件为"大于或等于""110"；单击"格式"按钮，在"设置单元格格式"对话框的"填充"选项卡中，选择一种淡色（如浅绿色），依次单击对话框中的"确定"按钮。

② 选定 G2：J19 区域，单击"开始"选项卡"样式"功能组的"条件格式"按钮，选择"突出显示单元格规则"中的"大于"。在"大于"对话框中，设置条件值为"95"；格式为"红色文本"，单击"确定"按钮。

（3）利用"SUM"和"AVERAGE"函数计算每一个学生的总分和平均成绩。

操作步骤如下：

① 选定 D2：K12 区域，单击"开始"选项卡"编辑"功能区的"自动求和"按钮。

② 选定 L2 单元格，插入或输入"=AVERAGE(D2:J2)"，按"Enter"键，双击 L2 单元格的填充柄，填充其余平均分。

（4）通过函数提取每个学生所在的班级填写在"班级"列中。

操作步骤如下：

① 选定 C2 单元格，输入"=VALUE(MID(A2,3,2))&"班""，按"Enter"键。

② 双击 C2 单元格的填充柄，填充其余数据。

（5）复制工作表"第一学期期末成绩"，将副本放置到原表之后；改变副本工作表标签颜色，并重命名为"分类汇总"。

操作步骤如下：

① 按住"Ctrl"键，鼠标左键拖动"第一学期期末成绩"工作表标签，至其后面。

② 双击"第一学期期末成绩（2）"，输入"分类汇总"，将其重命名。

③ 右键单击"分类汇总"工作表标签，在弹出的快捷菜单中选择"工作表标签颜色"，选择一种颜色（如红色）。

（6）通过分类汇总功能求出"分类汇总"工作表中每个班的平均成绩，并将每组结果分页显示。

操作步骤如下：

① 将鼠标置于"分类汇总"工作表的"班级"列任一单元格，单击"数据"选项卡"排序和筛选"功能组中的升序或降序按钮。

② 单击"分级显示"功能组的"分类汇总"按钮，在"分类汇总"对话框中，设置

分类字段为"班级",汇总方式为"平均值",汇总项为各科及总分、平均分,勾选"每组数据分页",单击"确定"按钮。

（7） 以分类汇总结果为基础,创建一个簇状柱形图,对每个班各科平均成绩进行比较,并将图表放置在一个名为"柱状分析图"的新工作表中。

操作步骤如下:

① 在"分类汇总"工作表中,单击分级显示按钮 2,选定标题行和 1、2、3 班平均成绩汇总行与 A:J 列的区域,单击"插入"选项卡的"柱形图"按钮,选择"簇状柱形图"。

② 单击图表,在"图表工具"的"设计"选项卡中,单击"移动图表"按钮。

③ 在"移动图表"对话框中,选择"新工作表",表名为"柱状分析图"。

（8） 按原文件名保存文件。

操作步骤如下:

单击快速访问工具栏中的"保存"按钮（或按"Ctrl+S"组合键,执行"文件"|"保存"命令）。

3. 打开"课堂练习"文件夹中的"全国人口普查数据分析.xlsx"工作簿文件,完成下列操作。

（1） 将两个工作表"第五次普查数据"和"第六次普查数据"的内容合并,合并后的内容放在工作表"比较数据"中自 A1 单元格开始的位置,保持最左列仍为地区名称,A1 单元格的列标题为"地区",对合并后的工作表适当调整行高、列宽、字体字号和边框底纹等,以便阅读。以"地区"为关键字,对工作表"比较数据"进行升序排列。

操作步骤如下:

① 单击工作表标签右侧的插入新工作表按钮"，插入一个新工作表,将其重命名为"比较数据"。

② 选定"比较数据"工作表中的 A1 单元格,单击"数据"选项卡"数据工具"功能组的"合并计算"按钮,打开"合并计算"对话框,如图 3-67 所示。

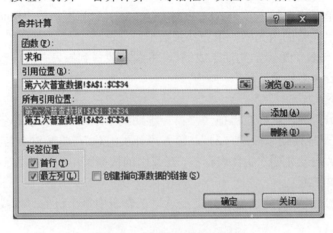

图 3-67 "合并计算"对话框

③ 单击对话框中的引用位置右侧的按钮,依次选定并添加"第五次人口普查数据"和"第六次人口普查数据"的数据,勾选"首行"和"最左列",单击"确定"按钮。

④ 在"比较数据"工作表中,选定 A1 单元格,输入"地区"。

⑤ 在"比较数据"工作表中选定 A：E 列，双击任一列框线，将列宽调整为最适合的列宽；选定第 1 行至第 34 行，拖动任意行框线，适当调整行高；选定 A1：E34 区域，在"开始"选项卡"字体"功能组中，设置一种字体（如楷体）、字号（如 14 默认单位）；单击边框线按钮，选择"所有框线"；选定 A1：E1，单击"开始"选项卡"字体"功能组中的"填充颜色"按钮，选择一种颜色（如"橄榄色，强调文字颜色 3，淡色 80%"）。

⑥ 将鼠标置于"比较数据"工作表的"地区"列，单击"数字"选项卡"排序和筛选"功能组中的升序按钮。

（2）　在"比较数据"工作表中依次增加"人口增长数"和"比重变化"，计算这两列的值，并设置适当的格式。

操作步骤如下：

① 在"比较数据"工作表 F1、G1 中分别输入"人口增长数"和"比重变化"按"Enter"键；在 F2 单元格中输入"=B2-D2"，按"Enter"键；在 G2 单元格中输入"=C2-E2"，按"Enter"键。

② 选定 F2：G2，双击其填充柄，填充其余数据。

③ 选定 F 列，单击"开始"选项卡"数字"功能组的对话框启动器，在"设置单元格格式对话框"中，设置分类为"数值"，小数位数为 0，负数为"-1234"，单击"确定"按钮；适中 G 列，单击"开始"选项卡"数字"功能组的对话框启动器，在"设置单元格格式"对话框中，设置分类为"百分比"，小数位数为 2，单击"确定"按钮。

（3）　打开"课堂练习"文件夹中的"统计指标.xlsx"工作簿文件，将工作表"统计数据"插入到"比较数据"中的最右侧。

操作步骤如下：

① 在"课堂练习"文件夹中，双击打开"统计指标.xlsx"工作簿文件，选定"统计数据"工作表中的 B：C 列，按"Ctrl+C"组合键（或其他复制方法）。

② 在"全国人口普查数据分析.xlsx"的"比较数据"工作表中选定 I1 单元格，按"Ctrl+V"组合键，粘贴"统计指标.xlsx"中的数据，关闭"统计指标.xlsx"。

（4）　在工作簿"全国人口普查数据分析.xlsx"的"比较数据"工作表的相应单元格内，填入统计结果。

操作步骤如下：

① 统计总人数：在"比较数据"的 J3 单元格中输入"=SUM(D2:D34)"，按"Enter"键；在 K3 单元格中输入"=SUM(B2:B34)"，按"Enter"键。

② 统计总增长数。在"比较数据"的 K4 单元格中输入"=K3-J3"或"=SUM(F2:F34)"，按"Enter"键。

③ 统计人口最多的地区。

方法一：

在 J5 中输入"=INDEX(A2:A34,MATCH(MAX(D2:D18,D20:D32,D34),D2:D34,0))"，按"Enter"键；在 K2 中输入"=INDEX(A2:A34,MATCH(MAX(B2:B18,B20:B32,B34),B2:B34,0))"，按"Enter"键。

方法二：

在 J5 中输入"=OFFSET(A1,MATCH(MAX(D2:D18,D20:D32,D34),D2:D34,0),0)"，按

"Enter"键；在 K2 中输入"=OFFSET(A1,MATCH(MAX(B2:B18,B20:B32,B34),B2:B34,0),0)"，按"Enter"键。

方法三：

在 J5 中输入"=VLOOKUP(MAX(D2:D18,D20:D32,D34),IF({1,0},D2:D34,A2:A34),2,0)"按"Enter"键；在 K2 中输入=VLOOKUP(MAX(B2:B18,B20:B32,B34),IF({1,0},B2:B34,A2:A34),2,0)"，按"Enter"键。

④ 统计人口最少的地区。

方法一：

在 J6 中输入"=INDEX(A2:A34,MATCH(MIN(D2:D18,D20:D32,D34),D2:D34,0))"按"Enter"键；在 K6 中输入"=INDEX(A2:A34,MATCH(MIN(B2:B18,B20:B32,B34),B2:B34,0))"，按"Enter"键。

方法二：

在 J6 中输入"=OFFSET(A1,MATCH(MIN(D2:D18,D20:D32,D34),D2:D34,0),0)"按"Enter"键；在 K6 中输入"=OFFSET(A1,MATCH(MIN(B2:B18,B20:B32,B34),B2:B34,0),0)"，按"Enter"键。

方法三：

在 J6 中输入"=VLOOKUP(MIN(D2:D18,D20:D32,D34),IF({1,0},D2:D34,A2:A34),2,0)"按"Enter"键；在 K6 中输入=VLOOKUP(MIN(B2:B18,B20:B32,B34),IF({1,0},B2:B34,A2:A34),2,0)"，按"Enter"键。

5）统计人口增长最多的地区。

方法一：

在 K7 中输入"=OFFSET(A1,MATCH(MAX(F2:F18,F20:F32,F34),F2:F34,0),0)"，按"Enter"键。

方法二：

在 K7 中输入"=INDEX(A2:A34,MATCH(MAX(F2:F18,F20:F32,F34),F2:F34,0),0)"，按"Enter"键。

方法三：

在 K7 中输入"=VLOOKUP(MAX(F2:F18,F20:F32,FD34),IF({1,0},F2:F34,A2:A34),2,0)"，按"Enter"键。

6）统计人口增长最少的地区。

方法一：

在 K7 中输入"=OFFSET(A1,MATCH(MIN(F2:F18,F20:F32,F34),F2:F34,0),0)"，按"Enter"键。

方法二：

在 K7 中输入"=INDEX(A2:A34,MATCH(MIN(F2:F18,F20:F32,F34),F2:F34,0),0)"，按"Enter"键。

方法三：

在 K7 中输入"=VLOOKUP(MIN(F2:F18,F20:F32,FD34),IF({1,0},F2:F34,A2:A34),2,0)"，按"Enter"键。

7) 统计人口负增长地区。

在 K9 中输入 "=COUNTIF(F2:F34,"<0")"，按 "Enter" 键。

（5） 基于 "比较数据" 创建一个数据透视表，将其单独存放在一个名为 "透视分析" 的工作表中。透视表中要求筛选出 2010 年人口数超过 5000 万的地区及其人口数和 2010 年所占比重与人口增长数，并按人口数从多到少排序，最后适当调整透视表中的数字格式（提示：行标签为 "地区"，数值项依次为 2010 年人口数、2010 年比重、人口增长数）。

操作步骤如下：

① 单击 "比较数据" 右侧的新建工作表按钮，新建一空白工作表 "Sheet1"，双击其标签，输入 "透视分析"，将其重命名。

② 在 "透视分析" 工作表中选定 A1 单元格，单击 "插入" 选项卡 "表格" 功能组的 "数据透视表" 按钮，选择 "数据透视表"，打开 "数据透视表" 对话框。

③ 在对话框的 "表/区域" 中，用鼠标拖动选择 "比较数据!$A$1:$G$34"，单击 "确定" 按钮。

④ 用鼠标将 "数据透视表字段列表" 中的 "地区" 拖入到行标签中，将 "2010 年人口数""2010 年比重" 和 "人口增长数" 依次拖入到数值区域中。

⑤ 单击数据透视表区域的 "行标签" 按钮，依次选择 "值筛选" 和 "大于"，在如图 3-68 所示的 "值筛选（地区）" 对话框中，输入 "5000"，单击 "确定" 按钮。

图 3-68　"值筛选（地区）" 对话框

⑥ 再次单击数据透视表区域的 "行标签" 按钮，选择 "其他排序选项"，在如图 3-69 所示的 "排序（地区）" 对话框中，在 "排序选项" 选项区域中选中 "升序排序（A 到 Z）依据" 单选按钮，在下拉列表中选择 "求和项：2010 年人口数（万人）"，单击 "确定" 按钮。

图 3-69　"排序（地区）" 对话框

⑦ 选定"透视分析"工作表的 C2：C11 列，单击"开始"选项卡"数字"功能区的对话框启动器，在"设置单元格格式"对话框的"数字"选项卡中，将"分类"设置为"百分比"，小数位数为 2，单击"确定"按钮。

4. 打开"课堂练习"文件夹"素材.xlsx"，将文件另存为"停车场收费政策情况分析.xlsx"后，完成下列操作。

（1）在"停车收费记录"工作表中，涉及金额的单元格格式均设置为保留 2 位的数值类型。依据"收费标准"表，利用公式将收费标准对应的金额填入"停车收费记录"表中的"收费标准"列；利用出场日期、时间与进场日期、时间的关系，计算"停放时间"列，单元格格式为时间类型的"XX 时 XX 分"。

操作步骤如下：

① 双击打开"素材.xlsx"工作簿文件，在"停车收费记录"工作表中，选定 K：M 列，单击"开始"选项卡"数字"功能区的对话框启动器，在"设置单元格格式"对话框的"数值"选项卡中，设置分类为"数值"，小数位数为 2，单击"确定"按钮。

② 在"停车收费记录"工作表中，选定 E2 单元格，输入（或插入）"=VLOOKUP(C2,收费标准!A:B,2,0)"，按"Enter"键（或确定）。双击 E2 填充柄，填充其余数据。

③ 在"停车收费记录"工作表中，选定 J2 单元格，输入（或插入）"=H2-F2+I2-G2"，按"Enter"键（或确定）。双击 J2 填充柄，填充其余数据。

④ 选定 J 列，单击"开始"选项卡"数字"功能区的对话框启动器，在"设置单元格格式"对话框的"数值"选项卡中，设置分类为"时间"，类型为"13 时 30 分"，单击"确定"按钮。

（2）依据停放时间和收费标准，计算当前收费金额并填入"收费金额"列；计算拟采用的收费政策的预计收费金额并填入"拟收费金额"列；计算拟调整后的收费与当前收费之间的差值并填入"差值"列。

操作步骤如下：

① 选定 K2 单元格，输入"=ROUNDUP((HOUR(J2)*60+MINUTE(J2))/15,0)*E2"，按"Enter"键。双击 K2 填充柄，填充其余数据。

② 选定 L2 单元格，输入"=ROUNDDOWN((HOUR(J2)*60+MINUTE(J2))/15,0)*E2"，按"Enter"键。双击 L2 填充柄，填充其余数据。

③ 选定 M2 单元格，输入"=K2-L2"，按"Enter"键。双击 M2 填充柄，填充其余数据。

（3）将"停车收费记录"表中的内容套用表格格式"表样式中等深浅 12"，并添加汇总行，最后三列"收费金额""拟收费金额"和"差值"的汇总值均为求和。

操作步骤如下：

① 选定"停车收费记录"工作表的 A1：M550 区域，在"开始"选项卡"样式"功能组中，单击"套用表格格式"按钮，选择"表样式中等深浅 12"，默认"套用表格式"对话框的设置，单击"确定"按钮。

② 在"表格工具"的"设计"选项卡的"表格样式选项"功能区，勾选"汇总行"，分别单击 K551、L551 单元格右侧的按钮，选择"求和"。

（4）在"收费金额"列中，将单次停车收费达到 100 元的单元格突出显示为黄底红字的货币类型。

操作步骤如下：

① 选定 K2：K550 区域，在"开始"选项卡"样式"功能组中，单击"条件格式"按钮，选择"突出显示单元格规则"中的"其他规则"，在"新建格式规则"对话框中设置条件为"大于或等于"100。

② 单击"格式"按钮，在"设置单元格格式"对话框中，设置字体颜色为红色，填充色为黄色，单击"确定"按钮。

（5）　新建名为"数据透视分析"的表，在该表中创建 3 个数据透视表，起始位置分别为 A3、A11、A19 单元格。第一个透视表的行标签为"车型"，列标签为"进场日期"，求和项为"收费金额"，可以提供当前的每天收费情况；第二个透视表的行标签为"车型"，列标签为"进场日期"，求和项为"拟收费金额"，可以提供调整收费政策后的每天收费情况；第一个透视表的行标签为"车型"，列标签为"进场日期"，求和项为"差值"，可以提供收费政策调整后每天的收费变化情况。

操作步骤如下：

① 单击工作表标签右侧的新建按钮"　"，新建一个空白工作簿"Sheet1"，双击"Sheet1"标签，输入"数据透视分析"，将其重命名。

② 在"数据透视分析"工作表中，选定 A3，单击"插入"选项卡"表格"功能组的"数据透视表"按钮，选择"数据透视表"，打开"创建数据透视表"对话框。

③ 将鼠标置于"创建数据透视表"对话框的"表/区域"栏，单击"停车收费记录"工作表的 A1：M550 区域，单击"确定"按钮。

④ 在"数据透视分析"工作表的"数据透视表字段列表"区域，将"车型"拖入到行标签栏，"进场日期"拖入到列标签栏，"收费金额"拖入到数值栏。

⑤ 在"数据透视分析"工作表中，选定 A11，单击"插入"选项卡"表格"功能组的"数据透视表"按钮，选择"数据透视表"，打开"创建数据透视表"对话框。

⑥ 将鼠标置于"创建数据透视表"对话框的"表/区域"栏，单击"停车收费记录"工作表的 A1：M550 区域，单击"确定"按钮。

⑦ 在"数据透视分析"工作表的"数据透视表字段列表"区域，将"车型"拖入到行标签栏；"进场日期"拖入到列标签栏；"拟收费金额"拖入到数值栏。

⑧ 在"数据透视分析"工作表中，选定 A19，单击"插入"选项卡"表格"功能组的"数据透视表"按钮，选择"数据透视表"，打开"创建数据透视表"对话框。

⑨ 将鼠标置于"创建数据透视表"对话框的"表/区域"栏，单击"停车收费记录"工作表的 A1：M550 区域，单击"确定"按钮。

⑩ 在"数据透视分析"工作表的"数据透视表字段列表"区域，将"车型"拖入到行标签栏；"进场日期"拖入到列标签栏；"差值"拖入到数值栏。

（6）　将文件以"停车场收费政策调整情况分析.xlsx"为文件夹，保存在原文件夹中。

操作步骤如下：

单击快速访问工具栏中的"保存"按钮。

5. 打开"课堂练习"文件夹"Excel 素材.xlsx"，完成下列操作。

（1）　在工作表"Sheet1"中，从 B3 单元格开始，导入"数据源.txt"中的数据，并将工作表名称修改为"销售记录"。

操作步骤如下：

① 在"Sheet1"工作表中，单击 B3 单元格，单击"数据"选项卡"获取外部数据"功能区的"自文本"按钮，打开"导入文本文件"对话框。

② 在对话框中，查找并选择"数据源.txt"，单击"导入"按钮。

③ 在"文本导入向导-第 1 步"对话框中，将"文件原始格式"设置为"简体中文（GB2312）"，单击"下一步"按钮。

④ 默认"文本导入向导-第 2 步"对话框的设置，单击"下一步"按钮。

⑤ 默认"文本导入向导-第 3 步"对话框的设置，单击"完成"按钮。

⑥ 双击"Sheet1"工作表标签，输入"销售记录"，完成重命名。

（2）在"销售记录"工作表 A3 单元格中输入文字"序号"，从 A4 单元格开始，为每笔销售记录插入"001、002、003、…"格式的序号；将 B 列（日期）中数据的数字格式修改为只包含月和日的格式（3/14）；在 E3 和 F3 单元格中，分别输入"价格"和"金额"；将标题行区域 A3：F3 应用单元格的上框线和下框线，对数据区域的最后一行 A891：F891 应用单元格的下框线；其他单元格无边框线；不显示工作表的网格线。

操作步骤如下：

① 在"销售记录"工作表中单击 A3 单元格，输入"序号"。

② 选定 A 列，单击"开始"选项卡"数字"功能区的对话框启动器，在"设置单元格格式对话框"中，设置分类为"文本"，单击"确定"按钮。

③ 选定 A4 单元格输入"001"，双击其填充柄，向下填充其他数据。

④ 选定 B 列，单击"开始"选项卡"数字"功能区的对话框启动器，在"设置单元格格式对话框"中，设置分类为"日期"，在类型栏选择"3/14"，单击"确定"按钮。

⑤ 分别选定 E3 和 F3 单元格，输入"价格"和"金额"。

⑥ 选定 A3：F3 区域，单击"开始"选项卡"字体"功能组的边框线按钮，分别选择上框线和下框线；选定 A891：F891 区域，单击"开始"选项卡"字体"功能组的边框线按钮，选择下框线；单击"视图"选项卡，在"显示"功能组中单击取消"网格线"。

（3）在"销售记录"工作表的 A1 单元格中输入文字"2012 年销售数据"，并使其显示在 A1：F1 单元格的正中间（注意：不要合并上述单元格区域）；将"标题"单元格样式的字体修改为"微软雅黑"，并应用 A1 单元格中的文字内容；隐藏第 2 行。

操作步骤如下：

① 在"销售记录"工作表中，单击 A1 单元格，输入"2012 年销售数据"；选定 A1：F1，单击"开始"选项卡"对齐方式"功能组的对话框启动器，在"设置单元格格式"对话框的"对齐"选项卡"水平对齐"列表中选择"跨列居中"，单击"确定"按钮。

② 在"开始"选项卡"样式"功能组中单击"单元格格式"按钮，右键单击"标题"，选择"修改"，勾选"字体"，单击"格式"，在对话框中将字体设置为"微软雅黑"，选定 A1：F1，再次单击"单元格格式"按钮，单击"标题"按钮。

③ 在第 2 行的行标签上右键单击鼠标，选择"隐藏"按钮。

（4）在"销售记录"工作表的 E4：E891 中，应用函数输入 C 列（类型）所对应的产品价格，价格信息可以在"价格表"工作表中进行查询；然后将填入的产品价格设为货币格式，并保留零位小数。

操作步骤如下：

① 在"销售记录"工作表中，选定 E4 单元格，输入（或插入）"=VLOOKUP(C4,价格表!B:C,2,0)"，确认后双击其填充柄，向下填充其余价格数据。

② 选定 E 列，单击"开始"选项卡"数字"功能区的对话框启动器，在"设置单元格格式对话框"中，设置分类为"货币"，小数位数为"2"，单击"确定"按钮。

（5）在"销售记录"工作表的 F4: F891 中，计算每笔订单记录的金额，并应用货币格式，保留零位小数，计算规则为：金额=价格×数量×（1-折扣百分比），折扣百分比由订单中的订货数量和产品类型决定，可以在"折扣表"工作表中进行查询，例如某个订单中产品 A 的订货量为 1510，则折扣百分比为 2%（提示：为便于计算，可对"折扣表"工作表的表格的结构进行调整）。

操作步骤如下：

① 选定 F 列，单击"开始"选项卡"数字"功能区的对话框启动器，在"设置单元格格式对话框"中，设置分类为"货币"，小数位数为"0"，单击"确定"按钮。

② 选定 F4 单元格，输入"=D4*E4*(1-HLOOKUP(C4,折扣表!$B$2:$E$6,IF(销售记录!D4>=2000,5,IF(销售记录!D4>=1500,4,IF(销售记录!D4>=1000,3,2))),0))"，按"Enter"键。

③ 双击 F4 单元格的填充柄，向下填充其他金额。

（6）将"销售记录"工作表的单元 A3: F891 中所有记录居中对齐，并将发生在周六或周日的销售记录的单元格的填充颜色设为黄色。

操作步骤如下：

① 选定"销售记录"工作表的 A3: F891 区域，单击"开始"选项卡"字体"功能组的水平对齐和垂直对齐按钮。

② 选定"销售记录"工作表的 A3: F891 区域，单击"开始"选项卡"样式"功能组的"条件格式"按钮，选择"新建规则"，打开"新建格式规则"对话框。

③ 在"新建格式规则"对话框中，"使用公式确定要设置的单元格格式"，在"为符合此公式值设置格式"栏中输入"=WEEKDAY($B4,2)>5"，单击"格式"按钮，设置填充色为"黄色"，依次单击"确定"按钮。

（7）在名为"销售量汇总"的新工作表中自 A3 单元格开始创建数据透视表，按照月份和季度对"销售记录"工作表中的三种产品的销售数量进行汇总；在数据透视表右侧创建数据透视图，图表类型为"带数据标记的折线图"，并为"产品 B"系列添加线性趋势线，显示"公式"和"R2 值"（数据透视表和数据透视图的样式可参考文件夹中的"数据透视表和数据透视图.jpg"示例文件）；将"销售量汇总"工作表移动到"销售记录"工作表的右侧。

操作步骤如下：

① 单击工作表标签右侧的新建按钮""，插入一空白工作表"Sheet1"，双击其标签，输入"销售量汇总"，在标签处单击鼠标。

② 选定"销售量汇总"工作表的 A3 单元格，单击"插入"选项卡"表格"功能组的"数据透视表"按钮，选择"数据透视表"，打开"创建数据透视表"对话框。

③ 将鼠标置于"创建数据透视表"对话框的"表/区域"栏，单击"销售记录"工作

表的 A3：F891 区域，单击"确定"按钮。

④ 在"数据透视分析"工作表的"数据透视表字段列表"区域，将"日期"拖入到行标签栏，"类型"拖入到列标签栏，"数量"拖入到数值栏。

⑤ 鼠标置于数据透视表区域的任意日期单元格中，单击"数据透视表工具"|"选项"标签|"分组"功能组中的"将所选内容分组"按钮，打开"分组"对话框。

⑥ 在如图 3-70 所示的"分组"对话框中，设置"终止于"为 2012/12/31，在"步长"中同时选定"月"和"季度"，单击"确定"按钮。

图 3-70 "分组"对话框

⑦ 将鼠标置于数据透视表区域的任意单元格中，单击"数据透视表工具"|"选项"标签|"工具"功能组中的"数据透视图按钮"，打开"插入图表"对话框。在对话框中选择图表类型为"带数据标记的折线图"，单击"确定"按钮。

⑧ 将图表拖放到数据透视图右侧的合适位置，单击图表区中的产品 B 系列（蓝色线），单击"数据透视图工具"|"布局"选项卡|"分析"功能组中的"趋势线"按钮，选择"线性趋势线"。

⑨ 选择刚添加的线性趋势线，单击"数据透视表工具"|"布局"选项卡|"当前所选内容"功能组中的"设置所选内容格式"，打开"设置趋势线格式"对话框，勾选"显示公式"和"显示 R 平方值"，单击"关闭"按钮。

⑩ 用鼠标拖动"销售量汇总"工作表标签到"销售记录"工作表的右侧，释放鼠标。

（8）在"销售量汇总"工作表右侧创建一个新的工作表，名称为"大额订单"；在这个工作表中使用高级筛选功能，筛选出"销售记录"工作表中产品 A 数量在 1550 以上，产品 B 数量在 1900 以上，以及产品 C 数量在 1500 以上的记录（请将条件区域放置在第 1 行～第 4 行，筛选结果放置在从 A6 单元格开始的区域）。

操作步骤如下：

① 用鼠标右键单击"销售量汇总"后面的"价格表"标签，选择"插入"|"工作表"，双击新插入的工作表标签，输入"大额订单"，将其重命名。

② 在"大额订单"工作表的 A1 单元格中输入"类型"，B1 单元格中输入"数量"，

A2、A3、A4 单元格中分别输入"产品 A""产品 B""产品 C"，B2、B3、B4 单元格中分别输入">1550"">1900"">1500"。

③ 将鼠标置于"大额订单"工作表的任意单元格中，单击"数据"选项卡"排序和筛选"功能组中的"高级"按钮，打开"高级筛选"对话框。

④ 在"高级筛选"对话框的"列表区域"栏中，选定"销售记录"工作表的 A3：F891 区域，在"条件区域"栏，选定"大额订单"工作表的 A1：B4 区域，单击"将筛选结果复制到其他位置"，在"复制到"栏中选定"大额订单"工作表的 A6 单元格，单击"确定"按钮。

⑤ 选定 E：F 列，双击其右侧框线，将其调整为最适合的列宽。

（9） 按原文件名将工作簿文件保存到原文件夹中。

操作步骤如下：

单击快速访问工具栏中的"保存"按钮。

六、课后练习

1. 打开"班级期末成绩统计表.xls"工作簿文件，按要求完成相关操作。

2. 在"课堂练习"中打开"计算机全年销量统计表.xlsx"，完成下列操作。

（1） 将"Sheet1"工作表命名为"销售情况"，将"Sheet2"工作表命名为"平均单价"。

（2） 在"店铺"列左侧插入一个空列，输入列标题为"序号"，并以"001、002、003、…"的方式向下填充该列到最后一个数据行。

（3） 将工作表标题跨列合并居中并适当调整其字体、加大字号，改变字体颜色。适当加大数据行高和列宽，设置对齐方式及销售额列的数值格式（保留 2 位小数），为数据区域增加边框线。

（4） 将工作表"平均单价"中的区域 B3：C7 定义名称为"商品均价"。运用公式计算工作表"销售情况"中 F 列的销售额，要求在公式中通过"VLOOKUP"函数自动在工作表"平均单价"中查找相关商品的单价，并在公式中引用所定义的名称"商品均价"。

（5） 为工作表"销售情况"中的销售数据创建一个数据透视表，放置在一个名为"数据透视分析"的新工作表中，要求针对各类商品比较各门店每个季度的销售额。其中，商品名称为报表筛选字段，店铺为行标签，季度为列标签，并对销售额求和。最后对数据透视表进行格式设置，使其更加美观。

（6） 根据生成的数据透视表，在透视表下创建一个簇状柱形图，图表中仅对各门店四个季度笔记本的销量进行比较。

（7） 按原文件名将文件保存在原来的文件夹中。

提示：1～4 的操作可使用任务 3-3 课堂练习 5 的操作结果。

3. 用模拟运算法制作九九乘法表。

任务 3-6　与其他程序的协同与共享

一、教学目标

1. 学会共享、修订、批注工作簿。
2. 学会与其他应用程序共享数据。
3. 学会宏的简单应用。

二、重难点

1. 共享数据。
2. 宏的简单应用。

三、课堂练习

1. 打开"课堂练习"文件夹"记账凭证清单.xlsx"，完成下列操作。

（1）在"Sheet1"工作表的 A1 单元格开始，导入文件夹中以制表符分隔的文本文件"记账凭证清单.txt"中的内容。

（2）在"摘要"列前插入一列，将 B∶D 列内容合并为 1 列，标题名称为"日期"，格式为"XXXX 年 X 月 X 日。

（3）将 F 列拆分为两列，一列为"一级科目编号"，另一列为"一级科目名称"，去掉中间的连字符"–"。

（4）将 A1 单元格的内容"2013 年 1 月份记账凭证清单"设置为在 A1∶K1 区域跨列合并居中，并将其字体设置为"黑体"、字号为"18"默认单位。

（5）重新调整列宽，隐藏第 2 行和 B∶D 列。

（6）给工作表的数据清单套用一个名为"表样式中等深浅 2"的样式。

（7）按原文件名保存。

2. 打开"课堂练习"文件夹"员工档案表.xlsx"，完成下列操作。

（1）给"员工档案表"中的 K3 单元格添加批注，批注内容为"工龄不满 1 年按 1 年计算"。

（2）和"年龄"所在单元格 H3 的批注内容为"满一年按 1 岁计"。

（3）创建一个名为"1 万及以上"的宏并运行，实现自动以黄底红字标识所选工资在 10 000 万元及以上的单元格。

（4）分别创建两个名为"博士"和"硕士"的宏，并应用到两个名为"博士"和"硕士"的按钮上，实现单击两个按钮时，在"学历"列自动筛选"博士"或"硕士"的员工信息。

（5）　将工作簿文件保存为启用宏的工作簿文件。

四、知识点

在 Excel 中，可以方便地获取来自其他数据源的数据，也可以将在 Excel 中生成的数据提供给其他人或程序使用；可以共享工作簿，从而允许多人同时对一个工作簿进行编辑修改；使用宏功能，可以快速执行重复性工作。

1. 共享、修订、批注工作簿。

2. 共享工作簿。

共享工作簿是指允许网络上的多位用户同时查看和修订的工作簿，每位保存工作簿的用户可以看到其他用户所做的修订。

可以在 Excel 中创建共享工作簿，并将其放在可供若干人同时编辑的一个网络位置上，以达到跟踪工作簿状态并及时更新信息的目的。

（1）　设定工作簿共享。

1）　允许共享：

单击"文件"菜单，选择"选项"命令，在打开的"Excel 选项"对话框中，选择"信任中心"选项后，单击"信任中心设置"按钮，在"信任中心"对话框的"个人信息选项"中，取消"保存时从文件属性删除个人信息"的"√"，依次单击"确定"按钮。

2）　设置共享：

在"审阅"选项卡的"更改"功能组中单击"共享工作簿"按钮，打开"共享工作簿"对话框。在该对话框的"编辑"选项卡中勾选"允许多用户同时编辑，同时允许工作簿合并"复选框，在"高级"选项卡中，选择要用于跟踪和更新变化的选项，最后将该工作簿文件放到网络上其他用户可以访问的位置。

3）　验证链接并更新链接：

在"数据"选项卡"连接"功能组中，单击"编辑链接"按钮，在对话框中查看并更新链接。

（2）　编辑共享工作簿。

可以与使用常规工作簿一样，在已设定共享的工作簿中输入和编辑数据，并进行任何筛选和打印设置以供当前用户个人使用。

不能在共享工作簿中添加或更改的内容：合并单元格、条件格式、数据有效性、图表、图片、包含图形对象的对象、超链接、方案、外边框、分类汇总、模拟运算表、数据透视表、工作簿保护和工作表保护以及宏。

更改用户名标识：单击"文件"菜单，选择"选项"命令，打开"Excel 选项"对话框，在"常规"中的"对 Microsoft Office 进行个性化设置"下的"用户姓名"框输入新用户名。

（3）　从共享工作簿中删除某个用户。

在"审阅"选项卡"更改"功能组中，单击"共享工作簿"按钮，打开"共享工作簿"对话框，在"编辑"选项卡的"正在使用本工作簿的用户"列表中选择用户名称，单击"删除"按钮，可以将某个用户与共享工作簿断开连接。但需注意在断开与用户的连接之前，要确保他们已经在工作簿中完成了他们的工作。如果删除活动用户，则这些用户所有未保存的工作将会丢失。

（4） 解决共享工作簿中的冲突修订。

当两位用户同时编辑同一个共享工作簿并试图对影响同一个单元格的更改进行保存时，就会发生冲突，Excel 只能在该单元格里保留一种版本的修订。

通过设置，可以自动使用自己的更改覆盖所有其他用户的更改。

操作方法如下：

在"审阅"选项卡"更改"功能组中，单击"共享工作簿"按钮，打开"共享工作簿"对话框，在"高级"选项卡的"用户间的修订冲突"下选中"选用正在保存的修订"单选按钮。

（5） 取消共享工作簿。

在"审阅"选项卡的"更改"功能组中，单击"共享工作簿"按钮，打开"共享工作簿"对话框，在"编辑"选项卡中，先删除其他的用户，确保当前用户是"正在使用本工作簿的用户"列表中列出的唯一用户，再清除对"允许多用户同时编辑，同时允许工作簿合并"复选框的选择。

提示：如果设定了共享工作簿保护，则该复选框不可用，必须先取消对共享工作簿的保护，在"审阅"选项卡上的"更改"组中，单击"撤销对共享工作簿的保护"按钮。

（6） 保护并共享工作簿。

在"审阅"选项卡的"更改"功能组中，单击"保护并共享工作簿"按钮。在"保护共享工作簿"对话框中选中"以跟踪修订方式共享"复选框，如需要可在"密码（可选）"框中输入密码，单击"确定"按钮。

默认情况下，具有网络共享访问权限的所有用户都具有共享工作簿的完全访问权限，除非已锁定单元格并保护工作表来限制访问。如果工作簿已被共享，则需要先取消对该工作簿的共享。

3. 修订工作簿。

修订功能仅在共享工作簿中才可启用。修订可以记录对单元格内容所做的更改，包括移动和复制数据引起的更改，也包括行与列的插入和删除。

（1） 启用工作簿修订。

在"审阅"选项卡"更改"功能组中，单击"共享工作簿"按钮，在"共享工作簿"对话框的"编辑"选项卡中，选中"允许多用户同时编辑，同时允许工作簿合并"复选框；在"高级"选项卡的"修订"区域"保存修订记录"框中设定修订记录保留的天数。

（2） 工作时突出显示修订。

如果设置了在工作时突出显示修订，将会用不同颜色标注每个用户的修订内容。

操作方法如下：

在"审阅"选项卡的"更改"功能组中，单击"修订"按钮，选择"突出显示修订"命令，在"突出显示修订"对话框中，选中"编辑时跟踪修订信息，同时共享工作簿"复选框，在"突出显示的修订选项"下进行相关设置，选中"在屏幕上突出显示修订"复选框，在工作表上进行相应的修订。

（3）查看修订。

在"审阅"选项卡"更改"功能组中，单击"修订"按钮，选择"突出显示修订"命令，在"突出显示修订"对话框中，设置查看内容范围，指定修订显示的方式。

（4）接受或拒绝修订。

在"审阅"选项卡"更改"功能组中，单击"修订"按钮，选择"接受或拒绝修订"命令，在"接受或拒绝修订"中设置修订选项，确认接受还是拒绝每项修订。

提示：通过单击"全部接受"或"全部拒绝"按钮，可以一次接受或拒绝所有剩余的修订。

（5）停止突出显示修订。

当不再需要时，可以关闭突出显示修订，但不会删除修订记录。

操作方法如下：

在"审阅"选项卡"更改"功能组中，单击"修订"按钮，选择"突出显示修订"命令，在"突出显示修订"对话框中，清除对"在屏幕上突出显示修订"复选框的选择。

（6）关闭工作簿的修订跟踪。

关闭修订将会删除修订记录。

方法一：在"审阅"选项卡"更改"功能组中，单击"共享工作簿"按钮，在"共享工作簿"的"高级"选项卡中，选择"不保存修订记录"。

方法二：在"审阅"选项卡"更改"功能组中，单击"修订"按钮，选择"突出显示修订"命令，在"突出显示修订"对话框中，取消对"编辑时跟踪修订标记，同时共享工作簿"复选框的选择。

4. 添加批注。

添加批注，可以在不影响单元格数据的情况下对单元格内容添加解释、说明性文字，以方便他人对表格内容的理解。

（1）添加批注。

选定单元格，单击"审阅"选项卡的"批注"功能组中的"新建批注"按钮，在弹出的文本框中，输入批注内容。

（2）查看批注。

单击已添加批注的单元格，自动显示批注内容。

（3）显示/隐藏批注。

单击"审阅"选项卡的"批注"功能组中的"显示/隐藏批注"按钮，可显示或隐藏当前单元格的批注内容；单击"显示所有批注"按钮，可显示工作表中所有批注内容。

（4）编辑批注。

选定加有批注的单元格，单击"审阅"选项卡的"批注"功能组中的"编辑批注"按钮，在编辑框中编辑修改批注内容，之后再单击该单元格，完成编辑。

（5）删除批注。

选定加有批注的单元格，单击"审阅"选项卡的"批注"功能组中的"删除"按钮，删除当前单元格的批注内容。

（6）打印批注。

单击"页面布局"选项卡"页面设置"组的"打印标题"按钮，在"页面设置"对话框"工作表"选项卡的"批注"栏中，选择"如同工作表中的显示"或"工作表末尾"选项，单击"确定"按钮。

5. 与其他应用程序共享数据。

除了在网络中共享工作簿，还可以有多种方法在 Excel 中共享、分析及传送业务信息和数据。

（1） 获取外部数据。

除了向工作表中直接输入各项数据外，Excel 允许从其他来源获取数据，比如文本文件、Access 数据库、网站内容等，这极大地扩展了数据的获取来源、提高了输入速度。

1） 导入文本文件。

Excel 可以使用文本导入向导将数据从文本文件导入工作表中以便快速获取数据。

操作方法同 3.1.2 的知识点 6。

2） 导入其他数据。

Excel 还可以根据需要向 Excel 中导入其他类型的数据。

① Access 数据库数据：单击"数据"选项卡"获取外部数据"功能组的"自 Access"按钮，依次在对话框中选择数据库文件，设置显示方式及位置后，单击"确定"按钮。

② SQL Server 数据库文件：单击"数据"选项卡"获取外部数据"功能组的"自其他来源"按钮，选择"来自 SQL Server"，在对话框中进行相应设置，连接数据库并获取数据文件。

③ 其他来源数据：单击"数据"选项卡"获取外部数据"功能组的"自其他来源"按钮，在下拉列表中选择其他来源。在对话框中根据提示进行设置。

3） 从因特网上获取数据。

各类网站上有大量已编辑好的表格数据，可以将其导入到 Excel 工作表中用于统计分析。

操作方法同 3.1.2 的知识点 8。

（2） 插入超链接。

设置超链接可以方便地实现不同位置、不同文件之间的链接跳转。

操作方法如下：

选定对象，单击"插入"选项卡"链接"功能组的"超链接"按钮，在"插入超链接"对话框中指定链接目标。

（3） 与其他程序共享数据。

1） 通过电子邮件发送数据。

Excel 可通过电子邮件发送工作簿。操作方法是：

单击"文件"选项卡，选择"保存并发送"选项，在后台视图中选择"使用电子邮件发送"命令。

2） 通过传真发送工作簿。

单击"文件"选项卡，选择"保存并发送"选项，在后台视图中选择"以 Internet 传真形式发送"命令。

3） 与使用早期版本的 Excel 用户交换工作簿。

① 将 Excel 2010 版本保存为早期版本。

在"文件"菜单中选择"另存为"选项，在"另存为"对话框中，选择"保存类型"为"Excel 97-2003 工作簿(*.xls)"格式。

提示：当将 2010 格式的工作簿保存为早期版本的文件时，某些格式和功能可能不会被保留。

② 将早期版本保存为 Excel 2010 版本。

在"文件"菜单中选择"另存为"选项，在"另存为"对话框中，选择"保存类型"为"Excel 工作簿(*.xlsx)"格式。

4） 将工作簿发布为 PDF/XPS 格式。

PDF 格式（可移植文档格式），可以保留文档格式并允许文件共享，他人无法轻易更改文件中的数据及格式；XPS 格式（XML 纸张规范），可以保留文档格式并支持文件共享，他人无法轻易更改文件中的数据。与 PDF 格式相比，XPS 格式能够在接收者的计算机上呈现更加精确的图像和颜色。

操作方法如下：

在"文件"菜单中，选择"保存并发送"命令，在"文件类型"区域下双击"创建 PDF/XPS 文档"，在"发布为 PDF 或 XPS"对话框中，指定保存位置，输入文件名，将"保存类型"选择为"PDF(*.pdf)"或者"XPS 文档(*.xps)"格式，单击"发布"按钮。

5） 与 Word/PPT 共享数据。

方法一：通过剪贴板。

在 Excel 中选择要复制的单元格区域，在"开始"选项卡"剪贴板"功能组，单击"复制"按钮，在 Word 文档或 PPT 演示文稿中定位光标，单击"开始"选项卡的"剪贴板"功能组的"粘贴"按钮，从下拉列表中选择粘贴方式。

方法二：以对象方式插入。

打开 Word 文档或 PPT 演示文稿，定位光标，单击"插入"选项卡的"表格"按钮，选择"Excel 电子表格"。或者在"插入"选项卡上的"文本"功能组中，单击"对象"按钮，选择"对象"选项，在"对象"对话框中选择"Microsoft Excel 工作表"。

6. 宏的简单应用。

宏是可运行任意次数的一个操作或一组操作，可以用来自动执行重复任务。如果总是需要在 Excel 中重复执行某个任务，则可以录制一个宏来自动执行这些任务。在 Excel 中，宏的创建可以通过快速录制方法，也可以使用 VBA 编程方法创建。

（1） 录制宏。

1） 宏的准备。

① 显示"开发工具"选项卡。

在"文件"菜单中，单击"选项"命令，选定"自定义功能区"（或右键单击 Excel 应用程序窗口功能区空白处，在弹出的快捷菜单中选择"自定义功能区"），在"Excel 选项"对话框的"主选项卡"中，选中"开发工具"复选框。

② 临时启用所有宏。

由于运行某些宏可能会引发潜在的安全风险，具有恶意企图的人员可以在文件中引入破坏性的宏，从而导致在计算机或网络中传播病毒。因此，默认情况下 Excel 禁用宏。为了能够录制并运行宏，可以设置临时启用宏。

单击"开发工具"选项卡的"代码"功能组，单击"宏安全性"按钮，在"信任中心"对话框中，选择"宏设置"项，选择"启用所有宏（不推荐，可能会运行有潜在危险的代码）"单选项。

2）录制宏。

录制宏的过程就是记录鼠标操作和键盘操作的过程。录制宏时，宏录制器会记录完成需要宏来执行的操作所需的一切步骤，但是记录的步骤中不包括在功能区上导航的步骤。

操作方法：

① 单击"开发工具"选项卡"代码"功能组的"录制宏"按钮，"在录制新宏"对话框中，输入"宏名"、设置快捷键、指定保存位置、输入对宏功能的简单描述后，单击"确定"按钮。

② 进入录制过程，运用鼠标、键盘对工作表进行各项操作，操作完毕后，单击"开发工具"选项卡"代码"功能组的"停止录制"按钮，将工作簿保存为可以运行宏的格式。

提示：宏实际上是由 Excel 自动记录的一个小程序，宏名称必须以字母或下画线开头，不能包含空格等无效字符，不能使用单元格地址等工作簿内部名称，否则将会出现宏名无效的错误消息。

（2）运行宏。

单击"开发工具"选项卡"代码"功能组的"宏"按钮，选择要运行的宏，单击"执行"按钮。

（3）将宏分配给对象、图形或控件。

将宏指定给工作表中的某个对象、图形或控件后，单击它即可执行宏。

操作方法如下：

1）创建一个宏后，创建对象、图形或控件，用鼠标右键单击该对象、图形或控件，从弹出的快捷菜单中单击"指定宏"命令，选择要分配的宏，单击"确定"按钮。

2）单击已指定宏的对象、图形或控件，即可运行宏。

（4）删除宏。

单击"开发工具"选项卡"代码"功能组中的"宏"按钮，选择要删除的宏，单击"删除"按钮。

五、答案解析

1. 打开"课堂练习"文件夹"记账凭证清单.xlsx"，完成下列操作。

（1）在"Sheet1"工作表的 A1 单元格开始，导入文件夹中以制表符分隔的文本文件"记账凭证清单.txt"中的内容。

操作步骤如下：

① 双击打开"记账凭证清单.xlsx"工作簿，选定"Sheet1"工作表，单击 A1 单元格，在"数据"选项卡"获取外部数据"功能组中单击"自文本"按钮。

② 在"导入文本文件"对话框中，找到"记账凭证清单.txt"，单击"导入"按钮。

③ 在"文本导入向导-第 1 步"中的"文件原始格式"中选择一种简体中文格式，如"简体中文（GB2312-80）"后单击"下一步"按钮。

④ 在"文本导入向导-第 2 步"中检查分隔符是否正确后单击"下一步"按钮。

⑤ 在"文本导入向导-第 3 步"中，将凭证号列的数据格式设置为"文本"，单击"完成"按钮。

（2） 在"摘要"列前插入一列，将 B：D 列内容合并为 1 列，标题名称为"日期"，格式为"XXXX 年 X 月 X 日。

操作步骤如下：

① 右键单击 E 列，在弹出的快捷菜单中选择"插入"命令，在其前面插入一空白列，在 E3 单元格中输入"日期"。

② 选定 E4 单元格，输入"=DATE(B4,C4,D4)"，按"Enter"键。

③ 双击 E4 单元格的填充柄，填充其他日期数据；双击 E 列框线，调整为最适合的列宽。

④ 选定 E 列，单击"开始"选项卡"数字"功能组的对话框启动器，在"设置单元格格式"对话框的"数字"选项卡中，将"分类"设为"日期"，"类型"设为"2013 年 3 月 14 日"，单击"确定"按钮。

（3） 将 F 列拆分为两列，一列为"一级科目编号"，另一列为"一级科目名称"，去掉中间的连字符"-"。

操作步骤如下：

① 右键单击 H：I 列，选择"插入"命令，在其前面插入两空白列。

② 选定 G4：G35 区域，在"数据"选项卡"数据工具"功能组中单击"分列"按钮，在"文本分列向导-第 1 步，共 3 步"对话框中，选择"固定列宽"，单击"下一步"按钮。

③ 在"文本分列向导-第 2 步，共 3 步"对话框中，用鼠标右键分别单击编号与短画线间、短画线与科目名称间，添加两个分列符，如图 3-71 所示，单击"下一步"按钮。

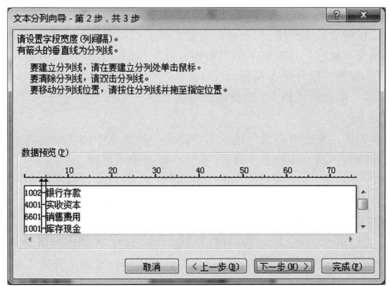

图 3-71 "分列操作"示意图

④ 在"文本分列向导-第 3 步，共 3 步"对话框中，将科目编号设置为文本，单击"完成"按钮。

⑤ 选定 G3 单元格，将其文字修改为"一级科目编号"，选定 I3 单元格，输入"一级科目名称"，用鼠标右键单击 H 列标签，在弹出的快捷菜单中选择"删除"命令。

（4） 将 A1 单元格的内容"2013 年 1 月份记账凭证清单"设置为在 A1：K1 区域跨列合并居中，并将其字体设置为"黑体"，设置字号为"18"，默认单位。

操作步骤如下：

① 选定 A1：K1 区域，单击"开始"选项卡"对齐方式"功能组中的"合并后居中"按钮。

② 在"字体"功能组中，设置"字体"为"黑体"，设置"字号"为"18"。

（5） 重新调整列宽，隐藏第 2 行和 B：D 列。

操作步骤如下：

① 选定 A：K 列，在任意列标签线上双击鼠标。

② 用鼠标右键单击第 2 行的"行"标签，在弹出的快捷菜单中选择"隐藏"命令；选定 B：D 列，在"列"标签外用右键单击鼠标，在弹出的快捷菜单中选择"隐藏"按钮。

（6） 给工作表的数据清单套用一个名为"表样式中等深浅 2"的样式。

操作步骤如下：

选定 A3：K35 区域，在"开始"选项卡"样式"功能组中，单击"套用表格格式"按钮，选择"表样式中等深浅 2"。

（7） 按原文件名保存。

单击快速访问工具栏中的"保存"按钮。

2. 打开"课堂练习"文件夹"员工档案表.xlsx"，完成下列操作。

（1） 给"员工档案表"中的 K3 单元格添加批注，批注内容为"工龄不满 1 年按 1 年计算"。

操作步骤如下：

双击打开工作簿"员工档案表.xlsx"，选定"员工档案表"工作表中的 K3 单元格，单击"审阅"选项卡"批注"功能组中的"新建批注"按钮，在批注框中输入"工龄不满 1 年按 1 年计算"，在批注框外单击鼠标。

（2） "年龄"所在单元格 H3 的批注内容为"满一年按 1 岁计"。

操作步骤如下：

选定 H3 单元格，单击"审阅"选项卡"批注"功能组中的"编辑批注"按钮，在批注框中将文字修改为"满一年按 1 岁计"，在批注框外单击鼠标。

（3） 创建一个名为"1 万及以上"的宏并运行，实现自动以黄底红字标识所选工资在 10 000 万元及以上的单元格。

操作步骤如下：

① 用鼠标右键单击 Excel 应用程序窗口功能区空白处，在弹出的快捷菜单中选择"自定义功能区"，在"Excel 选项"对话框的"主"选项卡中，选定"开发工具"复选框，查看窗口是否增加了"开发工具"选项卡。

② 单击"开发工具"选项卡的"代码"功能组，单击"宏安全性"按钮，在"信任

中心"对话框中，选择"宏设置"项，选中"启用所有宏（不推荐，可能会运行有潜在危险的代码）"单选按钮，临时启用宏。

③ 选定 N4: N38 区域，单击"开发工具"选项卡"代码"功能组的"录制宏"按钮，"在录制新宏"对话框中，输入"1 万及以上"，单击"确定"按钮。

④ 分别单击"开始"选项卡"样式"功能组的"条件格式"按钮，选择"突出显示单元格规则"的"其他规则"，在"新建格式规则"对话框中设置条件为"大于或等于"，值为"10 000"，单击"格式"按钮，在"设置单元格格式"对话框的"填充"选项卡中选择黄色，在"字体"选项卡中设置文字颜色为红色，依次单击"确定"按钮。

⑤ 单击"开发工具"选项卡"代码"功能组的"停止录制"按钮。

⑥ 选定 N4: N38 区域，单击"开始"选项卡"样式"功能组的"条件格式"按钮，选择"清除规则"|"清除所选单元格的格式"命令。

⑦ 分别选定 L4: NL38 和 N4: N38 区域，单击"开发工具"选项卡"代码"功能组的"宏"按钮，在"宏"对话框中选定宏名"1 万及以上"，单击"执行"按钮。

（4）　分别创建两个名为"博士"和"硕士"的宏，应用到两个名为"博士"和"硕士"的按钮上，实现单击两个按钮时，在"学历"列自动筛选"博士"或"硕士"的员工信息。

操作步骤如下：

① 将鼠标置于数据区的任意单元格，单击"开发工具"选项卡"代码"功能组的"录制宏"按钮，在"录制新宏"对话框中，输入"博士"，单击"确定"按钮。

② 单击"数据"选项卡"排序和筛选"功能组的"筛选"按钮，单击"学历"列的筛选按钮，取消"全选"，选择"博士"。

③ 单击"开发工具"选项卡"代码"功能组的"停止录制"按钮。

④ 再次单击"数据"选项卡"排序和筛选"功能组的"筛选"按钮，取消筛选。

⑤ 单击"开发工具"选项卡"控件"功能组的"插入"按钮，选择表单中的"按钮（窗体控件）"，在数据清单下方空白处，拖放出一个按钮，在"指定宏"对话框中，选择宏名为"博士"，并将按钮重命名为"博士"。

⑥ 将鼠标置于"学历"列任意单元格，单击"博士"按钮，观察窗口变化。

⑦ 将鼠标置于数据区的任意单元格，单击"开发工具"选项卡"代码"功能组的"录制宏"按钮，在"录制新宏"对话框中，输入"硕士"，单击"确定"按钮。

⑧ 单击"数据"选项卡"排序和筛选"功能组的"筛选"按钮，单击"学历"列的"筛选"按钮，取消"全选"，选择"硕士"。

⑨ 单击"开发工具"选项卡"代码"功能组的"停止录制"按钮。

⑩ 再次单击"数据"选项卡"排序和筛选"功能组的"筛选"按钮，取消筛选。

⑪ 单击"开发工具"选项卡"控件"功能组的"插入"按钮，选择表单中的"按钮（窗体控件）"，在数据清单下方空白处，拖放出一个按钮，在"指定宏"对话框中，选择宏名为"硕士"，并将按钮重命名为"硕士"。

⑫ 将鼠标置于"学历"列任意单元格，单击"硕士"按钮，观察窗口变化。

（5）　将工作簿文件保存为启用宏的工作簿文件。

单击快速访问工具栏中的"保存"按钮。

六、课后练习

1. 打开"课后练习"文件夹中的"学生成绩单.xlsx"工作簿文件，完成下列操作。

（1）创建一个名为"前三名"的宏，以绿色填充自动标识各科前三名的科目成绩，并将其应用到"前三名"按钮上。

（2）复制"期末成绩"工作表，并将其命名为"高级筛选"，在该表中创建一个名为"全≥100"的宏，实现单击"全≥100"按钮时，筛选出数学、语文、英语三科成绩全为100分及以上的学生。

（3）复制"期末成绩"工作表，将其命名为"自动筛选"，在该表中创建一个名为"有≥100"的宏，实现单击"有≥100"按钮时，筛选出数学、语文、英语三科成绩有100及以上的学生。

项目 4 PowerPoint 演示文稿制作

任务 4-1 演示文稿的基本制作

一、教学目标

1. 会演示文稿的创建、打开、关闭与保存。
2. 会演示文稿视图的使用，幻灯片的版式的选用，幻灯片的插入、移动、复制和删除。
3. 会幻灯片基本制作（文本、图片、艺术字、表格等插入及其格式化）。

二、重难点

1. 制作 SmartArt 图形。
2. 设置页眉和页脚。

三、课堂练习

某注册会计师协会培训部的魏老师正在准备有关审计业务档案管理的培训课件，她的助手已搜集并整理了一份相关资料存放在 Word 文档"PPT_素材.docx"中，按下列要求帮助魏老师完成 PPT 课件的整合制作：

1. 创建一个名为"培训课件.pptx"的新演示文稿，该演示文稿包含 Word 文档"PPT_素材.docx"中的所有内容，其中红色文字、绿色文字、蓝色文字分别对应幻灯片中的标题文字、一级文本和二级文本内容。

2. 将第一张幻灯片的版式设为"标题幻灯片"，在该幻灯片的右下角插入任意一幅剪贴画，调整大小和位置。

3. 将第三张幻灯片的版式设为"两栏内容"，在右侧的文本框中插入 Excel 文档"业务报告签发稿纸.xlsx"中的模板表格，并保证该表格内容随 Excel 文档的改变而自动变化。

4. 将第四张幻灯片"业务档案管理流程图"中的文本转换为素材中示例图所示的图形，并适当更改其颜色和样式。为其中的"建立业务档案"下的文字"填写案卷封面、备考表"添加链接到 Word 文档"封面备考表模板.docx"的超链接。

5. 将标题为"七、业务档案的保管"所在的幻灯片拆分为三张，其中"（一）～（三）"为一张，（四）及下属内容为一张，（五）及下属内容为一张，标题不变。为（四）所在幻灯片添加备注"业务档案保管需要做好的八防工作：防水、防火、防尘、防潮、防虫、防光、防盗、防霉"。

6. 在每张幻灯片的左上角添加协会的标志图片"LOGO1.PNG"，设置其位于最底层以免遮挡标题文字。附标题幻灯片外，其他幻灯片均包含幻灯片编号，自动更新的日期，格式为"XXXX 年 XX、月 XX 日"。

7. 将演示文稿分为三节，分别包含 4、4、5 张幻灯片，节名依次为档案管理概述、归档和整理、档案保管和销毁，分别为每节应用不同的设计主题。

四、知识点

1. PowerPoint 2010 启动与退出

（1） 启动 PowerPoint。

启动 PowerPoint 的常用方法如下：

➢ 单击"开始"|"所有程序"|"Microsoft Office"|"MicrosoftPowerPoint 2010"命令。

➢ 双击桌面上的 PowerPoint 程序图标。

➢ 双击文件夹中的 PowerPoint 演示文稿文件（其扩展名为.pptx），将启动 PowerPoint，并打开该演示文稿。

（2） 退出 PowerPoint。

退出 PowerPoint 的最简单方法是单击 PowerPoint 窗口右上角的"关闭"按钮。

也可以用如下方法之一退出：

➢ 方法一：双击窗口快速访问工具栏左端的控制菜单图标。

➢ 方法二：单击"文件"|"退出"命令。

➢ 方法三：按组合键"Alt+F4"。

2. PowerPoint 的工作界面

PowerPoint 2010 的工作界面由标题栏、快速访问工具栏、文件选项卡、大纲浏览窗格、幻灯片浏览窗格、幻灯片窗格、视图按钮、任务窗格、备注窗格、功能区和菜单栏等组成。

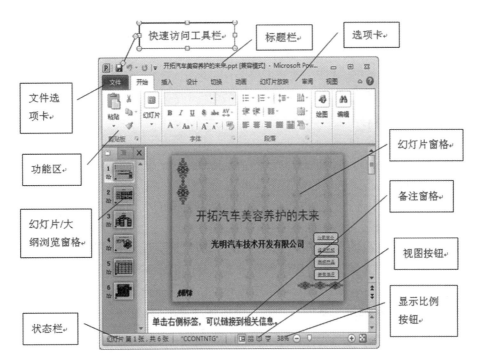

图 4-1　PowerPoint 2010 的工作界面

3.　PowerPoint 的基本概念

（1）　演示文稿与幻灯片。

使用 PowerPoint 创建的文件称为演示文稿（Presentation），文件扩展名为".pptx"。演示文稿由若干张幻灯片组成。制作一个演示文稿的过程实际上就是依次制作一张张幻灯片的过程。

演示文稿中幻灯片的大小统一、风格各异，可以通过页面设置和母版的设计来确定。幻灯片一般由编号、标题、占位符、文本、图片、声音、表格等元素组成。

（2）　常用视图介绍。

为了便于用户以不同的方式查看自己设计的幻灯片内容或效果，PowerPoint 提供了 4 种视图方式：普通视图、幻灯片浏览视图、备注页视图和幻灯片放映视图。可以转到"视图"选项卡，从"演示文稿视图"功能区中选择相应的按钮进行不同视图的切换，也可利用工作窗口右下角的视图按钮进行切换操作。

1）　普通视图。

一般在此视图下新建和编辑幻灯片。

2）　大纲视图。

此视图下只显示标题和正文，利用它可进行调整标题、正文的布局、展开或折叠、移动幻灯片等操作。

3）　幻灯片浏览视图。

用于将幻灯片缩小、多页并列显示，便于对幻灯片进行移动、复制、删除等操作。

4）　备注页视图：在此视图下可输入备注内容。

5） 幻灯片放映。

将制作好的幻灯片按顺序在屏幕上展示出来，一般为全屏幕放映，单击鼠标或按"Enter"键显示下一张，按"Esc"键取消放映。

4. 创建与编辑演示文稿

（1） 创建演示文稿。

1） 创建空白演示文稿。

➢ 启动 PowerPoint 时自动创建一个空白演示文稿。

➢ 在 PowerPoint 已经启动的情况下，单击"文件"|"新建"命令，在右侧"可用的模板和主题"中选择"空白演示文稿"，单击右侧的"创建"按钮即可。

2） 用主题创建演示文稿。

主题规定了演示文稿的母版、配色、文字格式和效果等设置。使用主题方式，可以简化演示文稿风格设计的大量工作，快速创建所选主题的演示文稿。

单击"文件"选项卡，在出现的菜单中选择"新建"命令，在右侧"可用的模板和主题"中选择"主题"，在随后出现的主题列表中选择一个主题，并单击右侧的"创建"按钮即可。

3） 用模板创建演示文稿。

模板是预先设计好的演示文稿样本。

使用模板方式，可以在系统提供的各式各样的模板中，根据自己需要选用其中一种内容最接近自己需求的模板，方便快捷。

单击"文件"|"新建"命令，在右侧"可用的模板和主题"中选择"样本模板"，在随后出现的模板列表中选择一个模板，并单击右侧的"创建"按钮即可，也可以直接双击模板列表中所选的模板。

4） 用现有演示文稿创建演示文稿。

如果希望新演示文稿与现有的演示文稿类似，则可以直接在现有演示文稿的基础上进行修改从而生成新演示文稿。用现有演示文稿创建演示文稿的方法如下：

单击"文件"|"新建"命令，在右侧"可用的模板和主题"中选择"根据现有内容新建"，在出现的"根据现有演示文稿新建"对话框中选择目标演示文稿文件，并单击"新建"按钮，系统将创建一个与目标演示文稿样式和内容完全一致的新演示文稿，只要根据需要适当修改并保存即可。

5. 幻灯片基本操作

幻灯片的编辑指以幻灯片内容信息对象为单位，对信息对象进行移动、复制、删除、输入、调整大小等操作。

（1） 添加新幻灯片。

启动 PowerPoint 2010 后，系统将自动创建一个仅包含一张幻灯片的演示文稿，而大多数演示文稿需要更多的幻灯片来表达主题，这时就需要添加幻灯片。添加新幻灯片主要有以下 3 种方法：

1） 单击"开始"选项卡|"幻灯片"组|"新建幻灯片"按钮。

2） 在普通视图的大纲或幻灯片窗格中右键单击鼠标，在弹出的快捷菜单中选择"新建幻灯片"命令。

3）　按下"Ctrl+M"组合键。

（2）　选定幻灯片。

在操作幻灯片之前，首先要选定幻灯片。在 PowerPoint 中可以同时选定单张或多张幻灯片。

1）　选定单张幻灯片：无论是在普通视图的大纲或幻灯片窗格中，还是在幻灯片浏览视图中，只需单击需要的幻灯片，即可选定该张幻灯片。

2）　选择编号相连的多张幻灯片：单击起始编号的幻灯片，然后按下"Shift"键，再单击结束编号的幻灯片，此时将有多张幻灯片被同时选定。

3）　选择编号不相连的多张幻灯片：在按下"Ctrl"键的同时，依次单击需要选择的每张幻灯片，此时被单击的多张幻灯片同时选定。在按下"Ctrl"键的同时再次单击已被选定的幻灯片，则该幻灯片被取消选定。

（3）　移动幻灯片。

移动幻灯片操作可以调整幻灯片在演示文稿中的顺序，移动幻灯片的常用操作方法有以下 3 种：

1）　用鼠标右键单击需要移动的幻灯片，在弹出的快捷菜单中选择"剪切"命令，然后用鼠标右键单击要移到的位置，在弹出的快捷菜单中选择"粘贴"命令，即可完成幻灯片的移动。

2）　选定需要移动的幻灯片，选择"开始"选项卡|"粘贴板"组|"剪切"按钮，并将光标定位在要粘贴的位置，然后选择"粘贴"按钮。

3）　在普通视图或幻灯片浏览视图中，直接拖动要移动的幻灯片到新的位置，拖动过程中有一条水平的直线指出当前移到的位置。

（4）　复制幻灯片。

PowerPoint 支持以幻灯片为对象的复制操作，可以将整张幻灯片及其内容进行复制。复制幻灯片主要有以下 3 种方法：

1）　选定需要复制的幻灯片，选择"开始"选项卡|"剪贴板"组|"复制"按钮，并将光标定位在要粘贴的位置，然后选择"开始"选项卡|"剪贴板"组|"粘贴"按钮。

2）　用鼠标右键单击要复制的幻灯片，在弹出的快捷菜单中选择"复制"命令，然后用鼠标右键单击将要复制到的位置，在弹出的快捷菜单中选择"粘贴"命令，即可完成幻灯片的复制。

3）　在普通视图或幻灯片浏览视图中，按下"Ctrl"键，然后拖动要复制的幻灯片至目标位置。

（5）　删除幻灯片。

删除多余的幻灯片，能够快速地清除演示文稿中的大量冗余信息。删除幻灯片主要有以下 3 种方法：

1）　选定要删除的幻灯片，然后按"Delete"键。

2）　选定要删除的幻灯片，选择"开始"选项卡|"幻灯片"组|"删除"按钮。

3）　用鼠标右键单击要删除的幻灯片，从弹出的快捷菜单中选择"删除幻灯片"命令。

（6）　隐藏幻灯片。

有时根据需要不能播放所有幻灯片，用户可将某几张幻灯片隐藏起来，而不必将这些幻灯片删除，被隐藏的幻灯片在放映时不播放。

1) 隐藏幻灯片：选定要隐藏的幻灯片，选择"幻灯片放映"选项卡|"设置"组|"隐藏幻灯片"按钮。此时，在普通视图的幻灯片窗格中或幻灯片浏览视图状态下，幻灯片的编号上有"\"标记，标志该幻灯片被隐藏。

2) 取消隐藏：选定要取消隐藏的幻灯片，选择"幻灯片放映"选项卡|"设置"组|"隐藏幻灯片"按钮即可。

6. 幻灯片版式设计

PowerPoint 2010 提供了许多种版式，如标题幻灯片版式、标题和内容版式、节标题版式、两栏内容版式等。这些版式中包含了许多占位符，用虚线框表示，并且包含有提示文字。这些虚线框中可以容纳标题、文字、图片、图表和表格等各种对象。对于占位符可以移动它的位置，改变它的大小，对于不需要的占位符还可以进行删除操作，占位符在幻灯片放映时不显示。

7. 文字的输入与编辑

在 PowerPoint 中，不能直接在幻灯片中输入文字，只能通过文本占位符或文本框来添加文本。

文本占位符是 PowerPoint 中预先设置好的具有一定格式的文本框。在 PowerPoint 的许多版式中就包含有标题、正文和项目符号列表的文本占位符。

PowerPoint 中对文本进行删除、插入、复制、移动，以及文本字体格式化等的操作，与在 Word 中的操作方法类似。

8. 插入图片、图形、艺术字

PowerPoint 也可以在幻灯片上插入图片、图形和艺术字等，操作方法与 Word 类似。

9. 插入表格和图表

（1） 插入表格。

在 PowerPoint 中插入表格的方法与 Word 相同，另外，PowerPoint 还可以将已有的 Word 表格或 Excel 工作表直接插入到幻灯片中加以利用。

（2） 插入图表。

单击"插入"选项卡|"插图"组|"图表"按钮，打开"插入图表"对话框。选择要创建的图表类型。单击"确定"按钮，系统将自动启动 Excel，并打开系统预置的示例数据表，同时与之对应的图表出现在 PowerPoint 2010 的幻灯片编辑区内。

10. 插入视频和音频

在演示文稿中可以插入 WAV、MID、WMA、AVI、MOV、MPG 和 FLASH（SWF）等格式的音频和视频文件，从而提高演示文稿的表现力和趣味性，增加演示文稿的吸引力。在 PowerPoint 2010 中插入视频文件和音频文件的操作方法基本一样。

（1） 添加视频。

1) 单击"插入"选项卡|"媒体"组|"视频"按钮。

2）　在打开的"插入视频文件"对话框中，选择影片文件，单击"确定"按钮。

（2）　插入声音。

1）　单击"插入"选项卡| "媒体"组| "音频"按钮。

2）　在打开的"插入音频"对话框中，选择声音文件，单击"确定"按钮。

五、答案解析

（1）　打开 PowerPoint 软件，新建一个演示文稿，并保存命名为"培训课件.pptx"（注意：查看本机的文件扩展名是否被隐藏，从而决定是否加后缀名".pptx"），打开"PPT_素材.docx"文件，将文件中的内容复制到"培训课件.pptx"演示文稿中。其中，红色文字部分分别复制到幻灯片的标题文本框中，绿色文字为第一级文本内容，选定演示文稿中对应"PPT_素材.docx"文件中的蓝色文字部分，在"开始"选项卡下"段落"分组中单击"提高列表级别"按钮，即可设置为第二级文本。

（2）　选定第 1 张幻灯片，在"开始"选项卡下的"幻灯片"项中，单击"版式"下拉框，选择"标题幻灯片"，在"插入"选项卡下的"图像"项中，单击"剪贴画"图标，即在右侧显示其任务框，单击"搜索"按钮，在下面显示的剪贴画中任选一张双击即可。在幻灯片上左键按住剪贴画，移动到右下角。

（3）　选定第 3 张幻灯片，在"开始"选项卡下的"幻灯片"项中，单击"版式"下拉框，选择"两栏内容"，单击右侧文本框，在"插入"选项卡的"文本"项中，选择"对象"按钮，弹出"插入对象"对话框，选择"由文件创建"按钮，单击"浏览"按钮，找到考生文件夹下的 Excel 文档"业务报告签发稿纸.xlsx"，选中"链接"复选框，然后单击"确定"按钮。

（4）　选定第 4 张幻灯片，并取消"业务部门"和"档案管理部门"行前的项目符号，选定所有文字，单击鼠标右键，在弹出的快捷菜单中单击"转换为 SmartArt"中的"其他 SmartArt 图形"命令，在弹出的"选定 SmartArt 图形"对话框中单击"流程"中的"分阶段流程"图标，然后单击"确定"按钮，单击"SmartArt 工具"选项卡中"设计"中的"更改颜色"按钮，在下拉列表中单击"彩色-强调文字颜色"，单击样式中的"强烈效果"。选定左侧形状中的"填写案卷封面、备考表"文字，在"插入"选项卡下"链接"分组中单击"超链接"按钮，打开"插入超链接"对话框，选择"当前文件夹"下的"封面备考表模板.docx"文件，单击"确定"按钮。

（5）　选定标题为"七、业务档案的保管"所属的幻灯片，单击鼠标右键，在弹出的快捷菜单中选择"复制幻灯片"，重复操作一次，在其后面出现两张与之内容完全相同的幻灯片，将这三张幻灯片中的内容分别设置为"（一）～（三）""（四）及下属内容""（五）及下属内容"，标题不变，选择含有"（四）及下属内容"的幻灯片，单击场景下方"单击此处添加备注"的空白区域，输入"业务档案保管需要做好的八防工作：防火、防水、防潮、防霉、防虫、防光、防尘、防盗"文字。

（6）　在"视图"选项卡下"母版视图"分组中单击"幻灯片母版"按钮，打开母版视图，选择第 1 张总母版幻灯片，然后在"插入"选项卡下"图像"分组中单击"图片"按钮，打开"插入图片"对话框，选择"Logo1.png"图片，单击"插入"按钮，将图片拖动到母版幻灯片的左上角，在图片上单击鼠标右键，在弹出的快捷菜单中选择"置于底层"命令，关闭母版视图。在"插入"选项卡下"文本"分组中单击"幻灯片编号"按钮，打开"页眉和页脚"对话框，在"幻灯片"选项卡下勾选"日期和时间"复选框，选中"自动更新"单选按钮，格式为"XX 年 XX 月 XX 日"形式，勾选"幻灯片编号"和"标题幻灯片中不显示"复选框，单击"全部应用"按钮。

（7）将光标定于第 1 张幻灯片上方，单击鼠标右键，在弹出的快捷菜单中选定"新增节"则在第 1 张幻灯片上方出现一个"无标题节"，在"无标题节"上单击鼠标右键，在弹出的快捷菜单中选择"重命名节"，打开"重命名节"对话框，将"节名称"设置为"档案管理概述"，单击"重命名"按钮，同理，设置其他节的标题。选定第 1 节的节标题，在"设计"选项卡下"主题"分组中选择一种主题即可，同理，设置其他节的主题（要求每节的主题不同）。

六、课后练习

小文加入校旅游社团，现需要制作一份关于日月潭的演示文稿，根据以下要求，并依照"参考图片.docx"文档中的样例效果，完成演示文稿的制作。

1. 在课后练习文件夹下新建一个演示文稿，并命名为"日月潭.pptx"。

2. 演示文稿包含 8 张幻灯片，第 1 张版式为"标题幻灯片"，第 2、第 3、第 5 和第 6 张为"标题和内容"，第 4 张为"两栏内容"版式，第 7 张为"仅标题"版式，第 8 张为"空白"版式，将"PPT_素材.docx"文件中的文本内容，放置到演示文稿适当的位置。将所有文字的字体设置为"幼圆"。

3. 在第 1 张幻灯片中，插入"图片 1.png"在适当的位置，并应用恰当的图片效果。

4. 将第 2 张幻灯片标题下的文字转换为"SmartArt"图形，布局为"垂直曲线型列表"，并应用"白色轮廓"样式，字体为"幼圆"。

5. 将第 3 张幻灯片标题下的文字转换为表格，取消标题行和镶边行样式，并应用镶边列样式，单元格中文本水平和垂直方向都居中对齐，西文字体设置为"Arial"字体，中文字体为"幼圆"。

6. 在第 4 张幻灯片右侧插入图片"图片 2.png"，并应用"圆形对角，白色"图片样式。

7. 调整第 5 张和第 6 张幻灯片标题下文本的段落间距，并添加或取消相应的项目符号。

8. 在第 5 张幻灯片中插入"图片 3.png"和"图片 4.png"，将"图片 4.png"置于底层，在游艇图片上方插入"椭圆形标注"，使用短画线轮廓，并输入文字"开船喽！"。

9. 在第 6 张幻灯片右上角，插入"图片 5.gif"将其到幻灯片上侧边缘的距离设置为 0 厘米。

10. 在第 7 张幻灯片，插入"图片 6.png""图片 7.png""图片 8.png"，为其添加适当的图片效果并进行排列，将它们顶端对齐，图片间水平间距相等，左右两张图片到幻灯片两侧边缘的距离相等，在幻灯片右上角插入"图片 9.gif"，并将其顺时针旋转 300°。

11. 在第 8 张幻灯片中，将"图片 10.png"设为背景，并将幻灯片中的文本应用一种艺术字样式，文本居中对齐，字体为"幼圆"，为文本框添加白色填充色和透明效果。

12. 为除首张幻灯片之外的所有幻灯片添加编号，编号从"1"开始。

任务 4-2　演示文稿的美化与交互

一、教学目标

1. 会演示文稿主题的选用和幻灯片背景设置。
2. 会演示文稿基本放映效果设计（动画设计、放映方式、切换效果）。
3. 能进行演示文稿的打包和打印。

二、重难点

1. 使用母版。
2. 动画设计。

三、课堂练习

校摄影社团希望借助 PowerPoint 应用程序展示今年的摄影比赛作品，请按照如下要求进行制作：

1. 利用 PowerPoint 应用程序创建一个相册，包含"Photo(1).jpg～Photo(12).jpg"共 12 幅作品，每张幻灯片中包含 4 张图片，并设置图片为"居中矩形阴影"相框形状。

2. 设置相册应该是为"相册主题.pptx"样式。

3. 为每张幻灯片设置不同的切换方式。

4. 在标题幻灯片后插入一张新的幻灯片，并将它设置为"标题和内容"版式，在标题栏输入"摄影社团优秀作品赏析"，在"内容"文本框中输入 3 行文字，分别为"湖光春色""冰消雪融"和"田园风光"。

5. 将"湖光春色""冰消雪融"和"田园风光"3 行文字转换为"蛇形图片题注列表"的 SmartArt 图形，并将"PHOTO(1).jpg""PHOTO(6).jpg""PHOTO(9).jpg"依次指定为该 SmartArt 对象的显示图片。

6. 为 SmartArt 对象添加自左至右的"擦除"进入动画效果，并要求放映时对象元素逐个显示。

7. 为 SmartArt 对象添加幻灯片跳转链接，使得"湖光春色"标注形状链接至第 3 张幻灯片，"冰消雪融"标注形状链接到第 4 张幻灯片，"田园风光"标注形状链接到第 5 张幻灯片。

8. 将"ELPHRG01.wav"声音文件作为相册的背景音乐，并在幻灯片放映时即开始播放。

9. 将演示文稿保存为"相册.pptx"文件，然后生成视频"相册.wmv"。

四、知识点

1. 设置幻灯片的外观

通常要求一个演示文稿中所有的幻灯片具有统一的外观格式，可以通过设置背景、母版、设计模板和配色方案等途径来控制幻灯片外观。

2. 使用母版

母版有四类：幻灯片母版、标题母版、讲义母版、备注母版。用于演示文稿中幻灯片的格式设置，包括幻灯片内标题、正文、页眉和页脚、日期、数字、备注等区域的位置、大小、颜色、背景、项目符号等格式的设置。

（1）幻灯片母版。

控制在幻灯片中键入的标题和文本的格式与类型，它适用于除标题幻灯片以外的所有幻灯片。

幻灯片母版可以控制当前演示文稿的幻灯片，使它们具有相同的外观格式。选择"视图"选项卡|"母版视图"组|"幻灯片母版"按钮，打开幻灯片母版。幻灯片母版提供了标题区、项目列表区、日期区、页脚区和数字区 5 个占位符，可进行修饰文本格式、改变背景效果、绘制图形、添加公司或学校的徽标图案等操作，实现幻灯片外观方案的设计。

（2）标题母版。

标题母版只适用于标题幻灯片。

（3）讲义母版。

使用于控制幻灯片按讲义形式打印的格式，可设置打印幻灯片数量、页眉格式等。

（4）备注母版。

使用于控制幻灯片按备注页形式打印的格式。

3. 使用设计主题

设计主题是控制演示文稿具有统一外观的最有力、最快捷的一种方法。PowerPoint 所提供的模板都是由专业人员精心设计的，其中文本位置安排比较适当，配色方案比较醒目，可以适应大多数用户的需要，此外，用户也可以根据自己的需要创建新主题。

除了可在创建演示文稿时使用设计主题外，也可在演示文稿编辑过程中或完成后使用主题，具体操作步骤是单击"设计"选项卡|"主题"组，此时，当鼠标放到某个主题上时，用户可以预览该主题，单击鼠标即可选择并应用所需主题。

4. 设置幻灯片的动态效果

（1）幻灯片的切换效果。

切换效果是指在幻灯片放映过程中由一张幻灯片过渡到下一张幻灯片时所呈现的效果，添加切换效果具体操作步骤如下。

① 选定要设置切换效果的若干张幻灯片。

② 单击"切换"选项卡，打开幻灯片切换效果功能区，进行切换效果设置。

③ 如果需要将此切换效果应用于整个演示文稿，单击"全部应用"按钮即可，否则

只对当前选定的幻灯片有效。

（2） 动画方案。

动画方案是 PowerPoint 自带的一组动画设计效果，借助它，用户可快速地为幻灯片中的元素设置动画效果，具体操作步骤如下。

① 选定要设置动画效果的幻灯片元素（文本、图像等）。

② 单击"动画"选项卡，系统将列出动画功能列表。将鼠标放到动画方案上时，用户可以预览动画效果，单击鼠标可应用选定的动画方案。

③ "动画"组右侧的"效果选项"命令可以对选定的动画效果进行更细化的设置。

④ 如果用户不满足于动画方案中的样式，可以利用 PowerPoint 提供的高级动画功能自己设定特殊的动画效果。单击"添加动画"按钮，系统将打开进入、强调、退出和动作路径 4 种类型的特效供用户选择，每种类型特效下有多个特效供用户选择。

⑤ 单击"动画窗格"按钮可以将设置后的动画按动画的先后顺序显示，用户双击动画列表可以设置选定动画的参数，如开始事件、速度和大小等信息，此外还可以设置动画播放的先后顺序。

⑥ 通过"计时"组的命令可以对动画开始的方式、持续时间、延迟和顺序进行设置。

5. 设置超链接功能

在幻灯片中添加超链接，当放映幻灯片时，用户可以通过单击这些超链接来打开相应的对象或者跳转到任意一个页面，而不用从头到尾，一张一张的顺序播放。设置超链接的方法有以下 3 种：

（1） 插入超链接。

（2） 动作设置。

（3） 动作按钮。

6. 放映演示文稿

（1） 设置幻灯片放映时间。

1） 手动设置：如果要手动设置某个幻灯片的放映时间，首先选定该幻灯片，单击"切换"选项卡|"计时"组|"换片方式"，选中"设置自动换片时间"复选框，然后在其后的文本框中调整或输入幻灯片在屏幕上显示的秒数。若单击该选项区的"全部应用"按钮，则可以为演示文稿中的每张幻灯片设定相同的切换时间，这样就实现了幻灯片的连续自动放映。

2） 排练计时：利用"排练计时"功能，演讲者可以准确地记录下每张幻灯片在讲演过程中所需的显示时间，从而令其讲述速度与幻灯片的显示切换保持同步。

（2） 自定义放映。

通过"自定义放映"功能，可以抽取当前演示文稿中的部分幻灯片，重新排列起来在形式上成为一个新的演示文稿，然后在演示过程中只播放这些指定的幻灯片，使演示文稿可针对不同的观众创建多个不同的放映方案，从而达到"一稿多用"的目的。

（3） 设置放映方式。

在"幻灯片放映"选项卡|"设置"组中有一个"设置幻灯片放映"按钮，单击该按钮，可以打开"设置放映方式"对话框。通过该对话框，可以设置放映演示文稿的方式，比如

是全屏幕放映还是使用窗口放映，是手动换片还是自动换片等。

（4） 演示文稿的放映。

1） 单击工作窗口右下角的"幻灯片放映"视图按钮，将从当前幻灯片开始播放演示文稿。

2） 按下"F5"键，将从首张幻灯片开始播放演示文稿。

3） 单击"幻灯片放映"选项卡|"开始放映幻灯片"组|"从头开始"或"从当前幻灯片开始"按钮。

4） 单击"视图"选项卡|"演示文稿视图"组|"幻灯片放映"按钮。

（5） 使用鼠标右键快速放映幻灯片。

在"资源管理器"窗口中打开演示文稿所在的文件夹，然后用鼠标右键单击演示文稿文件，在弹出的快捷菜单中选择"显示"命令，即可在打开演示文稿的同时进行放映，放映结束后，该演示文稿自动关闭。

（6） 选择演示文稿放映文件（*.ppsx）放映幻灯片。

使用演示文稿放映文件（*.ppsx）可以在打开该文件的同时开始自动播放幻灯片，无法进入编辑状态，还可以防止其他用户修改演示文稿。

使用 PowerPoint 2010 打开要操作的演示文稿，然后选择"文件"|"另存为"命令，在弹出的"另存为"对话框中设定保存类型为"PowerPoint 放映"，单击"保存"按钮，即可将演示文稿保存为放映文件（*.ppsx）的格式。

7. 演示文稿的打包

在一台计算机上创建的演示文稿，有时需要拿到另一台计算机上播放，此时可以使用"打包向导"压缩演示文稿，该向导可以将演示文稿所需的文件和字体打包一起，存放到磁盘或网络地址上。如果要在没有安装 PowerPoint 的计算机上观看放映，还可以将 PowerPoint 播放器同演示文稿打包在一起。

五、答案解析

1. 打开 PowerPoint 应用程序，默认建立一个空白的演示文稿，单击"插入"选项卡下"图像"分组中的"相册"按钮，在打开的"相册"对话框中单击"文件/磁盘"按钮，在打开的对话框中选择"Photo(1).jpg～Photo(12).jpg"共 12 张图片，单击"打开"按钮，在"相册"对话框中设置"图片版式"为"4 张图片"，设置"相框形状"为"居中矩形阴影"，单击"创建"按钮即可创建新相册。

2. 单击"设计"选项卡下"主题"分组中主题选择区右侧的"其他"按钮，在弹出的快捷菜单中选择"浏览主题"命令，打开"选择主题或主题文档"对话框，在"文件类型"下拉列表框中选择"演示文稿和放映(*.ppt, *.pps, *.pptx, *.pptm, *.ppsx, *.ppsm)"，然后定位到考生文件夹选定"相册主题.pptx"，单击"应用"按钮关闭对话框。

3. 单击第 1 张幻灯片，在"切换"选项卡下"切换到此幻灯片"分组中，单击一种切换方式即可完成设置。同理为其他幻灯片设置不同的切换方式。

4. 单击第 1 张幻灯片，单击"开始"选项卡下"幻灯片"分组中"新建幻灯片"旁边的下三角按钮，在弹出的版式列表中选择"标题和内容"，在标题栏输入文字"摄影社团优秀作品赏析"，在内容文本框中输入 3 行文字，分别为"湖光春色""冰消雪融"和"田园风光"。

5. 选定幻灯片中的 3 行文字，单击"开始"选项卡下"段落"分组中的"转换为 SmartArt 图形"按钮，在弹出的快捷菜单中选择"其他 SmartArt 图形"命令，弹出"选择 SmartArt 图形"对话框，选择对话框中的"蛇形图片题注列表"，单击"确定"按钮。单击 SmartArt 图形里面的图片图标，弹出"插入图片"对话框。依次将指定的图片定义为该 SmartArt 对象的显示图片。

6. 选定 SmartArt 对象，单击"动画"选项卡下的"动画"分组中的"擦除"效果，然后单击"效果选项"，在弹出的快捷菜单中依次选择方向"自左侧"，序列"逐个"。

7. 切换到第 2 张幻灯片，选定"湖光春色"标注形状（注意不是选择文字），在"插入"选项卡"链接"分组中单击"超链接"按钮，打开"插入超链接"对话框，在最左侧列表中选择"本文档中的位置"，在"请选择文档中的位置"选择框中选择"3　幻灯片 3"，单击"确定"按钮即可插入超链接。同理为"冰消雪融"标注形状超链接到第 4 张幻灯片，"田园风光"标注形状超链接到第 5 张幻灯片。

8. 切换到第 1 张幻灯片，单击"插入"选项卡下"媒体"分组中的"音频"按钮，在弹出的"插入音频"对话框中选定"ELPHRG01.wav"声音文件，单击"插入"按钮将音频插入幻灯片，选定音频（显示为喇叭图标），单击"播放"选项卡，在"音频选项"分组中设置开始方式为"自动"，勾选"循环播放，直到停止"和"放映时隐藏"两个复选框即可。

9. 选择"文件"|"保存"命令将演示文稿以指定文件名保存到指定文件夹下，然后选择"文件"|"保存并发送"命令，选择"创建视频"，以指定文件名创建视频文件。

六、课后练习

1. 打开素材文件"PowerPoint_素材.PPTX"，另存为"PowerPoint.pptx"。

2. 将所有文字的中文字体由"宋体"变为"微软雅黑"。

3. 将第 2 张幻灯片内容区域文字转换为"基本维恩图"，更改颜色和样式；为其设置由幻灯片中心进行"缩放"的进入效果，并要求自上一动画之后自动开始、逐个展示三点产品特性文字。

4. 为所有幻灯片设置不同的切换效果，并要求能自动切换。

5. 为所有幻灯片中的对象设置不同的动画效果，并要求能自动播放。

6. 将声音文件"BackMusic.mid"设为背景音乐，要求在幻灯片放映时自动开始直到演示结束后停止。

7. 在每张幻灯片上放置动作按钮，使放映时可以快进、快退。

8. 为最后一页幻灯片右下角的图形添加指向网址"www.microsoft.com"的超链接。

9. 创建 3 个节，"开始"包含第 1 张幻灯片，"更多信息"包含最后 1 张，其余包含在"产品特性"节中。

项目 5 公共基础知识

一、教学目标

1. 了解计算机的发展、分类、应用及特点。
2. 掌握常用数制及其相互转换。
3. 掌握字符的编码及汉字编码转换。

二、重难点

1. 熟悉各种计算机的应用。
2. 数制转换。
3. 汉字编码转换。

三、课堂练习

1. 下列的英文缩写和中文名字的对照中正确的是（　　）。
   A．CAD（计算机辅助设计）　　　　C．CIMS（计算机集成管理系统）
   B．CAM（计算机辅助教育）　　　　D．CAI（计算机辅助制造）
2. 下列几种 CPU 档次最高的是（　　）。
   A．80586　　　　　　　　　　　　C．PentiumIII
   B．PentiumII　　　　　　　　　　D．PentiumIV
3. 关于世界上第一台电子计算机 ENIAC 的叙述错误的是（　　）。
   A．ENIAC 是 1946 年美国诞生的

B．它主采用电子管和继电器

C．它是首次采用存储程序和程序控制自动工作的电子计算机

D．研制它的主目的是用来计算弹道

4．IT 是指（　　）。

A．Internet

B．Information Technoloy

C．Internet Teacher

D．InTechnology

5．PC 机的含义是（　　）。

A．个人计算机

B．大型机

C．巨型机

D．苹果机

6．1946 年首台电子数字计算机 ENIAC 问世后，冯·诺依曼（VonNeumann）研制 EDVAC 计算机时，提出两个重要的改进意见，它们是（　　）。

A．引入 CPU 和内存储器的概念

B．采用机器语言和十六进制

C．采用二进制和存储程序控制的概念

D．采用 ASCII 编码系统

7．电子计算机按规模和处理能力划分，可以分为（　　）。

A．数字电子计算机和模拟电子计算机

B．通用计算机和专用计算机

C．巨型计算机、中小型计算机和微型计算机

D．科学与过程计算计算机、工业控制计算机和数据计算机

8．计算机可分为数字计算机、模拟计算机和数模混合计算机,这种分类是依据（　　）。

A．功能和用途

B．处理数据的方式

C．性能和规律

D．使用范围

9．"计算机能够进行逻辑判断并根据判断的结果来选择相应的处理"，该描述说明计算机具有（　　）。

A．自动控制能力

B．逻辑判断能力

C．记忆能力

D．高速运算的能力

10．计算机的通用性使其可以求解不同的算术和逻辑问题，这主要取决于计算机的（　　）。

A．可编程性

B．指令系统

C．高速运算

D．存储功能

11．电子数字计算机最早的应用领域是（　　）。

A．辅助制造工程

B．过程控制

C．信息处理

D．数值计算

12．计算机连接成网络其目标是实现（　　）。

A．数据处理

B．文献检索

C．资源共享和信息传输

D．信息传输

13．冯·诺依曼（Von Neumann）型体系结构的计算机硬件系统的五大部件是（　　）。

A．输入设备、运算器、控制器、存储器、输出设备

B．键盘和显示器、运算器、控制器、存储器和电源备

C．输入设备、CPU、硬盘、存储器和输出设备

　　D．键盘、主机、显示器、硬盘和打印机

14. 7 位二进制编码的 ASCII 码可表示的字符个数为（　　　）。
　　A．127　　　　　　　　　　　　　C．128
　　B．255　　　　　　　　　　　　　D．256

15. ASCII 码表码值由小到大的排列顺序是（　　　）。
　　A．空格字符、数字符、大写英文字母、小写英文字母
　　B．数字符、空格字符、大写英文字母、小写英文字母
　　C．空格字符、数字符、小写英文字母、大写英文字母
　　D．数字符、大写英文字母、小写英文字母、空格字符

16. 标准 ASCII 码英文字母 A 的十进制码值是 65，英文字母 a 的十进制码值是（　　　）。
　　A．95　　　　　　　　　　　　　C．97
　　B．96　　　　　　　　　　　　　D．91

17. 已知英文字母 m 的 ASCII 码值为 109，那么英文字母 p 的 ASCII 码值是（　　　）。
　　A．112　　　　　　　　　　　　　C．111
　　B．113　　　　　　　　　　　　　D．114

18. 在微型计算机中，应用最普遍的字符编码是（　　　）。
　　A．汉字编码　　　　　　　　　　C．BCD 码
　　B．ASCII 码　　　　　　　　　　D．补码

19. 比特（bit）是数据的最小单位，一个字节有几个比特组成（　　　）。
　　A．2　　　　　　　　　　　　　　C．8
　　B．4　　　　　　　　　　　　　　D．16

20. 下列不能用作存储容量单位的是（　　　）。
　　A．Byte　　　　　　　　　　　　C．MIPS
　　B．GB　　　　　　　　　　　　　D．KB

21. 每个存储单元都有一个连续的编号，此编号称为（　　　）。
　　A．地址　　　　　　　　　　　　C．门牌号
　　B．位置号　　　　　　　　　　　D．房号

22. 假设某台式计算机内存储器的容量为 1KB，其最后一个字节的地址是（　　　）。
　　A．1023H　　　　　　　　　　　C．0400H
　　B．1024H　　　　　　　　　　　D．03FFH

23. 如果删除一个非零无符号二进制整数后的一个 0，则此数的值为原数的（　　　）。
　　A．4 倍　　　　　　　　　　　　C．1/2
　　B．2 倍　　　　　　　　　　　　D．1/4

24. 执行二进制逻辑乘运算（即逻辑与运算）01011001∧10100111 其运算结果是（　　　）。
　　A．00000000　　　　　　　　　　C．00000001
　　B．11111111　　　　　　　　　　D．11101110

25. 现代采用二进制数制是因为二进制数的优点是（　　　）。
　　A．代码表示简短，易读
　　B．物理上容易实现且简单可靠，运算规则简单，适合逻辑运算

C．容易阅读，不易出错

D．只有 0，1 两个符号，容易书写

26．国标码 GB2312-80 把汉字分成（　　）。

A．简化字和繁体字两个等级

B．一级汉字，二级汉字和三级汉字三个等级

C．一级常用汉字，二级次常用汉字两个等级

D．常用字，次常用字，罕见字三个等级

27．若已知一汉字的国标码是 5E38H，则其内码是（　　）。

A．DEB8H　　　　　　　　　　C．5EB8H

B．DE38H　　　　　　　　　　D．7E58H

28．在计算机内部，对汉字进行传输、处理和存储时使用汉字的（　　）。

A．国标码　　　　　　　　　　C．输入码

B．字形码　　　　　　　　　　D．机内码

29．已知汉字"家"的区位码是 2850，则其国标码是（　　）。

A．4870D　　　　　　　　　　C．9CB2H

B．3C52H　　　　　　　　　　D．A8D0H

30．已知三个用不同数制表示的整数 A=00111101B，B=3CH，C=64D，则能成立的比较关系是（　　）。

A．A<B<C　　　　　　　　　　C．B<A<C

B．B<C<A　　　　　　　　　　D．C<B<A

四、知识点

1．计算机的发展简史

1946 年，美国宾夕法尼亚大学研制成功了电子数字积分式计算机(Electronic Numefical Integrator And Calculator，ENIAC)。

在研制过程中，美籍匈牙利数学家冯·诺依曼总结并归纳了以下 3 点。

➢ 采用二进制：在计算机内部，程序和数据采用二进制代码表示。

➢ 存储程序控制：程序和数据存放在存储器中，即程序存储的概念。计算机执行程序时无需人工干预，能自动、连续地执行程序，并得到预期的结果。

➢ 计算机的 5 个基本部件：运算器、控制器、存储器、输入设备和输出设备。

根据计算机采用电子元件的不同将计算机的发展过程划分为 4 个阶段：

➢ 第一代计算机(1946—1958 年)主要元件是电子管。

➢ 第二代计算机(1958—1964 年)主要元件是晶体管。

➢ 第三代计算机(1964—1971 年)主要元件采用中、小规模集成电路。

➢ 第四代计算机(1971 年至今)主要元件采用大规模和超大规模集成电路。

2．计算机的特点

计算机的特点有：处理速度快、计算精确度高、逻辑判断能力强、存储容量大、全自

动功能、适用范围广和通用性强。

3. 计算机的用途

归纳起来，电脑的用途主要有以下几个方面：（1）科学计算，（2）信息处理，（3）过程控制，（4）辅助功能，（5）网络与通信，（6）人工智能，（7）数字娱乐，（8）平面、动画设计及排版，（9）现代教育，（10）家庭生活。

计算机辅助（也称为计算机辅助工程）是计算机应用的一个非常广泛的领域，几乎所有过去由人进行的具体设计性质的过程都可以让计算机帮助实现部分或全部工作。主要有：计算机辅助设计 CAD、计算机辅助制造 CAM、计算机辅助教育 CAI、计算机辅助技术 CAT 等。

4. 计算机的分类及未来发展趋势

（1）依照不同的标准，计算机有多种分类方法，常见的分类有以下 3 种。

1）按处理数据的类型分类：数字计算机、模拟计算机和混合计算机。

2）按使用范围分类：专用计算机和通用计算机。

3）按性能分类：超级计算机、大型计算机、小型计算机、微型计算机、工作站和服务器 6 类，这也是常用的分类方法。

（2）计算机未来的发展趋势。

计算机的发展趋势：1）巨型化，2）微型化，3）网络化，4）智能化。

未来新一代的计算机：1）模糊计算机，2）生物计算机，3）光子计算机，4）超导计算机，5）量子计算机，6）激光计算机，7）分子计算机，8）DNA 计算机，9）神经元计算机。

5. 电子商务

电子商务通常是指在不同地域进行的商业贸易活动中，在因特网开放的网络环境下，基于浏览器/服务器应用方式，买卖双方无需面对面地进行各种商贸活动，而是实现消费者的网上购物、商户之间的网上交易和在线电子支付，以及各种商务活动、交易活动、金融活动和相关的综合服务活动的一种新型的商业运营模式。也可以理解为就是通过电子手段进行的商业事务活动。

从电子商务的含义及发展历程可以看出，电子商务具有如下基本特征：（1）普遍性，（2）方便性，（3）集成性，（4）整体性，（5）安全性，（6）协调性。

6. 信息技术的发展

一般来说，信息技术包括了信息基础技术、信息系统技术和信息应用技术。

（1）信息基础技术，是信息技术的基础，包括新材料、新能源、新器件的开发和制造技术。

（2）信息系统技术，是指有关信息的获取、传输、处理、控制的设备和系统的技术，感测技术、通信技术、计算机与智能技术、控制技术是它的核心和支撑技术。

（3）信息应用技术，是针对种种实用目的的技术，如信息管理、信息控制、信息决策等技术门类。信息技术在社会各个领域得到了广泛的应用，显示出强大的生命力。展望未来，现代信息技术将面向数字化、多媒体化、高速度、网络化、宽频带、智能化等方面发展。

7.　数据的表示单位

所谓的数据，是可以由人工或自动化手段加以处理的那些事实、概念、场景和指示的表示形式，包括字符、符号、表格、声音和图形等。数据可在物理介质上记录或传输，并通过外围设备被计算机接收，经过处理而得到结果，计算机对数据进行解释并赋予一定意义后，便成为人们所能接受的信息。

数据与信息的区别：信息是客观事物属性的反映，是经过加工处理并对人类客观行为产生影响的数据表现形式，数据则是反应客观事物属性的记录，是信息的具体表现形式。任何事物的属性都是通过数据来表示的，数据经过加工处理后成为信息，而信息必须通过数据才能传播，才能对人类产生影响。

计算机中数据的常用单位有位、字节和字。

（1）　位(Bit)。

计算机中最小的数据单位，是二进制的一个数位，简称位。一个二进制位可表示两种状态(0 或 1)，两个二进制位可以表示四种状态(00、01、10、11)。显然，位越多，所表示的状态就越多。

（2）　字节(Byte)。

字节是计算机中用来表示存储空间大小的最基本单位。一个字节由 8 个二进制位组成。例如，计算机内存的存储容量、磁盘的存储容量等都是以字节为单位进行表示的。

除了用字节为单位表示存储容量外，还可以用千字节(KB)、兆字节(MB)及十亿字节(GB)等表示存储容量，它们之间存在下列换算关系：

1B=8bits	1MB=2^{10}KB=2^{20}B=1048576B
1KB=2^{10}B=1024B	1GB=2^{10}MB=2^{30}B=1073741824B

（3）　字(Word)。

字和计算机中字长的概念有关。字长是指计算机在进行处理时一次作为一个整体进行处理的二进制数的位数，具有这一长度的二进制数则被称为该计算机中的一个字。字通常取字节的整数倍，是计算机进行数据存储和处理的运算单位。

计算机按照字长进行分类，可以分为 8 位机、16 位机、32 位机和 64 位机等。字长越长，那么计算机所表示数的范围就越大，处理能力也越强，运算精度也就越高。

8.　进位制和非进位制

在人类历史发展的长河中，先后出现过多种不同的记数方法，古代"系绳计事"，当然文字出现后，采用符号记数，其中有一些我们至今仍在使用当中，例如十进制和六十进制、二十四进制等。

对多种数制进行分析后，可将数制分为非进位制和进位制两种。

（1）　非进位制及其特点。

非进位制的特点是：表示数值大小的数码与它在数中的位置无关。

典型的非进位是罗马数字。例如，在罗马数字中：Ⅰ 总是代表 1，Ⅱ 总是代表 2，Ⅲ 总是代表 3，Ⅳ 总是代表 4，Ⅴ 总是代表 5 等。非进位表示数据不便、运算困难，现已基本不用。

（2）　进位制及其特点。

进位制的特点是：表示数值大小的数码与它在数中所处的位置有关。

例如，十进制数 123.45，数码 1 处于百位上，它代表 $1×10^2=100$，即 1 所处的位置具有 10^2 权，2 处于十位上，它代表 $2×10^1=20$，即 2 所处的位置具有 10^1 权，3 代表 $3×10^0=3$，而 4 处于小数点后第一位，代表 $4×10^{-1}=0.4$，最低位 5 处于小数点后第二位，代表 $5×10^{-2}=0.05$。

如上所述，数据用少量的数码按先后位置排列成数位，并按照由低到高的进位方式进行计数，我们将这种表示数的方法称之为进位制。

在进位制中，每种数制都包含有几个基本要素。

➢ 数码：用不同的数字符号来表示一种数制的数值，这些数字符号就叫"数码"。

在 R（$R>1$）进制中数码为 0，1，…，R-1（其中十六进制数为：0，1，2，…，9，A，B，C，D，E，F）。

➢ 基数：所用到的数码的个数。例如，十进制的基数为 10。

➢ 位权：一个数码处在某个位上所代表的数值是其本身的数值乘上所处数位的一个固定常数，这个不同数位的固定常数称为位权，通常以基数的 n 次方，其中 n 以小数点为界，向前从 0 开始编号，向后从-1 开始编号。

说明，不管是任何数制，只是表示该数的方式不同，但该数的大小始终不变，所以它们必然可以相互转换。

（3）计算机处理的数据分为数值型和非数值型两类。

数值型数据指数学中的代数值，具有量的含义，且有正负之分、整数和小数之分，而非数值型数据是指输入到计算机中的所有信息，没有量的含义，如数字符号 0~9、大写字母 A~Z 或小写字母 a~z、汉字、图形、声音及其一切可印刷的符号+、-、!、#、%、》等。

9. 计算机采用二进制的原因

由于技术上的原因，计算机内部一律采用二进制表示数据，数值在计算机中表示形式为机器数，计算机只能识别 0 和 1，输入到计算机中的任何数值型和非数值型数据都必须转换为二进制数。

（1）电路简单，易于表示。

计算机是由逻辑电路组成的，逻辑电路通常只有两个状态。例如开关的接通和断开，晶体管的饱和和截止，电压的高与低等。这两种状态正好用来表示二进制的两个数码 0 和 1。若是采用十进制，则需要有 10 种状态来表示 10 个数码，实现起来比较困难的。

（2）可靠性高。

两种状态表示两个数码，数码在传输和处理中不容易出错，因而电路更加可靠。

（3）运算简单。

二进制数的运算规则简单，无论是算术运算还是逻辑运算都容易进行。十进制的运算规则相对繁琐，现在我们已经证明，R 进制数的算术求和、求积规则各有 $R(R+1)/2$ 种。如采用二进制，求和与求积的运算法只有 3 个，因而简化了运算器等物理器件的设计。

（4）逻辑性强。

计算机不仅能进行数值运算而且能进行逻辑运算。逻辑运算的基础是逻辑代数，而逻辑代数是二值逻辑。二进制数的两个数码 1 和 0，恰好代表逻辑代数中的"真"(True)和"假"(False)。

10. 常用进制的表示方法

（1） 方法一：把该数用小括号括起来在小括号的右下角标明该进制的基数，如：$(123.23)_{10}$ 说明 123.23 为十进制数。如果是 R 进制，则表示为（……）$_R$。

（2） 方法二：在该数的后面加上相应的大写字母表示相应的进制。在计算机中，常用的有二进制、八进制、十进制、十六进制。分别用字母 B(Binary) 表示二进制（如：11101011B 为二进制数），用字母 Q 或者 O(Octal) 表示八进制（如：123Q 为八进制数），用字母 D(Decimal) 表示十进制（如：123D 为十进制数），用字母 H(Hexadecimal) 表示十六进制（如：123ABH 为十六进制数）。

11. 数制之间的相互转换

在编程中又通常使用十进制，有时为了表述上的方便还会使用八进制或十六进制。因此，了解不同数制及其相互转换是十分重要的。

（1） 非十进制数（R 进制）转换成十进制数。

方法是按照位权展开求和，一个 R 进制数的按位权展开式为：

$(N)R = k_n \times R^n + k_{n-1} \times R^{n-1} + \cdots + k_0 \times R^0 + k_{-1} \times R^{-1} + k_{-2} \times R^{-2} + \cdots + k_{-m} \times R^{-m}$。

如：十进制数 $1999.123 = 1 \times 10^3 + 9 \times 10^2 + 9 \times 10^1 + 9 \times 10^0 + 1 \times 10^{-1} + 2 \times 10^{-2} + 3 \times 10^{-3} = 1999.123D$

从该例子可以看出，任何一个十进制数都可以按照位权展开求和，而且等式的两边的结果是相等的。那么对于其他进制而言当然也可以。

如：$1111011.010B = 1 \times 2^6 + 1 \times 2^5 + 1 \times 2^4 + 1 \times 2^3 + 0 \times 2^2 + 1 \times 2^1 + 1 \times 2^0 + 0 \times 2^{-1} + 1 \times 2^{-2} + 0 \times 2^{-3} = 123.375D$

$(16.24)_8 = 1 \times 8^1 + 6 \times 8^0 + 2 \times 8^{-1} + 4 \times 8^{-2} = 14.3125D$

$(5E.A7)_{16} = 5 \times 16^1 + 14 \times 16^0 + 10 \times 16^{-1} + 7 \times 16^{-2} = 94.6523D$（近似数）

（2） 十进制转换成非十进制（R 进制）。

方法：将十进制数转化为 R 进制数，只要对其整数部分，采用除以 R 取余法（余数为 0 为止），最后将所取余数按逆序排列（除基取余，倒序排列）。而对其小数部分，乘 R 取整法，每一次的乘积必须变为纯小数然后再作乘法，最后小数部分为 0 为止或以约定的精确度为准，最后将所取整数按顺序排列（乘基取整，顺序排列）。

如 $(23)_{10} = (?)_2$

解：2 |23

2 |11……余 1（最低位）

2 |5 ……余 1

2 |2 ……余 1

2 |1 ……余 0

0 ……余 1（最高位）

即 $(23)10 = (10111)2$

又如：$(0.87)_{10} = (?)_2$

解：$0.87 \times 2 = 1.74$……整数部分 1（最高位）

$0.74 \times 2 = 1.48$……整数部分 1

$0.48 \times 2 = 0.96$……整数部分 0

$0.96 \times 2 = 1.92$……整数部分 1

0.92×2=1.68……整数部分 1

0.68×2=1.36……整数部分 1

0.36×2=0.72……整数部分 0（最低位）

……

即$(0.87)_{10}=(0.1101111)_2$

从此例我们可以看出，一个十进制的整数可以精确地转化为一个二进制整数，但是一个十进制的小数并不一定能够精确地转化为一个二进制小数。

又如图 5-1 所示将$(179.48)_{10}$化为八进制数，方法与十进制转换成二进制一样。

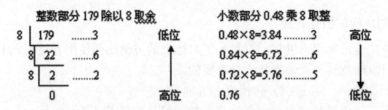

图 5-1 示例图 1

其中，$(179)_{10}=(263)_8$，$(0.48)_{10}=(0.365)_8$(近似取 3 位)因此，$(179.48)_{10}=(263.365)_8$

那么将$(179.48)_{10}$化为十六进制数图 5-2 所示，方法同理：

图 5-2 示例图 2

其中，$(179)_{10}=(B3)_{16}$，$(0.48)_{10}=(0.7A)_{16}$(近似取 2 位)所以，$(179.48)_{10}=(B3.7A)_{16}$

（3） 非十进制（R 进制）转换成非十进制（R 进制）。

因为$8=2^3$，所以需要 3 位二进制数表示 1 位八进制数，而$16=2^4$，所以需要 4 位二进制数表示 1 位十六进制数。由此我们可以看出，二进制、八进制、十六进制之间的转换是比较容易的。

1） 二进制和八进制数之间的转换。

二进制数转换成八进制数时，以小数点为中心向左右两边延伸，每三位一组，小数点前不足三位时，前面添 0 补足三位，小数后不足三位时，后面添 0 补足三位，然后将各组二进制数转换成八进制数。

如：将$(10110011.011110101)_2$化为八进制。

010	110	011.	011	110	101
↓	↓	↓	↓	↓	↓
2	6	3.	3	6	5

$(10110011.011110101)_2=(263.365)_8$

八进制数转换成二进制数则可概括为"一位拆三位"，即把一位八进制写成对应的三位二进制，然后按顺序连接起来即可。

如：将(1234)₈化为二进制数。

$(1234)_8=(1010011100)_2$

2） 二进制数和十六进制数之间的转换。

类似于二进制数转换成八进制数，二进制数转换成十六进制数时也是以小数点为中心向左右两边延伸，每四位一组，小数点前不足四位时，前面添 0 补足四位，小数点后不足四位时，后面添 0 补足四位，然后，将各组的四位二进制数转换成十六进制数。

如：将(10110101011.011101)₂转换成十六进制数。

$(10110101011.011101)_2=(5AB.74)_{16}$

十六进制数转换成二进制数时，将十六进制数中的每一位拆成四位二进制数，然后按顺序连接起来。

如：将(3CD)₁₆转换成二进制数。

$$3 \qquad\qquad C \qquad\qquad D$$
$$\downarrow \qquad\qquad \downarrow \qquad\qquad \downarrow$$
$$0011 \qquad\quad 1100 \qquad\quad 1101$$

$(3CD)_{16}=(1111001101)_2$

（4） 八进制数与十六进制数的转换。

关于八进制数与十六进制数之间的转换，通常先转换为二进制数作为过渡，再用上面所讲的方法进行转换。

如：将(3CD)₁₆转换成八进制数。

$(3CD)_{16}=3CD=0011，1100，1101=(1111001101)_2=001，111，001，101=(1715)_8$

表 5-1 提供了在二进制数、八进制数、十六进制数之间进行转换时经常用到的数据，熟练掌握这些基本数据是必要的，在转换过程中有非常重要的作用。

表 5-1 进制之间转换的常用数据表

十进制	二进制	八进制	十六进制
0	0000	0	0
1	0001	1	1
2	0010	2	2
3	0011	3	3
4	0100	4	4
5	0101	5	5
6	0110	6	6
7	0111	7	7
8	1000	10	8
9	1001	11	9

（续表）

十进制	二进制	八进制	十六进制
10	1010	12	A
11	1011	13	B
12	1100	14	C
13	1101	15	D
14	1110	16	E
15	1111	17	F

附：二进制算术运算规则和逻辑运算规则

算术运算规则：

加法规则：0+0=0，0+1=1，1+0=1，1+1=10（向高位有进位）

减法规则：0-0=0，10-1=1（向高位借位），1-0=1，1-1=0

乘法规则：0×0=0，0×1=0，1×0=0，1×1=1

除法规则：0/1=0，1/1=1

逻辑运算规则：

逻辑与运算（AND）：0∧0=0，0∧1=0，1∧0=0，1∧1=1

逻辑或运算（OR）：0∨0=0，0∨1=1，1∨0=1，1∨1=1

逻辑非运算（NOT）：！0=1　　！1=0

逻辑异或运算（XOR）：0⊕0=0，0⊕1=1，1⊕0=1，1⊕1=0

12. 字符的编码

字符包括西文字符（字母、数字、各种符号）和中文字符，即所有不可做算术运算的数据。

计算机以二进制数的形式存储和处理数据，因此字符必须按特定的规则进行二进制编码才可进入计算机。

（1）西文字符的编码。

用以表示字符的二进制编码称为字符编码。计算机中常用的字符（西文字符）编码有两种：EBCDIC 码和 ASCⅡ 码。

ASCⅡ 码是美国信息交换标准代码(American Standard Code for Informafion Interchange) 的缩写，被国际标准化组织指定为国际标准，它有 7 位码和 8 位码两种版本。

微型计算机采用的是 ASCⅡ 码，而国际通用的则是 7 位 ASCⅡ 码，即用 7 位二进制数来表示一个字符的编码，共有 2^7=128 个不同的编码值，相应地可以表示 128 个不同字符的编码。

（2）汉字的编码。

我国于 1980 年发布了国家汉字编码标准 GB2312—1980，全称是《信息交换用汉字编码字符集一基本集》，简称 GB 码或国标码。国标码的字符集：共收录了 7445 个图形符号和两级常用汉字。

区位码：也称为国际区位码，是国标码的一种变形，是由区号（行号）和位号（列号）构成，区位码由 4 位十进制数字组成，前 2 位为区号，后 2 位为位号。

◇　区：编码矩阵中的每一行，用区号表示，区号范围是 1～94。

◇　位：编码矩阵中的每一列，用位号表示，位号范围也是 1～94。

◇　区位码：汉字的区号与位号的组合（高两位是区号，低两位是位号）。

实际上，区位码也是一种汉字输入码，其最大优点是一字一码即无重码，最大缺点是难以记忆。

（3）汉字的处理过程。

从汉字编码的角度看，计算机对汉字信息的处理过程实际上是各种汉字编码间的转换过程，这些编码主要包括：汉字输入码、汉字内码、汉字地址码、汉字字形码等。

1）汉字输入码。

汉字输入码是为了使用户能够使用西文键盘输入汉字而编制的编码，也叫外码。好的输入编码应具有编码短，可以减少击键的次数，重码少，可以实现盲打，便于学习和掌握，但目前还没有一种符合上述全部要求的汉字输入编码方法。

汉字输入码有许多种不同的编码方案，大致分为 4 类：音码、音形码、形码和数字码。

2）汉字内码。

汉字内码是为在计算机内部对汉字进行处理、存储和传输而编制的汉字编码。它应能满足存储、处理和传输的要求，不论用何种输入码，输入的汉字在机器内部都要转换成统一的汉字机内码，然后才能在机器内传输、处理。

在计算机内部为了能够区分是汉字还是 ASCII 码，将国标码每个字节的最高位由 0 变为 1（即汉字内码的每个字节都大于 128）。汉字的国标码与其内码存在下列关系：内码=汉字的国标码+8080H。

3）汉字字形码。

汉字字形码是存放汉字字形信息的编码，它与汉字内码一一对应。每个汉字的字形码是预先存放在计算机内的，常称为汉字库。

描述汉字字形的方法主要有点阵字形和矢量表示方式。点阵字形法：用一个排列成方阵的黑点来描述汉字。矢量表示方式：描述汉字字形的轮廓特征，采用数学方法描述汉字的轮廓曲线。

4）汉字地址码。

汉字地址码是指汉字库（这里主要指汉字字形的点阵式字模库）中存储汉字字形信息的逻辑地址码。

在汉字库中，字形信息都是按一定顺序（大多数按照标准汉字国标码中汉字的排列顺序）连续存放在存储介质中的，所以汉字地址码也大多是连续有序的，而且与汉字机内码间有着简单的对应关系，从而简化了汉字内码到汉字地址码的转换。

五、答案解析

1. 答案：A，计算机的应用包括以下几个方面：数值计算、数据处理、实时控制、计算机辅助设计 CAD、计算机辅助教学 CAI 和计算机辅助制造 CAM 等，CIMS 是计算机/现代集成制造系统。

2. 答案：D，CPU 在 20 世纪 90 年代的型号为奔腾系列。

3. 答案：C，EDVAC 出现时才使用存储程序。

4. 答案：B，IT 指信息技术。

5. 答案：A，PC 是 PERSONAL COMPUTER。

6. 答案：C，和 ENIAC 相比，EDVAC 的重大改进主要有两方面：一是把十进位制改成二进位制，这可以充分发挥电子元件高速运算的优越性，二是把程序和数据一起存储在计算机内。

7. 答案：C，巨型计算机体积大、速度快、存储容量大，而微型计算机相对而言体积小、处理速度、容量均小，我们工作学习中使用的计算机均属于微型计算机，又称为个人计算机即 PC(Personal Computer)机。

8. 答案：B，目前学习、办公和生活中使用的计算机属于电子数字计算机，但也有一些场合使用模拟计算机，如果电子计算机按使用范围分类，则可以分为"通用计算机和专用计算机"。

9. 答案：B，计算机具有逻辑判断能力，当然其判断能力是通过所编制的软件来实现的。

10. 答案：A，计算机之所以通用性强，能应用于各个领域，是因为基于计算机可编写各种各样的程序，计算机将自动地按计算机程序指令完成各项任务。

11. 答案：D，计算机问世之初，主要用于数值计算，计算机也因此得名。

12. 答案：C，把计算机连接成网络则可通过网络平台方便地使用各种资源，包括数据资料、软件资源以及硬件资源，同时利用网络还可进行包括 E-mail 在内的信息传输。

13. 答案：A，计算机硬件包括 CPU（包括运算器和控制器）、存储器、输入设备、输出设备。

14. 答案：C，7 位二进制编码的 ASCII 码可代表 128 个字符。

15. 答案：A，标准 ASCII 码用七位二进制表示一个字符（或用一个字节表示，最高位为"0"）表示 128 个不同的字符其排列先后顺序为：空格字符<数字符<大写字母<小写字母,从小到大的编码依次是 10 个阿拉伯数字字符（"0"的编码是 48）、26 个大写字母（"A"的编码是 65）、26 个小写字母（"a"的编码是 97）建议大家记住"0""A""a"编码，因为由此可推出别的。例如知道了"0"字符的编码是 48，则可以推出"1""2"等字符编码为 49、50 等，它们是排在一起的并按从小到大的编码同理，大写"A"是 65，则可以推出大写"B"是 66 和大写"C"是 67 等，小写字母也一样。

16. 答案：C，ASCII 码（用十六进制表示）为：A 对应 41H，a 对应 61H，二者相差 20H，换算为十进制相差 32，a 的 ASCII 码（用十进制表示）为：65+32=97。

17. 答案：A，m 的 ASCII 码值为 109，因为字母的 ASCII 码值是连续的，109+3=112，即 p 的 ASCII 码值为 112。

18. 答案：B。

19. 答案：C，计算机中数据的常用存储单位有位、字节和字，计算机中最小的数据单位是二进制的一个数位，简称为位（bit），8 位二进制数为一个字节（Byte），字节是计算机中用来表示存储空间大小的基本的容量单位；计算机数据处理时，一次存取、加工和传送的数据长度称为字，字是计算机进行数据存储和数据处理的运算单位。

20. 答案：C，计算机存储器容量都是以字节 Byte 为单位表示的，还可以用 KB、MB，以及 GB 等表示存储容量。

21. 答案：A，计算机每个存储单元的编号称为单元地址。

22. 答案：D，1KB=1024Bytes，内存地址为 0～1023，用十六进制表示为 0～03FFH。

23. 答案：C，删除整数后的 1 个 0 等于前面所有位都除以 2 再相加，所以是 1/2 倍。

24. 答案：C，逻辑与运算的口诀为"一一得一"，即只有当两个数都为 1 时，结果才为 1。

25. 答案：B，二进制避免了那些基于其他数字系统的电子计算机中必需的复杂的进位机制，物理上便于实现，且适合逻辑运算。

26. 答案：C，在国标码的字符集中收集了一级汉字 3755 个，二级汉字 3008 个，图形符号 682 个。

27. 答案：A，汉字的内码=汉字的国标码+8080H，此题内码=5E38H+8080H=DEB8H。

28. 答案：D，显示或打印汉字时使用汉字的字形码，在计算机内部时使用汉字的机内码。

29. 答案：B，汉字的区位码分为区码和位码，"家"的区码是 28，位码是 50，将区码和位码分别化为十六进制得到 1C32H 用 1C32H+2020H=3C52H（国标码）。

30. 答案：C，数字都转化为二进制数字：64D=01000000B，3CH=00111100B，故 C>A>B。

六、课后练习

1. 人工智能是让计算机模仿人的一部分智能，下列哪项不属于人工智能领域中的应用（　　）。

A．机器人　　　　　　　　C．人机对弈
B．信用卡　　　　　　　　D．机械手

2. 当前气象预报已广泛采用数值预报方法，这主要涉及计算机应用中的（　　）。

A．数据处理和辅助设计　　C．科学计算和过程控制
B．科学计算与辅助设计　　D．科学计算和数据处理

3. "使用计算机进行数值运算，可根据需要达到几百万分之一的精确度"，该描述说明计算机具有（　　）。

A．自动控制能力　　　　　C．很高的计算精度
B．高速运算的能力　　　　D．记忆能力

4. 最能准确反映计算机功能的是下列哪些（　　）。

A．计算机可以代替人的脑力劳动　　C．计算机可以实现高速度的运算
B．计算机可以记忆大量的信息　　　D．计算机是一种信息处理的设备

5. 个人计算机简称 PC 机，这种计算机属于（　　）。

A．微型计算机　　　　　　C．超级计算机
B．小型计算机　　　　　　D．巨型计算机

6. 计算机用于人口普查，这属于计算机的应用（　　）。

A．科学计算　　　　　　　C．自动控制
B．数据处理　　　　　　　D．辅助教学

7. 计算机科学的奠基人是（　　　）。

 A．查尔斯·巴贝奇   C．阿塔诺索夫

 B．图灵   D．冯·诺依曼

8. 现代微型所采用的电子器件是（　　　）。

 A．电子管   C．小规模集成电路

 B．晶体管   D．大规模和超大规模集成电路

9. 下列的英文缩写和中文名字的对照中正确的是（　　　）。

 A．CAD（计算机辅助制造）   C．CIMS（计算机集成制造系统）

 B．CAM（计算机辅助教育）   D．CAI（计算机辅助设计）

10. 人们常提到的 IT 指的是（　　　）。

 A．计算机技术   C．通信技术

 B．信息技术   D．电子技术

11. 在工业生产过程中，计算机能够对"控制对象"进行自动控制和自动调节的控制方式，如生产过程化、过程仿真、过程控制等这属于计算机应用中的（　　　）。

 A．数据处理   C．科学计算

 B．自动控制   D．人工智能

12. 提出计算机硬件由运算器、控制器、存储器、输入设备和输出设备五大逻辑部件组成的科学家是（　　　）。

 A．牛顿   C．冯·诺依曼

 B．摩尔   D．比尔·盖茨

13. 标准键盘的回车键上都标着（　　　）。

 A．Shift   C．Tab

 B．Enter   D．Backspace

14. 最高位为符号位的 8 位机器码 10111010 当它是原码时，表示的十进制数真值是（　　　）。

 A．58   C．70

 B．−58   D．−70

15. 存储 1024 个 24×24 点阵的汉字字形码需要的字节数是（　　　）。

 A．720B   C．7000B

 B．72KB   D．7200B

16. CPU 处理的数据基本单位为字，一个字的长度是（　　　）。

 A．16 个二进制位   C．64 个二进制位

 B．32 个二进制位   D．与 CPU 芯片的型号有关

17. 在计算机内部，数据加工、处理和传送的形式是（　　　）。

 A．十六进制码   C．十进制码

 B．八进制码   D．二进制码

18. 用 8 位二进制数能表示的最大的无符号整数等于十进制数（　　　）。

 A．255   C．128

 B．256   D．127

19. 与十进制数 245 等值的二进制数是（　　）。

　　A. 11111110　　　　　　　　C. 11110101

　　B. 11101111　　　　　　　　D. 11101110

20. 在下列一组数中，数值最小的是（　　）。

　　A.（1789）$_{10}$　　　　　　　C.（10100001）$_2$

　　B.（1FF）$_{16}$　　　　　　　D.（227）$_8$

21. 十六进制 3FC3 转换为相应的二进制是（　　）。

　　A. 11111111000011　　　　　C. 1111111000001

　　B. 01111111000011　　　　　D. 11111111000001

22. 为了避免混淆，十六进制数在书写时常在后面加上字母（　　）。

　　A. H　　　　　　　　　　　C. D

　　B. O　　　　　　　　　　　D. B

23. 已知汉字"中"的区位码是 5448，则其国标码是（　　）。

　　A. 7468D　　　　　　　　　C. 6862H

　　B. 3630H　　　　　　　　　D. 5650H

24. 汉字输入码可分为有重码和无重码两类，下列属于无重码类的是（　　）。

　　A. 全拼码　　　　　　　　　C. 区位码

　　B. 自然码　　　　　　　　　D. 简拼码

25. 一个汉字的机内码与国标码之间的差别是（　　）。

　　A. 前者各字节的最高二进制位的值均为 1，而后者均为 0

　　B. 前者各字节的最高二进制位的值均为 0，而后者均为 1

　　C. 前者各字节的最高二进制位的值各为 1、0，而后者为 0、1

　　D. 前者各字节的最高二进制位的值各为 0、1，而后者为 1、0

26. 一个汉字的十六进制国标码是"4E32"，则该汉字的两字节十六进制内码是（　　）。

　　A. DEB2　　　　　　　　　C. CEB2

　　B. BEB2　　　　　　　　　D. AEB2

27. 下列编码中正确的汉字机内码是（　　）。

　　A. 6EF6H　　　　　　　　　C. A3A3H

　　B. FB6FH　　　　　　　　　D. C97CH

28. 微机中采用的 ASCII 编码表示一个英文字符，采用汉字国标码（又称汉字交换码）表示一个汉字，各自占用存储字节是（　　）。

　　A. 前者是 1，后者是 2　　　　C. 前者是 2，后者是 2

　　B. 前者是 2，后者是 1　　　　D. 前者是 1，后者是 1

29. 执行二进制算术加运算 001001+00100111 其运算结果是（　　）。

　　A. 11101111　　　　　　　　C. 00110000

　　B. 11110000　　　　　　　　D. 10100010

30. 补码 10110111 代表的十进制数是（　　）。

　　A. 67　　　　　　　　　　　C. −73

　　B. −53　　　　　　　　　　D. −47

任务 5-2　计算机系统组成

一、教学目标

1. 了解软件系统组成。
2. 了解计算机硬件系统组成。
3. 了解常用硬件设备。

二、重难点

1. 常用硬件设备。
2. 软件分类。

三、课堂练习

1. 下列的英文缩写和中文名字的对照错误的是（　　　）。
   A．CPU（控制程序部件）　　　　C．CU（控制部件）
   B．ALU（算术逻辑部件）　　　　D．OS（操作系统）
2. 用高级程序设计语言编写的程序（　　　）。
   A．计算机能直接执行　　　　　　C．执行效率高
   B．具有良好的可读性和可移植性　D．依赖于具体机器
3. 以下关于编译程序的说法正确的是（　　　）。
   A．编译程序属于计算机应用软件，所有用户都需要编译程序
   B．编译程序不会生成目标程序，而是直接执行源程序
   C．编译程序完成高级语言程序到低级语言程序的等价翻译
   D．编译程序构造比较复杂，一般不进行出错处理
4. 计算机操作系统的主要功能是（　　　）。
   A．对计算机的所有资源进行控制和管理，为用户使用计算机提供方便
   B．对源程序进行翻译
   C．对用户数据文件进行管理
   D．对汇编语言程序进行翻译
5. 将用高级程序语言编写的源程序翻译成目标程序的程序称为（　　　）。
   A．连接程序　　　　　　　　　　C．编译程序
   B．编辑程序　　　　　　　　　　D．诊断维护程序
6. 下列各类计算机程序语言中，不是高级程序设计语言的是（　　　）。
   A．Visual Basic 语言　　　　　　C．C 语言

B．Fortran 语言　　　　　　　　D．汇编语言

7．下列四条常用术语的叙述有错误的是（　　　）。

　　A．光标是显示屏上指示位设置的标志

　　B．汇编语言是一种面向机器的低级程序设计语言，用汇编语言编写的程序计算机能直接执行

　　C．总线是计算机系统中各部件之间传输信息的公共通路

　　D．读写磁头是既能从磁表面存储器读出信息又能把信息写入磁表面存储器的装置

8．下列各组软件中，全部属于应用软件的是（　　　）。

　　A．程序语言处理程序、操作系统、数据库管理系统

　　B．文字处理程序、编辑程序、UNIX 操作系统

　　C．Word 2000、Photoshop、Windows 2000

　　D．财务处理软件、金融软件、WPS、Office

9．在所列出的：（1）字处理软件，（2）Linux，（3）UNIX，（4）学籍管理系统，（5）Windows，（6）Office，6 个软件属于系统软件的有（　　　）。

　　A．（1），（2），（3）　　　　　C．（1），（2），（3），（5）

　　B．（2），（3），（5）　　　　　D．全部都不是

10．操作系统对磁盘进行读/写操作的单位是（　　　）。

　　A．磁道　　　　　　　　　　　C．扇区

　　B．字节　　　　　　　　　　　D．KB

11．组成计算机指令的两部分是（　　　）。

　　A．数据和字符　　　　　　　　C．运算符和运算数

　　B．运算符和运算结果　　　　　D．操作码和地址码

12．在现代的 CPU 芯片中又集成了高速缓冲存储器（Cache），其作用是（　　　）。

　　A．扩大内存储器的容量

　　B．解决 CPU 与 RAM 之间的速度不匹配问题

　　C．解决 CPU 与打印机的速度不匹配问题

　　D．保存当前的状态信息

13．下列的英文缩写和中文名字的对照正确的一个是（　　　）。

　　A．URL（用户报表清单）　　　C．USB（不间断电源）

　　B．CAD（计算机辅助设计）　　D．RAM（只读存储器）

14．CPU 除了内部总线和必要的寄存器外，主要的两大部件分别是运算器和（　　　）。

　　A．控制器　　　　　　　　　　C．Cache

　　B．存储器　　　　　　　　　　D．编辑器

15．RAM 的特点是（　　　）。

　　A．海量存储器

　　B．存储在其中的信息可以永久保存

　　C．一旦断电，存储在其上的信息将全部消失，且无法恢复

　　D．只用来存储中间数据

16．下列关于随机存取存储器（RAM）的叙述正确的是（　　　）。

A．存储在 SRAM 或 DRAM 中的数据在断电后将全部丢失且无法恢复

B．SRAM 的集成度比 DRAM 高

C．DRAM 的存取速度比 SRAM 快

D．DRAM 常用来做 Cache 用

17. U 盘使用的接口是（　　）。

A．PCI　　　　　　　　　　　　C．1394

B．USB　　　　　　　　　　　　D．串口

18. 下列关于磁道的说法正确的是（　　）。

A．盘面上的磁道是一组同心圆

B．由于每一磁道的周长不同，所以每一磁道的存储容量也不同

C．盘面上的磁道是一条阿基米德螺线

D．磁道的编号是最内圈为 0，并次序由内向外逐渐增大，最外圈的编号最大

19. 在计算机的硬件设备有一种设备在程序设计中既可以当作输出设备，又可以当作输入设备，这种设备是（　　）。

A．绘图仪　　　　　　　　　　　C．手写笔

B．网络摄像头　　　　　　　　　D．磁盘驱动器

20. CPU 要使用外存储器中的信息，应先将其调入（　　）。

A．控制器　　　　　　　　　　　C．微处理器

B．运算器　　　　　　　　　　　D．内存储器

21. 下列存储器中，读写速度最快的是（　　）。

A．硬盘　　　　　　　　　　　　C．光盘

B．内存　　　　　　　　　　　　D．软盘

22. 通常打印质量最好的打印机是（　　）。

A．针式打印机　　　　　　　　　C．喷墨打印机

B．点阵打印机　　　　　　　　　D．激光打印机

23. 组成一个完整的计算机系统应该包括（　　）。

A．主机、鼠标器、键盘和显示器

B．系统软件和应用软件

C．主机、显示器、键盘和音箱等外部设备

D．硬件系统和软件系统

24. 下列各组设备中，同时包括了输入设备、输出设备和存储设备的是（　　）。

A．CRT、CPU、ROM　　　　　　C．鼠标器、绘图仪、光盘

B．绘图仪、鼠标器、键盘　　　　D．磁带、打印机、激光印字机

25. 下列设备组完全属于外部设备的一组是（　　）。

A．激光打印机，移动硬盘，鼠标器　　C．SRAM 内存，CD-ROM，扫描仪

B．CPU，键盘，显示器　　　　　　　D．优盘，内存储器，硬盘

26. 显示器的主要技术指标之一是（　　）。

A．分辨率　　　　　　　　　　　C．重量

B．扫描频率　　　　　　　　　　D．耗电量

27. 计算机主要技术指标通常是指（   ）。

    A．所配备的系统软件的版本

    B．CPU 的时钟频率、运算速度、字长和存储容量

    C．显示器的分辨率、打印机的配设置

    D．硬盘容量的大小

28. 下列叙述中错误的是（   ）。

    A．硬盘在主机箱内，它是主机的组成部分

    B．硬盘属于外部存储器

    C．硬盘驱动器既可做输入设备又可做输出设备用

    D．硬盘与 CPU 之间不能直接交换数据

29. 下列度量单位用来度量 CPU 时钟主频的是（   ）。

    A．MB/s   C．GHz

    B．MIPS   D．MB

30. 计算机的系统总线是计算机各部件间传递信息的公共通道，它分为（   ）。

    A．数据总线和控制总线   C．数据总线、控制总线和地址总线

    B．地址总线和数据总线   D．地址总线和控制总线

四、知识点

计算机系统由硬件系统和软件系统两大部分组成。其中，计算机的硬件由运算器、控制器、存储器、输入设备和输出设备 5 大基本部件组成，运算器和控制器共同组成了中央处理器(CPU)，而 CPU 和内存储器又构成了计算机的主机。

1．运算器

（1）运算器的组成。

运算器的基本功能是完成对各种数据的加工处理，即数据的算术运算和逻辑运算。运算器由算术逻辑单元、累加器、状态寄存器、通用寄存器组等组成。

1）算术逻辑部件 ALU，主要完成对二进制信息的定点算术运算、逻辑运算和各种移位操作。

2）通用寄存器组，主要用来保存参加运算的操作数和运算的结果。

3）状态寄存器，用来记录算术、逻辑运算或测试操作的结果状态。程序设计中，这些状态通常用作条件转移指令的判断条件，所以又称为条件码寄存器。

（2）与运算器相关的性能指标。

1）字长：指计算机运算部件一次能同时处理的二进制数据的位数。作为存储数据，字长越长，则计算机的运算精度就越高，作为存储指令，字长越长，则计算机的处理能力就越强。

2）运算速度：指每秒钟所能执行的加法指令的数目。常用百万次/秒(Million Instructions PerSecond，MIPS)来表示，这个指标更能直观地反映机器的速度。

2. 控制器

控制器是计算机的重要部件，它对输入的指令进行分析，并统一控制计算机的各个部件完成一定的任务。控制器是发布命令的"决策机构"，即完成协调和指挥整个计算机系统的操作。

控制器由指令寄存器、指令译码器、程序计数器和操作控制器四个部件组成。指令寄存器用以保存当前执行或即将执行的指令代码，指令译码器用来解析和识别指令寄存器中所存放指令的性质和操作方法，操作控制器则根据指令译码器的译码结果，产生该指令执行过程中所需的全部控制信号和时序信号，程序计数器总是保存下一条要执行的指令地址，从而使程序可以自动、持续地运行。

3. 存储器

存储器是计算机系统中的记忆设备。存储器是存储程序和数据的部件，它可以自动完成程序或数据的存取。计算机中的全部信息，包括输入的原始数据、计算机程序、中间运行结果和最终运行结果都保存在存储器中。

按用途存储器可分为主存储器（内存）和辅助存储器（外存）两大类。CPU 不能直接访问外存，当需要某一程序或数据时，首先应调入内存，然后再运行。

（1）内存。

内存一般采用半导体存储单元，包括只读存储器、随机存储器和高速缓冲存储器。

1）只读存储器(ROM)。

只读存储器在制造的时候，信息（数据或程序）就被存入并永久保存。这些信息只能读出，一般不能写入，即使停电，这些数据也不会丢失。只读存储器一般用于存放计算机的基本程序和数据。下面介绍几种常用的 ROM。

可编程只读存储器(PmgrammahleROM，PROM)：一种电脑存储记忆晶片，它允许使用称为 PROM 编程器的硬件将数据写入设备中。在 PROM 被编程后，它就只能专用那些数据，并且不能被再编程。

可擦除可编程只读存储器(ErasablePROM，EPROM)：可实现数据的反复擦写。使用时，利用高电压将信息编程写入，擦除时将线路曝光于紫外线下，则信息被清空。EPROM 通常在封装外壳上会预留一个石英透明窗以方便曝光。

电可擦除可编程只读存储器(ElectricallyEPROM，EEPROM)，可实现数据的反复的擦写。其实现原理类似 EPROM，只是擦除方式是使用高电压完成，因此不需要透明窗曝光。

2）随机存储器(RAM)。

通常所说的计算机内存容量均指 RAM 存储器容量，即计算机的主存。RAM 有两个特点：第一个特点是 CPU 可以随时直接对其读/写，当写入时，原来存储的数据被冲掉。第二个特点是易失性，即电源断开（关机或异常断电）时，RAM 中的内容立即丢失。因此微机每次启动时都要对 RAM 进行重新装配。

RAM 又可分为 SRAM(StaticRAM，静态随机存储器)和 DRAM(DynamicRAM，动态随机存储器)两种。静态 RAM 具有集成度低、价格高、存取速度快、不需要刷新的特点，动态 RAM 具有集成度高、价格低、存取速度较慢、需刷新的特点。

3）高速缓冲存储器(Cache)。

高速缓冲存储器主要是为了解决 CPU 和主存速度不匹配，提高存储器速度而设计的。Cache 一般用 SRAM 存储芯片来实现，因为 SRAM 比 DRAM 存取速度快而容量有限。

CPU 向内存中写入或读出数据时，这个数据也被存储进高速缓冲存储器中。当 CPU 再次需要这些数据时，CPU 就从高速缓冲存储器读取数据，而不是访问较慢的内存，如果需要的数据在高速缓冲存储器中没有，CPU 会再去读取内存中的数据。

（2）外存。

外存可存放大量程序和数据，且断电后数据不会丢失，但是 CPU 不能直接访问外存，必须将要访问的调入内存，才能被 CPU 访问。常见的外储存器有硬盘、快闪存储器和光盘等。

1）硬盘。

硬盘(HardDisk)是微型机上主要的外部存储设备，它由磁盘片、读写控制电路和驱动机构组成。硬盘具有容量大、存取速度快等优点，操作系统、可运行的程序文件和用户的数据文件一般都保存在硬盘上。

① 硬盘的结构和原理。

磁头：磁头是硬盘中最昂贵的部件，也是硬盘技术中最重要和最关键的一环。

磁道：当磁盘旋转时。磁头若保持在一个位置上，则每个磁头都会在磁盘表面划出一个圆形轨迹，这些圆形轨迹就叫做磁道，因此，磁盘上的磁道是一组同心圆。

扇区：磁盘上的每个磁道被等分为若干个弧段，这些弧段便是磁盘的扇区。

柱面：硬盘通常由重叠的一组盘片构成，每个盘面都被划分为数目相等的磁道，并从外缘的"0"开始编号，具有相同编号的磁道形成一个圆柱，称之为磁盘的柱面。

② 硬盘的容量。

一个硬盘的容量是由以下几个参数决定的，即磁头数 H(Heads)、柱面数 C(Cylinders)、每个磁道的扇区数 S(Sectors)和每个扇区的字节数 B(Bytes)。将以上几个参数相乘，乘积就是硬盘容量。即硬盘总容量=磁头数(H)×柱面数(C)×磁道扇区数(S)×每扇区字节数(B)

硬盘容量参差不齐，有 320 GB、500 GB、750 GB 等，有的甚至已达到数 TB 级。

③ 硬盘接口。

硬盘与主板的连接部分就是硬盘接口，常见的有高级技术接口(Advanced Technology Attachment，ATA)、串行高级技术接口(SerialATA，SATA)和小型计算机系统接口(Small Computer System Interface，SCSI)。硬盘接口的性能指标主要是传输率，也就是硬盘支持的外部传输速率。

④ 硬盘转速。

硬盘转速是指硬盘内电动机主轴的旋转速度，也就是硬盘盘片在一分钟内旋转的最大转数。硬盘转速单位为 r/rain(Revolufions PerMinute)，即转/每分钟。

2）快闪存储器。

快闪存储器(FlashMemory)简称闪存，是电子可擦除可编程只读存储器的一种形式。快闪存储器允许在操作中多次擦或写，并具有非易失性，即单指保存数据而言，它并不需要耗电。

3）光盘。

光盘按类型划分可分为：不可擦写光盘和可擦写光盘。不可擦写光盘有 CD-ROM、

DVD-ROM 等，可擦写光盘有 CD-RW、DVD-RAM 等，用户可以多次对他们进行读/写。

4. 输入/输出设备

（1） 输入设备。

输入设备是向计算机输入数据和信息的设备，是计算机与用户或其他设备通信的桥梁。键盘、鼠标、摄像头、扫描仪、光笔、手写输入板、游戏杆、语音输入装置等都属于输入设备，其中，键盘和鼠标是最常用的输入设备。

（2） 输出设备。

输出设备的功能是将内存中计算机处理后的信息，以各种形式输出。常见的输出设备有显示器、打印机、绘图仪、影像输出系统、语音输出系统、磁记录设备等，但是，在微机的硬件设备中，磁盘驱动器在程序设计中既可以当作输出设备，又可以当作输入设备。

5. 计算机的结构

计算机的硬件不是孤立存在的，在使用时需要相互连接以传输数据，计算机的结构反映了各部件之间的连接方式。

（1） 总线结构。

在这种结构中，所有设备都直接与总线相连，根据信号不同的性质，可以将总线分为数据总线、地址总线和控制总线。

1） 数据总线。

用于传送数据信息，是双向三态形式的总线，所以它既可以把 CPU 的数据传送到存储器或输入输出接口等其他部件，也可以将其他部件的数据传送到 CPU。

2） 地址总线。

地址总线的位数决定了 CPU 可直接寻址的内存空间大小，地址总线的宽度，随可用寻址的内存元件大小的改变而改变，决定有多少的内存可以被存取。

3） 控制总线。

主要用来传送控制信号和时序信号。控制信号中，即有微处理器送往存储器和输入输出设备接口电路的，也有是其他部件反馈给 CPU 的。因此，控制总线的传送方向由具体控制信号而定，一般是双向的，控制总线的位数要根据系统的实际控制需要而定。

（2） 直接连接。

最早的计算机基本上采用直接连接的方式，运算器、存储器、控制器和外部设备等组成部件之中的任意两个组成部件相互之间基本上都有单独的连接线路，这样的结构可以获得最高的连接速度，但不易扩展。

6. 计算机的主要性能指标

（1） 字长：指计算机 CPU 能够直接处理的二进制数据的位数。

（2） 时钟频率：指计算机 CPU 的时钟频率。主要的单位为兆赫兹(MHz)或吉赫兹(GHz)。

（3） 运算速度：一般用百万次/秒(MIPS)来描述。

（4） 存储容量：分内存容量和外存容量，主要指内存容量。

（5） 存取周期：存取周期是 CPU 从内存储器中存取数据所需的时间，存取周期越短，运算速度越快。

7. 程序设计语言

（1）程序。

程序是计算任务的处理对象和处理规则的描述，必须装入机器内部才能工作。它控制着计算机的工作流程，实现一定的逻辑功能，完成特定的设计任务，计算机解题也要完成模型抽象、算法分析和程序编写三个过程。

（2）程序设计语言。

程序设计语言是软件的基础和组成，也称为计算机语言，是用来定义计算机程序的语法规则，由单词、语句、函数和程序文件等组成。按其指令代码的类型分为机器语言、汇编语言和高级语言。

1）机器语言。

在计算机中，指挥计算机完成某个基本操作的命令称为指令。所有的指令集合称为指令系统，直接用二进制代码表示指令系统的语言称为机器语言。

机器语言是唯一能被计算机硬件系统理解和执行的语言。因此，机器语言的处理效率最高，执行速度最快，且无需"翻译"。但机器语言的编写、调试、修改、移植和维护都非常繁琐，程序员要记忆几百条二进制指令，这限制了计算机的发展。

2）汇编语言。

汇编语言是机器语言部分符号化的结果，或进一步包括宏构造。使用汇编语言编写的程序，机器不能直接识别，要由一种程序将汇编语言翻译成机器语言（目标程序），这种起翻译作用的程序叫汇编程序，再链接成可执行程序在计算机中执行。

3）高级语言。

高级语言的表示方法比低级语言的表示方法更接近于待解问题，高级语言是最接近人类自然语言和数学公式的程序设计语言，基本上脱离了硬件系统，所以高级语言具有可读性好、可移植性好的特点。使用高级语言编写的源程序在计算机中是不能直接执行的，必须翻译成机器语言程序，所以执行效率低。常见的高级语言有 BASIC 语言、FORTRAN 语言、C 语言、Pascal 语言等。一般高级语言源程序必须经过"编译"和"连接装配"两步后才能成为可执行的机器语言程序。

（3）进程与线程。

进程，顾名思义，是指进行中的程序，是操作系统中的一个核心概念。进程=程序+执行，进程是一块包含了某些资源的内存区域，操作系统会利用进程把工作划分为一些功能单元。当一个程序正在执行时，进程会把该程序加载到内存空间，系统就会创建一个进程，但程序执行结束后，该进程也就消失了。进程是动态的，程序是静态的，进程有一定的生命期，而程序可以长期保存，一个程序可以对应多个进程，而一个进程只能对应一个程序。

在 Windows 操作系统下，按"Ctrl+Alt+Delete"组合键，可以打开任务管理器在任意时间查看所有的应用程序和进程。若是终止某个进程，按"结束任务"按钮即可（这是在应用程序出现异常时而不能正常退出时才这样做）。

为了更好地实现并发处理和共享资源，提高 CPU 的利用率，目前许多操作系统把进程再"细分"为线程。线程也是进程的一个实体，是 CPU 调度和分派的基本单位，在引入线程的操作系统中，通常都是把进程作为分配资源的基本单位，而把线程作为独立运行和独立调度的基本单位。

8. 软件系统及其组成

软件是用户和硬件之间的接口（或界面），用户通过软件能够使用计算机硬件资源。可见，软件是计算机系统设计的重要依据，计算机软件按其功能主要分为系统软件与应用软件。

（1）系统软件。

系统软件是指控制和协调计算机外部设备，支持应用软件开发和运行的软件。主要负责管理计算机系统中各种独立的硬件，使之可以协调工作。

常见的系统软件主要有操作系统、语言处理系统、数据库管理系统和系统辅助处理程序等。

1）操作系统。

操作系统是系统软件的重要组成和核心部分，是管理计算机软件和硬件资源、调度用户作业程序和处理各种中断、保证计算机各个部件协调、有效工作的软件。目前微机上使用的 Windows 属于多任务操作系统。常见的系统软件有 Linux、UNIX、MSDOS 等。

2）语言处理系统。

语言处理系统是对软件语言进行处理的程序子系统，是软件系统的另一大类型，语言处理系统的主要功能是各种软件语言的处理程序，它把用户用软件语言书写的各种源程序转换成为可被计算机识别和运行的目标程序，从而获得预期结果。

3）数据库管理系统。

数据库管理系统是应用最广泛的软件，是有关建立、存储、修改和存取数据库中信息的技术。把各种不同性质的数据进行组织，以便能够有效地进行查询、检索管理这些数据，是运用数据库的主要目的。

4）系统辅助处理程序。

系统辅助处理程序主要是指一些为计算机系统提供服务的工具软件和支撑软件，如调试程序、系统诊断程序、编辑程序等。这些程序的主要作用是维护计算机系统的正常运行，方便用户在软件开发和实施过程中的应用。

（2）应用软件。

应用软件是为满足用户不同问题、不同领域的应用需求而提供的那部分软件。它可以拓宽计算机系统的应用领域，放大硬件的功能。

常用的应用软件为办公软件（如 WPS、Microsoft Office 等）、多媒体处理软件、Internet 工具软件、财务软件、绘图软件（如 Photoshop）等。

五、答案解析

1. 答案：A，CPU 也叫中央处理器。

2. 答案：B，在计算机系统中程序设计语言分为三种类型：机器语言、汇编语言、高级语言。机器语言是计算机能够直接识别的语言，与人类的习惯语言不太相近。而高级语言接近于人类的语言，如 C 语言、BASIC 语言等用高级语言编写的程序称为源程序，源程序不能被计算机直接运行，必须通过翻译才能被计算机所接受。汇编语言是介于机器语言和高级语言之间的，计算机不能直接识别机器语言编写的程序执行效率高，计算机能直接识别，但依赖于硬件高级语言编写的程序有良好的可读性和可移植性。

3. 答案：C，编译程序也叫编译系统，是把用高级语言编写的面向过程的源程序翻译成目标程序的语言处理程序；编译程序把一个源程序翻译成目标程序的工作过程分为五个阶段：词法分析、语法分析、中间代码生成、代码优化、目标代码生成。编译程序主要是进行词法分析和语法分析，又称为源程序分析，分析过程中发现有语法错误，给出提示信息然后再通过连接程序将编译后的目标文件连接成可执行的应用程序。

4. 答案：A，操作系统是人与计算机之间通信的桥梁，为用户提供了一个清晰、简洁、易用的工作界面，用户通过操作系统提供的命令和交互功能实现各种访问计算机的操作。

5. 答案：C，应该选 C "编译程序"，有的书上叫做语言处理程序，属于系统软件。

6. 答案：D，VB 语言、FORTRAN（Fortran 语言）、Pascal 语言、C 以及 C++、Java 语言均为高级语言，但是汇编语言不是高级语言。汇编语言是从机器语言发展而来的，称为低级语言。

7. 答案：B，用汇编语言编制的程序称为汇编语言程序，汇编语言程序不能被机器直接识别和执行，必须由 "汇编程序"（或汇编系统）翻译成机器语言程序才能运行。

8. 答案：D，A 选项中 3 个全属于系统软件，B 选项中的 "编辑程序、UNIX 操作系统" 属于系统软件，C 选项中的 Windows 2000 属于系统软件。

9. 答案：B，系统软件主要包括以下两类：面向计算机本身的软件，如操作系统、诊断程序等，面向用户的软件，如各种语言处理程序、实用程序、文字处理程序等；具有代表性的系统软件有：操作系统、支撑服务程序、数据库管理系统以及各种程序设计语言的编译系统等；应用软件是指某特定领域中的某种具体应用，给最终用户使用的软件，如财务报表软件、数据库应用软件等字处理软件、学籍管理系统、Office 属于应用软件。

10. 答案：C，操作系统是以扇区为单位对磁盘进行读/写操作。

11. 答案：D，计算机指令是 CPU 能直接识别并执行的指令，它的表现形式是二进制编码，机器指令通常由操作码和操作数两部分组成，操作码指出该指令所要完成的操作，即指令的功能操作数指出参与运算的对象，以及运算结果所存放的位置等。

12. 答案：B，高速缓冲存储器负责整个 CPU 与内存之间的缓冲。

13. 答案：B，URL 为统一资源定位器，RAM 为随机存取存储器，USB 为通用串行总线。

14. 答案：A，CPU 除了内部总线和必要的寄存器外，主要的两大部件分别是运算器和控制器。

15. 答案：C，RAM 有两个特点，一个是可读/写性，另一个是易失性，即断开电源时，RAM 中的内容立即消失。

16. 答案：A，DRAM 集成度比 SRAM 高，存储速度 SRAM>DRAM，SRAM 常用来做 Cache。

17. 答案：B，USB 全名是 "通用串行接口"。该接口使用已经非常广泛了，例如：输入设备键盘、鼠标也使用了 USB，甚至输出设备打印机、音箱（扬声器）也使用了 USB

接口。

18. 答案：A，当磁盘旋转时，磁头若保持在一个位置上，则每个磁头都会在磁盘表面划出一个圆形轨迹，这些圆形轨迹就叫做磁道。磁盘上的磁道是一组记录密度不同的同心圆磁道的编号是最外圈为 0，并次序由外向内逐渐增大。

19. 答案：D，磁盘驱动器是电子计算机中磁盘存储器的一部分，用来驱动磁盘稳速旋转，并控制磁头在盘面磁层上按一定的记录格式和编码方式记录和读取信息，分硬盘驱动器、软盘驱动器和光盘驱动器三种磁盘驱动器既能将存储在磁盘上的信息读进内存又能将内存中的信息写到磁盘上因此，就认为它既是输入设备，又是输出设备。

20. 答案：D，CPU 只能访问到内存，而不能直接访问外部存储器，那么 CPU 如果要使用外存储器中的信息，则只能先把外存的信息调入内存。

21. 答案：B，在以上的存储器中，读写速度从快到慢依次是：内存、硬盘、光盘和软盘。

22. 答案：D，打印机质量从高到低依次为激光打印机、喷墨打印机、点阵打印机、针式打印机。

23. 答案：D，计算机系统由硬件系统和软件系统组成。硬件系统是指构成计算机的电子线路、电子元器件和机械装置等物理设备，看得见，摸得着，是一些实实在在的有形实体，软件系统是指程序及有关程序的技术文档资料。

24. 答案：C，鼠标器为输入设备，打印机（或绘图仪）为输出设备，光盘是存储设备。

25. 答案：A，CPU、SRAM 内存条、CD-ROM 及内存储器都不属于外部设备，外部设备主要包括输入设备和输出设备。

26. 答案：A，显示器的主要技术指标有扫描方式、刷新频率、点距、分辨率、带宽、亮度和对比度、尺寸等。

27. 答案：B，计算机 CPU 的主要技术指标包括字长、时钟主要频、运算速度等。

28. 答案：A，硬盘虽然在主机箱内，但属于外存，不是主机的组成部分。

29. 答案：C，MIPS 是运算速度，MB 是存储容量，MB/s 是传输速率，GHz 是主频单位。

30. 答案：C，计算机的系统总线是计算机各部件间传递信息的公共通道，包括数据总线、控制总线和地址总线。

六、课后练习

1. 计算机指令系统主要包括数据处理指令、数据传送指令、状态管理指令和（　　　）。

    A．程序控制指令   C．命令编译指令

    B．逻辑控制指令   D．条件转移指令

2. 计算机系统资源管理主要负责对内存分配与回收管理的是（　　　）。

    A．处理器管理   C．I/O 备管理

    B．存储器管理   D．文件系统管理

3. 下列用于文件压缩的软件是（　　　）。

    A．Excel   C．PowerPoint

B．WinZip　　　　　　　　　　D．Authorware

4．下列几个软件都可以进行文字处理，占用系统资源最少的是（　　　）。

A．Word　　　　　　　　　　C．写字板

B．WPS　　　　　　　　　　D．记事本

5．下列各组软件全部属于系统软件的一组是（　　　）。

A．程序语言处理程序、操作系统、数据库管理系统

B．文字处理程序、编辑程序、操作系统

C．财务处理软件、金融软件、网络系统

D．WPS、Excel、Windows 98

6．下列叙述中正确的是（　　　）。

A．Cache 一般由 DRAM 构成　　　　C．数据库管理系统 Oracle 是系统软件

B．汉字的机内码就是它的国标码　　　D．指令由控制码和操作码组成

7．下列叙述中错误的是（　　　）。

A．把数据从内存传输到硬盘的操作称为写盘

B．WPS 属于系统软件

C．把高级语言源程序转换为等价的机器语言目标程序的过程叫编译

D．计算机内部对数据的传输、存储和处理都使用二进制

8．计算机的 CPU 完成一步基本运算或判断是通过执行一个（　　　）。

A．语句　　　　　　　　　　C．指令

B．程序　　　　　　　　　　D．软件

9．下列叙述中正确的是（　　　）。

A．高级语言编写的程序可移植性差

B．机器语言就是汇编语言，无非是名称不同而已

C．指令是由一串二进制数 0、1 组成的

D．用机器语言编写的程序可读性好

10．操作系统管理用户数据的单位是（　　　）。

A．扇区　　　　　　　　　　C．磁道

B．文件　　　　　　　　　　D．文件夹

11．操作系统中的文件管理系统为用户提供的功能是（　　　）。

A．按文件作者存取文件　　　　C．按文件创建日期存取文件

B．按文件名管理文件　　　　　D．按文件大小存取文件

12．计算机的软件系统可分为两大类是（　　　）。

A．程序和数据　　　　　　　C．程序、数据和文档

B．操作系统和语言处理系统　　D．系统软件和应用软件

13．机器指令是用二进制代码表示的，能被计算机（　　　）。

A．编译后执行　　　　　　　C．汇编后执行

B．解释后执行　　　　　　　D．直接执行

14．一台计算机可能会有多种多样的指令，这些指令的集合通常称为（　　　）。

A．指令系统　　　　　　　　C．指令群

B．指令集合   D．以上都不正确

15．下列各类计算机程序语言不属于高级程序设计语言的是（　　　）。

    A．VisualBasic 语言   C．C++语言

    B．FORTAN 语言   D．汇编语言

16．下列叙述中正确的是（　　　）。

    A．计算机能直接识别并执行用高级程序语言编写的程序

    B．用机器语言编写的程序可读性最差

    C．机器语言就是汇编语言

    D．高级语言的编译系统是应用程序

17．CPU 主要性能指标是（　　　）。

    A．字长和时钟主频   C．耗电量和效率

    B．可靠性   D．发热量和冷却效率

18．随机存储器中有一种存储器需要周期性地补充电荷以保证所存储信息的正确，它被称为（　　　）。

    A．静态 RAM（SRAM）   C．RAM

    B．动态 RAM（DRAM）   D．Cache

19．微型计算机的主频很大程度上决定了计算机的运行速度，它是指（　　　）。

    A．计算机的运行速度快慢   C．微处理器时钟工作频率

    B．基本指令操作次数   D．单位时间的存取数量

20．采用虚拟存储器的目的是（　　　）。

    A．提高主存储器的速度   C．扩大内存储器的寻址空间

    B．扩大外存储器的容量   D．提高外存储器的速度

21．用来存储当前正在运行的应用程序和其相应数据的存储器是（　　　）。

    A．RAM   C．ROM

    B．硬盘   D．CD-ROM

22．下列设备组完全属于输入设备的一组是（　　　）。

    A．CD-ROM 驱动器，键盘，显示器   C．键盘，鼠标器，扫描仪

    B．绘图仪，键盘，鼠标器   D．打印机，硬盘，条码阅读器

23．根据传输信息类型的不同，总线可分为多种类型，以下不属于总线的是（　　　）。

    A．控制总线   C．地址总线

    B．数据总线   D．交换总线

24．下列度量单位用来度量计算机内存空间大小的是（　　　）。

    A．MB/s   C．GHz

    B．MIPS   D．MB

25．下列叙述中错误的是（　　　）。

    A．内存储器 RAM 中主要存储当前正在运行的程序和数据

    B．高速缓冲存储器（Cache）一般采用 DRAM 构成

    C．外部存储器（如硬盘）用来存储必须永久保存的程序和数据

    D．存储在 RAM 中的信息会因断电而全部丢失

26. 下列度量单位用来度量计算机外部设备传输率的是（ ）。

    A．MB/s   C．GHz

    B．MIPS   D．MB

27. 下列设备组完全属于输出设备的一组是（ ）。

    A．喷墨打印机，显示器，键盘   C．键盘，鼠标器，扫描仪

    B．激光打印机，键盘，鼠标器   D．打印机，绘图仪，显示器

28. 下列设备组完全属于外部设备的一组是（ ）。

    A．CD-ROM 驱动器、CPU、键盘、显示器

    B．激光打印机、键盘、CD-ROM 驱动器、鼠标器

    C．内存储器、CD-ROM 驱动器、扫描仪、显示器

    D．打印机、CPU、内存储器、硬盘

29. 下列选项不属于显示器主要技术指标的是（ ）。

    A．分辨率   C．像素的点距

    B．重量   D．显示器的尺寸

30. 下列的英文缩写和中文名字的对照错误的是（ ）。

    A．WAN（广域网）   C．USB（不间断电源）

    B．ISP（因特网服务提供商）   D．RAM（随机存取存储器）

任务 5-3 多媒体技术与病毒防治

一、教学目标

1. 了解多媒体的定义及特点。
2. 掌握计算机病毒及其危害。

二、重难点

查杀计算机病毒。

三、课堂练习

1. JPEG 是一个用于数字信号压缩的国际标准，其压缩对象是（ ）。

    A．文本   C．静态图像

    B．音频信号   D．视频信号

2. 多媒体计算机中除了通常计算机的硬件外，还必须包括四个硬部件，分别是（ ）。

    A．CD-ROM、音频卡、Modem、音箱

    B．CD-ROM、音频卡、视频卡、音箱

    C．Modem、音频卡、视频卡、音箱

    D．CD-ROM、Modem、视频卡、音箱

3．多媒体计算机主要特点是（   ）。

    A．较大的体积   C．大多数基于 Client/Server 模型

    B．较强的联网功能和数据库能力   D．较强的音视频处理能力

4．下列说法中，不属于计算机多媒体的主要特征的是（   ）。

    A．多样性和集成性   C．隐蔽性

    B．交互性   D．实时性

5．常见的视频文件的类别和格式中不包括（   ）。

    A．AVI 文件   C．RM 文件

    B．MPEG 文件   D．WAV 文件

6．下列格式中，不属于图像文件格式的是（   ）。

    A．gif 格式   C．exe 格式

    B．jpg 格式   D．bmp 格式

7．下列哪种格式的文件不被 Windows MediaPlayer 所支持（或打开）（   ）。

    A．mpg   C．jpg

    B．wav   D．midi

8．下列四种文件格式中，不包括在视频文件格式中的是（   ）。

    A．MOV 格式   C．MIDI 格式

    B．RM 格式   D．AVI 格式

9．要把一台普通的计算机变成多媒体计算机，要解决的关键技术不包括（   ）。

    A．视频音频数据的输出技术   C．视频音频据的实时处理和特技数

    B．多媒体数据压编码和解码技术   D．数据共享

10．某 800 万像素的数码相机，拍摄照片的最高分辨率大约是（   ）。

    A．3200×2400   C．1600×1200

    B．2048×1600   D．1024×768

11．对音频信号以 10kHz 采样率、16 位量化精度进行数字化，则每分钟的双声道数字化声音信号产生的数据量约为（   ）。

    A．1.2MB   C．2.4MB

    B．1.6MB   D．4.8MB

12．感染计算机病毒的原因之一是（   ）。

    A．不正常关机   C．错误操作

    B．光盘表面不清洁   D．从网上下载文件

13．计算机病毒不会造成计算机损坏的是（   ）。

    A．硬件   C．外观

    B．数据   D．程序

14．计算机病毒不具备（   ）。

    A．传染性   C．免疫性

    B．寄生性   D．潜伏性

15. 计算机病毒不可能存在于（　　）。
    A．电子邮件
    B．应用程序
    C．Word 文档
    D．CPU 中

16. 微机感染病毒后，可能造成（　　）。
    A．引导扇区数据损坏
    B．鼠标损坏
    C．内存条物理损坏
    D．显示器损坏

17. 下列关于计算机病毒的叙述错误的是（　　）。
    A．计算机病毒具有潜伏性
    B．计算机病毒具有传染性
    C．感染过计算机病毒的计算机具有对该病毒的免疫性
    D．计算机病毒是一个特殊的寄生程序

18. 下列关于计算机病毒的叙述正确的是（　　）。
    A．计算机病毒只感染 ".exe" 或 ".com" 文件
    B．计算机病毒可通过读/写移动存储设备或通过 Internet 网络进行传播
    C．计算机病毒是通过电网进行传播的（　　）。
    D．计算机病毒是由于程序中的逻辑错误造成的

19. 下列关于计算机病毒的叙述正确的是（　　）。
    A．所有计算机病毒只在可执行文件中传染
    B．计算机病毒可通过读/写移动硬盘或 Internet 网络进行传播
    C．只要把带病毒优盘设置成只读状态，那么此盘上的病毒就不会因读盘而传染给另一台计算机
    D．清除病毒的最简单的方法是删除已感染病毒的文件

20. 下列叙述中正确的是（　　）。
    A．计算机病毒只在可执行文件中传染，不执行的文件不会传染
    B．计算机病毒主要通过读/写移动存储器或 Internet 网络进行传播
    C．只要删除所有感染了病毒的文件就可以彻底消除病毒
    D．计算机杀病毒软件可以查出和清除任意已知的和未知的计算机病毒

21. 对计算机病毒的防治也应以"预防为主"，下列各项措施错误的预防措施是（　　）。
    A．将重要数据文件及时备份到移动存储设备上
    B．用杀病毒软件定期检查计算机
    C．不要随便打开/阅读身份不明的发件人发来的电子邮件
    D．在硬盘中再备份一份

22. 当计算机病毒发作时，主要造成的破坏是（　　）。
    A．对磁盘片的物理损坏
    B．对磁盘驱动器的损坏
    C．对 CPU 的损坏
    D．对存储在硬盘上的程序、数据甚至系统的破坏

23. 为防止计算机病毒传染，应该做到（　　）。
    A．无病毒的 U 盘不要与来历不明的 U 盘放在一起

　　　　B. 不要复制来历不明 U 盘中的程序

　　　　C. 长时间不用的 U 盘要经常格式化

　　　　D. U 盘中不要存放可执行程序

　24. 为确保学校局域网的信息安全，防止来自 Internet 的黑客入侵，应采用的安全措施是设置（　　　）。

　　　　A. 网管软件　　　　　　　　　C. 防火墙软件

　　　　B. 邮件列表　　　　　　　　　D. 杀毒软件

　25. 计算机安全属性包含如下几个方面：可用性、可靠性、完整性、不可抵赖性（也称不可否认性）和（　　　）。

　　　　A. 可靠性　　　　　　　　　　C. 保密性（或机密性）

　　　　B. 完整性　　　　　　　　　　D. 以上说法均错

　26. 下列选项属于"计算机安全设置"的是（　　　）。

　　　　A. 定期备份重要数据　　　　　C. 停掉 Guest 账号

　　　　B. 不下载来路不明的软件及程序　D. 安装杀（防）毒软件

　27. 访问控制根据实现技术不同，可分为 3 种，它不包括（　　　）。

　　　　A. 强制访问控制　　　　　　　C. 基于角色的访问控制

　　　　B. 自由访问控制　　　　　　　D. 自主访问控制

　28. 网络安全从本质上讲就是网络上的信息安全，下列不属于网络安全的技术是（　　　）。

　　　　A. 防火墙　　　　　　　　　　C. 认证

　　　　B. 加密狗　　　　　　　　　　D. 防病毒

　29. 在以下人为的恶意攻击行为中，属于主动攻击的是（　　　）。

　　　　A. 身份假冒　　　　　　　　　C. 数据流分析

　　　　B. 数据窃听　　　　　　　　　D. 非法访问

　30. 用某种方法伪装消息以隐藏它的内容的过程称为（　　　）。

　　　　A. 数据格式化　　　　　　　　C. 数据加密

　　　　B. 数据加工　　　　　　　　　D. 数据解密

四、知识点

1. 多媒体的概念及特征

　　多媒体是指能够同时对两种或两种以上的媒体进行采集、操作、编辑、存储等综合处理的技术。它的实质就是将以各种形式存在的媒体信息数字化，用计算机对其进行组织加工，并以友好的形式交互地提供给用户使用。

　　与传统媒体相比，多媒体具有集成性、控制性、非线性、交互性、互动性、实时性、信息使用的方便性、信息结构的动态性等特点，其中，集成性和交互性是多媒体的精髓所在。

2. 多媒体数字化

　　在计算机和通信领域，最基本的 3 种媒体是声音、图像和文本。

（1）声音的数字化。

计算机系统通过输入设备输入声音信号，通过采样、量化而将其转换成数字信号，然后通过输出设备输出。采样是指每隔一段时间对连续的模拟信号进行测量，每秒钟的采样次数即为采样频率。采样频率越高，则声音的还原性就越好。量化是指将采样后得到的信号转换成相应的数值，转换后的数值以二进制的形式表示。

声音的主要物理特征包括频率和振幅。最终产生的音频数据量按照下面公式计算：

音频数据量(B)=采样时间(S)x 采样频率(Hz) ×量化位数(b)x 声道数/8

例如，计算 3 分钟双声道、16 位量化位数、44.1kHz 采样频率声音的不压缩的数据量为：音频数据量=180×44100×16×2/8=31752000B≥30.28MB。

（2）图像的数字化。

1）静态图像的数字化。

一幅图像可以近似地看成由许多的点组成，因此它的数字化通过采样和量化来实现。采样就是采集组成一幅图像的点，量化就是将采集到的信息转换成相应的数值。

2）动态图像的数字化。

人眼看到的一幅图像在消失后，还将在人的视网膜上滞留十分之一秒，动态图像正是根据这样的原理而产生的。动态图像是将静态图像以每秒钟 N 幅的速度播放，当 N≥25时，显示在人眼中的就是连续的画面。

3）点位图和矢量图。

表示或生成图像有两种办法：点位图法和矢量图法。点位图法是将一幅图分成很多小像素，每个像素用若干二进制位表示像素的信息，矢量图是用一些指令来表示一幅图。

4）图像文件的格式。

① bmp 格式：Windows 采用的图像文件存储格式。

② gif 格式：联机图形交换使用的一种图像文件格式。

③ tiff 格式：二进制文件格式。

④ png 格式：图像文件格式。

⑤ wmr 格式：绝大多数 Windows 应用程序都可以有效处理的格式。

⑥ dxf 格式：一种向量格式。

⑦ jpeg 格式：是目前所有格式中压缩率最高的格式。

（3）视频文件格式。

1）avi 格式：Windows 操作系统中数字视频文件的标准格式。

2）mov 格式：QuickTime for Windows 视频处理软件所采用的格式。

3. 多媒体数据压缩

数据压缩可以分为两种类型：无损压缩和有损压缩。

（1）无损压缩。

无损压缩是利用数据的统计冗余进行压缩，又称可逆编码。

其原理是统计被压缩数据中重复数据的出现次数来进行编码。解压缩对压缩的数据进行重构，重构后的数据与原来的数据完全相同。无损压缩能够确保解压后的数据不失真，产生原始对象的完整复制。

常用的无损压缩格式：APE、FLAC、TAK、WavPack、TTA 等。

（2）有损压缩。

有损压缩又称不可逆编码，有损压缩是指压缩后的数据不能够完全还原成压缩前的数据，是与原始数据不同但是非常接近的压缩方法。有损压缩也称破坏性压缩，以损失文件中的某些信息为代价来换取较高的压缩比，其损失的信息多是对视觉和听觉感知不重要的信息，但压缩比通常较高。常用于音频、图像和视频的压缩。典型的有损压缩编码方法有：预测编码、变换编码、基于模型编码、分形编码及矢量量化编码等。

（3）无损压缩与有损压缩的比较。

1）无损压缩。

无损压缩方法的优点是能够比较好地保存图像的质量，音质高，不受信号源的影响，而且转换方便，但是占用空间大，压缩比不高，压缩率比较低。

2）有损压缩。

有损压缩方法的优点是可以减少内存和磁盘中占用的空间，在屏幕上观看不会对图像的外观产生不利影响，但若把经过有损压缩技术处理的图像用高分辨率打印出来，图像质量就会有明显的受损痕迹。

4. 多媒体的应用领域

（1）游戏和娱乐。

（2）教育与培训。

（3）商业。

（4）电子出版物。

（5）工程模拟。

（6）家用多媒体。

5. 计算机病毒概述

计算机病毒，是指编制或者在计算机程序中插入的破坏计算机功能或者破坏数据的，影响计算机使用并且能够自我复制的一组计算机指令或者程序代码。计算机病毒主要通过移动存储介质（如 U 盘、移动硬盘）和计算机网络两大途径进行传播。计算机病毒的特点如下：

（1）寄生性。

（2）破坏性。

（3）潜伏性。

（4）隐蔽性。

6. 计算机病毒类型

计算机的病毒类型主要有以下几种：

（1）系统病毒。

（2）蠕虫病毒。

（3）木马病毒、黑客病毒。

（4）脚本病毒。

（5）宏病毒。

（6）　后门病毒。

（7）　病毒种植程序病毒。

（8）　破坏性程序病毒。

（9）　玩笑病毒。

（10）　捆绑机病毒。

7.　计算机感染病毒的常见症状

计算机受到病毒感染后会表现出如下症状：

（1）　机器不能正常启动。

（2）　运行速度降低。

（3）　磁盘空间迅速变小。

（4）　文件内容和长度有所改变。

（5）　经常出现"死机"现象。

（6）　外部设备工作异常。

（7）　文件的日期和时间被无缘无故地修改成新的时间日期。

（8）　显示器上经常出现一些怪异的信息和异常现象。

8.　计算机病毒的防治与清除

（1）　防治计算机病毒。

对计算机病毒的防治应遵循以下原则，防患于未然。

1）　使用新设备和新软件之前要检查。

2）　使用反病毒软件。及时升级反病毒软件的病毒库，开启病毒实时监控。

3）　制作一张无毒的系统软盘。将其写保护，妥善保管，以便应急。

4）　制作应急盘/急救盘/恢复盘。按照反病毒软件的要求制作应急盘/急救盘/恢复盘，以便恢复系统急用。

5）　不要随便使用别人的软盘或光盘。

6）　不要使用盗版软件。

7）　有规律地制作备份，养成备份重要文件的习惯。

8）　不要随便下载网上的软件。

9）　注意计算机有没有异常现象。

10）　发现可疑情况及时通报以获取帮助。

11）　重建硬盘分区，减少损失。若硬盘资料已经遭到破坏，不必急着格式化，因病毒不可能在短时间内将全部硬盘资料破坏，故可利用"灾后重建"程序加以分析和重建。

12）　扫描系统漏洞，及时更新系统补丁。

13）　在使用移动存储设备时，应先对其进行杀毒。

14）　不要打开陌生可疑的邮件。

15）　浏览网页时选择正规的网站。

16）　禁用远程功能，关闭不需要的服务。

（2）　清除计算机病毒。

1）　用防病毒软件清除病毒。

计算机一旦感染了病毒，最好立即关闭系统，如果继续使用，会使更多的文件遭受破坏。针对已经感染病毒的计算机，建议使用防病毒软件进行全面杀毒，用防病毒软件消除病毒是当前比较流行的方法。此类软件都具有清除病毒并恢复原有文件的内容的功能。杀毒后，被破坏的文件有可能恢复成正常的文件，对未感染的文件，建议用户打开系统中防病毒软件的"系统监控"功能，从注册表、系统进程、内存、网络等多方面对各种操作进行主动防御。

一般来说，使用杀毒软件是能清除病毒的，但考虑到病毒在正常模式下比较难清理，所以需要重新启动计算机在安全模式下查杀。若遇到比较顽固的病毒可通过下载专杀工具来清除，再恶劣点的病毒就只能通过重装系统来彻底清除。

2）重装系统并格式化硬盘是最彻底的杀毒方法。

格式化会破坏硬盘上的所有数据，因此，格式化前必须确定硬盘中的数据是否还需要，要先做好备份工作。格式化时一般是进行高级格式化，需要说明的是，用户最好不要轻易地进行低级格式化，因为低级格式化是一种损耗性操作，它对硬盘寿命有一定的负面影响。

3）手工清除方法。

手工清除计算机病毒对技术要求高，需要熟悉机器指令和操作系统，难度比较大，一般只能由专业人员操作。

五、答案解析

1. 答案：C，JPEG 图像文件是目前使用的最广泛、最热门的静态图像文件，这是由于 JPEG 格式的图像文件具有高压缩率、高质量、便于网络传输的原因，它的扩展名为".jpg"。JPEG 采用的是有损压缩，由于它采用了高效的 DCT 变换、哈夫曼编码等技术，造成在高压缩比的情况下，仍然有着很高的图像质量。

2. 答案：B。

3. 答案：D，多媒体计算机的主要特点是具有较强的音、视频处理能力。

4. 答案：C。

5. 答案：D。

6. 答案：C。

7. 答案：C，mpg 是视频文件，wav 是音频文件，jpg 是图片格式文件，midi 是音频文件。

8. 答案：C，常见的视频文件有：avi 格式、mpg（或 mpeg 格式、dat 格式）、ra 格式（或 rm、rmvb 格式）、mov 格式，其他还有 asf、divX 等格式。

9. 答案：D。

10. 答案：A，照片的像素是分辨率的乘积，3200×2400＝768 万。

11. 答案：C，模拟音频数字化过程由采样、量化和编码三个步骤组成，数字音频的技术指标主要是指采样频率和量化位数（或量化深度）。数字音频的大小＝采样频率×量化位数×时间×声道个数。本试题中数字音频的大小＝10k×16×60×2/8＝2.4MB。

12. 答案：D，计算机病毒主要通过移动存储介质（如优盘、移动硬盘）和计算机网络两大途径进行传播。

13. 答案：C，例如，只读存储器 ROM，写入其中的程序数据会被破坏，那么整个 ROM 硬件就损坏了因此从这个角度来说，计算机病毒可能破坏硬件设备。

14. 答案：C，计算机病毒的特征有（1）可执行性，（2）寄生性，（3）传染性，（4）潜伏性和隐蔽性，（5）破坏性，（6）欺骗性，（7）衍生性。

15. 答案：D，病毒其实也是一段程序，它可以寄生在别的程序中，所以这个答案是 D(CPU 是硬件)。

16. 答案：A，有一种病毒破坏计算机硬盘的引导分区信息，我们称为这种病毒为"引导型病毒"，还有一种病毒寄生在其他文件中，攻击可执行文件这种病毒被称为"文件型病毒"。

17. 答案：C，计算机病毒是指编制或者在计算机程序中插入的破坏计算机功能或者毁坏数据，影响计算机使用，并能自我复制的一组计算机指令或者程序代码。计算机病毒的特征有繁殖性、破坏性、传染性、潜伏性、隐蔽性和可触发性。

18. 答案：B，计算机病毒主要通过移动存储介质（如优盘、移动硬盘）和计算机网络两大途径进行传播。计算机病毒可以感染很多文件，具有自我复制能力。

19. 答案：B，计算机病毒主要通过移动存储介质（如优盘、移动硬盘）和计算机网络两大途径进行传播。计算机病毒可以感染很多文件，具有自我复制能力。

20. 答案：B，计算机病毒是指编制或者在计算机程序中插入的破坏计算机功能或者毁坏数据，影响计算机使用，并能自我复制的一组计算机指令或者程序代码。只要病毒程序下载到计算机内，计算机就感染了病毒。防病毒软件总是滞后于病毒的发现，任何清病毒软件都只能发现病毒和清除部分病毒。计算机病毒主要通过移动存储介质（如优盘、移动硬盘）和计算机网络两大途径进行传播。

21. 答案：D，对计算机病毒的防治应以"预防为主"，将重要数据文件及时备份到移动存储设备上，应备份到其他存储设备上，用杀病毒软件定期检查计算机，不要随便打开/阅读身份不明的发件人发来的电子邮件。

22. 答案：D，计算机病毒一般不对硬件进行破坏，而是对程序、数据或系统的破坏。

23. 答案：B，为防止计算机病毒传染凡是从外来的 U 盘往机器中复制信息，都应该先对 U 盘进行查毒，若有病毒必须清除，这样可以保证计算机不被新的病毒传染要经常对磁盘进行检查，若发现病毒就及时杀除。

24. 答案：C，防护墙属于计算机的一种安全技术，它一般由硬件和软件组成，位于企业内部网和因特网之间，它能阻止非法用户访问计算机系统或资源。

25. 答案：C，把"可用性"和"可靠性"合称为"有效性"，是指得到授权的实体在需要时能访问资源和得到服务，或指系统在规定条件下和规定时间内完成规定的功能；完整性：是指信息不被偶然或蓄意地删除、修改、伪造、篡改等破坏的特性；保密性：是指确保信息不暴露给未经授权的实体；不可抵赖性：是指通信双方对其收、发过的信息均不可抵赖。

26. 答案：C，计算机安全设置包括清除上网记录及清除自动完成记录，注册表清除地址栏记录，清除搜索记录和清除共享漏洞、禁用不必要的端口和协议，以及禁用不必要的服务。

27. 答案：B，根据实现技术不同，访问控制可以分为强制访问控制、自主访问控制和基于角色的访问控制 3 种。

28. 答案：B，比较一下，应该选择 B，因为别人问的是网络方面的信息安全问题。

29. 答案：A，网络攻击可分为主动攻击和被动攻击。主动攻击包括假冒、重放、修改信息和拒绝服务，被动攻击包括网络窃听（或截取数据包）和流量分析。

30. 答案：C，数据加密是指把文字信息通过一定的算法生成乱码以至无法识别（称为密文）；用某种方法把伪装消息还原成原有的内容的过程称为"解密"。

六、课后练习

1. 计算机中的图像，归根结底是用什么方式存储的（　　）。

    A. 位图　　　　　　　　　　　　C. 二进制数

    B. 高数据压缩　　　　　　　　　D. 数据流

2. 人与人之间可以通过语言交流，此时语言是信息的（　　）。

    A. 载体　　　　　　　　　　　　C. 价值

    B. 时效　　　　　　　　　　　　D. 传递

3. 图像数据压缩的目的是（　　）。

    A. 为了符合 ISO 标准　　　　　　C. 为了减少数据存储量，利于传输

    B. 为了符合各国的电视制式　　　D. 为了图像编辑的方便

4. 下列的文件格式哪个不是图形图像的存储格式（　　）。

    A. .pdf　　　　　　　　　　　　C. .gif

    B. .jpg　　　　　　　　　　　　D. .bmp

5. 对数据重新进行编码，以减少所需存储空间的通用术语是（　　）。

    A. 数据编码　　　　　　　　　　C. 数据压缩

    B. 数据展开　　　　　　　　　　D. 数据计算

6. 所谓媒体是指（　　）。

    A. 表示和传播信息的载体　　　　C. 计算机的输入和输出信息

    B. 各种信息的编码　　　　　　　D. 计算机屏幕显示的信息

7. 与传统媒体相比，多媒体的特点有（　　）。

    A. 数字化、结合性、交互性、分时性　　C. 数字化、集成性、交互性、实时性

    B. 现代化、结合性、交互性、实时性　　D. 现代化、集成性、交互性、分时性

8. 以下设备中，不是多媒体计算机中常用的图像输入设备的是（　　）。

    A. 数码照相机　　　　　　　　　C. 条码读写器

    B. 彩色扫描仪　　　　　　　　　D. 数码摄像机

9. 以下类型的图像文件中，不经过压缩的是（　　）。

    A. JPG　　　　　　　　　　　　C. TIF

    B. GIF　　　　　　　　　　　　D. BMP

10. 以下软件中，不属于视频播放软件的是（　　）。

    A. QuickTimePlayer　　　　　　C. Winamp

    B. MediaPlayer　　　　　　　　D. 超级解霸

11. 以下软件中，不属于音频播放软件的是（　　）。

    A．Winamp
    C．Premiere

    B．录音机
    D．RealPlayer

12. 用多媒体的教学手段来进行教学，从计算机应用分类的角度来看是（　　）。

    A．人工智能方面的应用
    C．过程控制方面的应用

    B．计算机辅助教学方面的应用
    D．数据处理方面的应用

13. 通常的多媒体计算机应该包括（　　）。

    A．功能强、速度快的中央处理器
    C．具有较大的存储空间

    B．高性能的声音、图形处理硬件
    D．以上都是

14. 多媒体和电视的区别在于（　　）。

    A．有无声音
    C．有无动画

    B．有无图像
    D．有无交互性

15. 为了防御网络监听，最常用的方法是（　　）。

    A．采用专人传送
    C．无线网

    B．信息加密
    D．使用专线传输

16. 访问控制根据应用环境不同，可分为 3 种，它不包括（　　）。

    A．应用程序访问控制
    C．网络访问控制

    B．主机、操作系统访问控制
    D．数据库访问控制

17. 允许用户在输入正确的保密信息时（例如用户名和密码）才能进入系统，采用的方法是（　　）。

    A．口令
    C．序列号

    B．命令
    D．公文

18. 窃取信息破坏信息的（　　）。

    A．可靠性
    C．保密性

    B．可用性
    D．完整性

19. 篡改信息攻击破坏信息的（　　）。

    A．可靠性
    C．完整性

    B．可用性
    D．保密性

20. 网络安全不涉及的范围是（　　）。

    A．加密
    C．防黑客

    B．防病毒
    D．硬件技术升级

21. 未经允许私自闯入他人计算机系统的人，称为（　　）。

    A．IT 精英
    C．黑客

    B．网络管理员
    D．程序员

22. 下列不属于保护网络安全的措施的是（　　）。

    A．加密技术
    C．设定用户权限

    B．防火墙
    D．建立个人主页

23. 下列哪种不是预防计算机病毒的主要做法（　　）。

    A．不使用外来软件

    C．复制数据文件副本

    B．定期进行病毒检查

    D．当病毒侵害计算机系统时，应停止使用，须进行清除病毒

24．下列不属于主动攻击的是（   ）。

    A．假冒   C．重放

    B．窃听   D．修改信息

25．下列关于防火墙说法不正确的是（   ）。

    A．防火墙一般可以过滤所有的外网访问

    B．防火墙可以由代理服务器实现

    C．所有进出网络的通信流都应该通过防火墙

    D．防火墙可以防止所有病毒通过网络传播

26．下列不属于访问控制策略的是（   ）。

    A．加口令   C．加密

    B．设置访问权限   D．角色认证

27．磁盘上发现计算机病毒后，最彻底的解决办法是（   ）。

    A．删除已感染的磁盘文件   C．删除所有的磁盘文件

    B．用杀毒软件处理   D．彻底格式化磁盘

28．下列行为合法的是（   ）。

    A．销售盗版软件   C．窃取计算机网络系统中的用户密码

    B．自己的绿色软件发布到网上   D．发布病毒

29．下列行为不正当的是（   ）。

    A．安装正版软件   C．未征得同意私自使用他人资源

    B．购买正版 CD   D．参加反盗版公益活动

30．计算机病毒除通过读/写或复制移动存储器上带病毒的文件传染外，另一条主要的传染途径是（   ）。

    A．网络   C．键盘

    B．电源电缆   D．输入有逻辑错误的程序

任务 5-4　计算机网络基础

一、教学目标

1．理解网络拓扑结构及应用。

2．了解网络的概念、种类及各种网络的特性。

3．掌握 Internet 常见服务和应用。

二、重难点

1. 网络拓扑结构。
2. Internet 应用。

三、课堂练习

1. 电话拨号连接是计算机个人用户常用的接入因特网的方式，称为"非对称数字用户线路"的接入技术的英文缩写是（　　　）。

  A．ADSL   C．ISP

  B．ISDN   D．TCP

2. 以下说法正确的是（　　　）。

  A．域名服务器（DNS）中存放 Internet 主机的 IP 地址

  B．域名服务器（DNS）中存放 Internet 主机的域名

  C．域名服务器（DNS）中存放 Internet 主机域名与 IP 地址的对照表

  D．域名服务器（DNS）中存放 Internet 主机的电子邮箱的地址

3. Outlook Express 的主要功能是（　　　）。

  A．创建电子邮件账户   C．接收、发送电子邮件

  B．搜索网上信息   D．电子邮件加密

4. 下列说法错误的是（　　　）。

  A．电子邮件是 Internet 提供的一项最基本的服务

  B．电子邮件具有快速、高效、方便、价廉等特点

  C．通过电子邮件，可向世界上任何一个角落的网上用户发送信息

  D．可发送的多媒体信息只有文字和图像

5. 在因特网上，一台计算机可以作为另一台主机的远程终端，使用该主机的资源，该项服务称为（　　　）。

  A．Telnet   C．FTP

  B．BBS   D．WWW

6. BBS 是一种（其英文全称是：BulletinBoardSystem）（　　　）。

  A．广告牌   C．提供交流平台的公告板服务

  B．网址   D．Internet 的软件

7. 某台主机的域名为 publics.hn.cn，其中为主机名（　　　）。

  A．publics   C．hn

  B．cs   D．cn

8. 如果要保存网页中的一幅图片，应该（　　　）。

  A．选择"文件"|"另存为"命令

  C．在图片上右键单击鼠标，在弹出的快捷菜单中选择"图片另存为"命令

  B．选择"文件"|"导入和导出"命令

    D．单击 IE 中的"收藏"菜单

9．搜索引擎其实也是一个（　　　）。

    A．网站　　　　　　　　　　C．服务器

    B．软件　　　　　　　　　　D．计算机

10．下列命令可以查看网卡的 MAC 地址（　　　）。

    A．ipconfig　/release　　　　C．ipconfig　/all

    B．ipconfig　/renew　　　　　D．ipconfig　/registerdns

11．以下关于代理服务器的描述，不正确的是（　　　）。

    A．代理服务器处在客户机和服务器之间，既是客户机又是服务器

    B．代理服务器可以使公司内部网络与 ISP 实现连接

    C．代理服务器不需要和 ISP 连接

    D．代理服务器可以起到防火墙的作用

12．以下属于 BBS 访问方式的是（　　　）。

    A．Telnet 和 WWW　　　　　　C．Telnet 和 InternetExplorer

    B．E-Mail 和 WWW　　　　　　D．InternetExplorer 和 E-Mail

13．用 IE 打开 http://www.sina.com.cn，然后将该网页另存为网页文件，如命名为："海天"，这时在所保存的文件夹中保存了两个文件，以下正确的是（　　　）。

    A．"海天.txt"和"海天.files"　　C．"海天.htm"和"海天.txt"

    B．"海天.htm"和"海天.files"　　D．"海天.htm"和"海天.bak"

14．在 Internet 中，主机的 IP 地址与域名的关系是（　　　）。

    A．IP 地址是域名中部分信息的表示　C．IP 地址和域名是等价的

    B．域名是 IP 地址中部分信息的表示　D．IP 地址和域名分别表达不同含义

15．Internet 实现了分布在世界各地的各类网络的互联，其最基础和核心的协议是（　　　）。

    A．HTTP　　　　　　　　　　C．TCP/IP

    B．HTML　　　　　　　　　　D．FTP

16．下列各选项不属于 Internet 应用的是（　　　）。

    A．新闻组　　　　　　　　　　C．网络协议

    B．远程登录　　　　　　　　　D．搜索引擎

17．Internet 主要由四部分组成，其中包括路由器、主机、信息资源与（　　　）。

    A．数据库　　　　　　　　　　C．销售商

    B．管理员　　　　　　　　　　D．通信线路

18．下列各项非法的 Internet 的 IP 地址是（　　　）。

    A．202.96.12.14　　　　　　　C．112.256.23.8

    B．202.196.72.140　　　　　　D．201.124.38.79

19．用"综合业务数字网"（又称"一线通"）接入因特网的优点是上网通话两不误，它的英文缩写是（　　　）。

    A．ADSL　　　　B．ISDN　　　　C．ISP　　　　D．TCP

20．Modem 是计算机通过电话线接入 Internet 时所必需的硬件，它的功能是（　　　）。

A．只将数字信号转换为模拟信号 C．为了在上网的同时能打电话

B．只将模拟信号转换为数字信号 D．将模拟信号和数字信号互相转换

21. TCP 协议的主要功能是（　　　）。

    A．对数据进行分组 C．确定数据传输路径

    B．确保数据的可靠传输 D．提高数据传输速度

22. 下列的英文缩写和中文名字的对照正确的是（　　　）。

    A．WAN（广域网） C．USB（不间断电源）

    B．ISP（因特网服务程序） D．RAM（只读存储器）

23. HTTP 指的是（　　　）。

    A．超文本标记语言 C．超媒体文件

    B．超文本文件 D．超文本传输协议

24. 假设 ISP 提供的邮件服务器为 bj163.com，用户名为 XUEJY 的正确电子邮件地址是（　　　）。

    A．XUEJY$bj163.com C．XUEJY#bj163.com

    B．XUEJY.bj163.com D．XUEJY@bj163.com

25. 通常网络用户使用的电子邮箱建在（　　　）。

    A．用户的计算机上 C．ISP 的邮件服务器上

    B．发件人的计算机上 D．收件人的计算机上

26. 一般而言，Internet 环境中的防火墙建立在（　　　）。

    A．每个子网的内部 C．内部网络与外部网络的交叉点

    B．内部子网之间 D．以上 3 个都不对

27. 根据域名代码规定，表示教育机构网站的域名代码是（　　　）。

    A．net B．com C．edu D．org

28. 局域网常用设备不包括（　　　）。

    A．网卡（NIC） C．交换机（Switch）

    B．集线器（Hub） D．显示卡（VGA）

29. 上网需要在计算机上安装（　　　）。

    A．数据库管理软件 C．浏览器软件

    B．视频播放软件 D．网络游戏软件

30. 下列各指标数据通信系统的主要技术指标之一的是（　　　）。

    A．误码率 C．分辨率

    B．重要码率 D．频率

四、知识点

1. 计算机网络与数据通信

计算机网络是计算机技术与通信技术高度发展、紧密结合的产物，是分布在不同的地理位置具有独立功能的多台计算机通过外部设备和通信线路连接起来，从而实现资源共享

和信息传递的计算机系统，这也是计算机网络的目标。从系统功能的角度来看，计算机网络主要由资源子网和通信子网组成。

数据通信是指在两个计算机或终端之间以二进制的形式进行信息交换、传输数据，是通信技术和计算机技术相结合而产生的一种新的通信方式。数据通信系统的主要技术指标有带宽、比特率、波特率和误码率。

（1）信道。

传输信息的通路称为信道，是信息传输的媒介，一般用来表示向某一方向传送信息的媒体，目的是把携带有信息的信号从它的输入端传递到输出端。

（2）带宽与传输速率。

现代网络技术中，经常以带宽来表示信道的数据传输速率。带宽是指在给定的范围内，可以用于传输的最高频率与最低频率的差值。数据传输速率是描述数据传输系统性能的重要技术指标之一，它在数值上等于每秒钟传输构成数据代码的二进制比特数，单位为 bit/s。

（3）模拟信号与数字信号。

模拟信号指信息参数在给定范围内表现为连续的信号，是特定的模拟量，如电压、电流等值的变化是连续的，取值是无穷多个。数字信号是表示数字量的电信号，幅度的取值是离散的，幅值表示被限制在有限个数值之内。二进制码也是一种数字信号，受噪声的影响较小，方便与数字电路进行处理。

（4）调制与解调。

调制是将各种数字基带信号转换成适于信道传输的数字调制信号，解调是在接收端将收到的数字频带信号还原成数字基带信号。解调是调制的逆过程，将调制和解调功能结合在一起的设备称为调制解调器。

（5）误码率。

它是衡量在规定时间内数据传输精确性的指标。误码是由于在信号传输中，衰变改变了信号的电压，导致信号在传输中遭到破坏而产生。误码率则是指二进制比特在数据传输系统中被传错的概率，是衡量通信系统可靠性的指标。

2. 计算机网络的分类

（1）局域网。

局域网就是在局部地区范围内的网络，它覆盖的地区范围较小。局域网具有数据传输速率高、误码率低、成本低、组网容易、易管理、易维护、使用起来比较灵活方便的优点。在日常生活中，机关网、企业网、校园网都属于局域网。

无线局域网是计算机网络与无线通信技术相结合的产物。它利用射频(RF)技术取代双绞线构成的传统有线局域网络，并提供有线局域网的所有功能。

（2）城域网。

城域网是在一个城市内部组建的计算机消息网络，但不在同一地理小区范围内进行计算机互联，它是广域网和局域网之间的一种高速网络。

（3）广域网。

广域网又称远程网，覆盖范围更广，一般在不同城市之间的 LAN 或者 MAN 网络互联，地理范围在几十千米到几万千米，小到一个城市、一个地区，大到一个国家甚至全世界。

但是广域网信道传输速率较低，一般小于 0.1M/bps，结构相比复杂，安全保密也较差。常见的有因特网、ChinaDDN 网、Chinanet 网。

3. 网络拓扑结构

网络拓扑结构主要有以下几种：

（1）星型拓扑结构。

每个节点与中心节点连接，中心节点控制全网的通信，任何两个节点之间的通信都要通过中心节点。因此，要求中心节点有很高的可靠性。星型拓扑结构简单，易于实现和管理，但是由于其采用集中控制方式的结构，一旦中心节点出现故障，就会造成全网的瘫痪，可靠性较差。

（2）环型拓扑结构。

将各个节点依次连接起来，并把首尾相连构成一个环型结构。环型网络中的信息传送是单向的，即沿着一个方向从一个节点传到另一个节点，每个节点需安装中继器，以接收、放大、发送信号。环形拓扑结构简单，建网容易，方便管理，成本低，适用于数据不需要在中心节点上处理而主要在各自节点上进行处理的情况，但是其环路是封闭的，不便于扩充，可靠性低，一个节点发生故障，将会造成全网瘫痪，维护困难，对分支节点故障定位较难。

（3）树形拓扑结构。

在树形拓扑结构的网络中，任意两个节点之间不产生回路，其特点是通信线路总长度较短、节点易于扩充、灵活、成本较低、易推广。但是除了叶子节点及与其相连的线路外，任一节点或与其相连的线路故障都会使系统受到影响。

（4）网型拓扑结构。

主要用于广域网，节点的连接是任意的，没有规律，可靠性比较高。但由于结构复杂，采用路由协议、流量控制等方法，会导致建设成本比较高。

（5）总线型拓扑结构。

总线型拓扑结构是使用最普遍的一种网络，各节点连接在一条共用的通信电缆上，采用基带传输，任何时刻只有一个节点占用线路，并且占有者拥有线路的所有带宽。这种结构的特点是节点加入和退出网络都非常的方便、结构简单灵活、建网容易、可靠性高、结构简单、成本低、性能好。其缺点是主干总线对网络起决定性作用，总线故障将影响整个网络。

4. 网络硬件

（1）网络服务器。

它是网络的核心，是被网络用户访问的计算机系统。网络服务器提供网络用户使用的各种资源，并负责对这些资源管理，协调网络用户对资源的访问。

（2）传输介质。

常用的传输介质包括轴电缆、双绞线、光缆和微波等。

（3）网络接口卡。

它是构成网络必需的基本设备，用于将计算机和通信电缆连接起来，以便经电缆在计算机之间进行高速数据传输。

（4） 集线器。

集线器是局域网的基本连接设备。目前市场上的集线器主要有独立式、堆叠式、智能型等类型。

（5） 交换机。

交换机又称为交换式集线器，可以想象成一台多端口的桥接器，每一端口都有其专用的带宽，交换概念的提出是对共享工作模式的改进，而交换式局域网的核心设备是局域网交换机。

（6） 路由器。

作为不同网络之间互相连接的枢纽，路由器系统构成了基于 TCWIP 的 Internet 的主体脉络，它是实现局域网和广域网互联的主要设备。路由器检测数据的目的地址，并对路径进行动态分配，数据便可根据不同的地址分流到不同的路径中。若当前路径过多，路由器会动态选择合适的路径，从而平衡通信负载。

5. 网络软件

由于提供网络硬件设备的厂商很多，不同的硬件设备如何统一划分层次，并且能够保证通信双方对数据的传输理解一致，这些就要通过单独的网络软件——通信协议来实现。

通信协议就是通信双方都必须要遵守的通信规则，是一种约定。计算机网络中的协议非常复杂，TCP/IP 协议是当前最流行的商业化协议，被公认为是当前的工业标准或事实标准。TCP/IP 参考模型将计算机网络划分为 4 个层次：

（1） 应用层(ApplicationLayer)。

负责处理特定的应用程序数据，为应用软件提供网络接口，包括 HTTP(超文本传输协议)、Telnet(远程登录)、FTP(文件传输协议)等协议。

（2） 传输层(TransportLayer)。

为两台主机间的进程提供端到端的通信。主要协议有 TCP(传输控制协议)和 UDP(用户数据报协议)。

（3） 互联层(InternetLayer)。

确定数据包从源端到目的端如何选择路由。网络层主要的协议有 IPv4(Internet 协议版本 4)、ICMP(Internet 控制报文协议)以及 IPv6(Internet 协议版本 6)等。

（4） 主机至网络层(Host-to-NetworkLayer)。

规定了数据包从一个设备的网络层传输到另一个设备的网络层的方法。

6. Internet 基础知识

（1） IP 地址和域名。

1） IP 地址。

IP 地址是一种在 Internet 上给主机编址的方式，也称为网际协议地址，是 TCP/IP 协议中所使用的网络层地址标识。IP 地址是由四个字节组成的，习惯写法是将每个字节作为一段并以十进制数来表示，而且段间用"．"分隔。每个段的十进制数范围是 0 至 255。在因特网中，IP 地址是使连接到网上的所有计算机网络实现相互通信的一套规则，规定了计算机在因特网上进行通信时应当遵守的准则。

IP 地址可分为 A、B、C、D、E 共 5 类。

- A 类 IP 地址的范围为：0～127。
- B 类 IP 地址的范围为：128～191。
- C 类 IP 地址的范围为：192～223。
- D 类和 E 类留作特殊用途。

2）　域名。

域名(DomainName)，实质就是用一组由字符组成的名字代替 IP 地址，为了避免重名，域名采用层次结构，各层次的子域名之间用圆点隔开，从右至左分别是第一级域名（或称顶级域名），第二级域名，……，直至主机名。即主机名，……，第二级域名，第一级域名。国际上，第一级域名采用通用的标准代码，例如：CN(中国)、JP(日本)、KR(韩国)、UK(英国)等。

我国的第一级域名是 CN，次级域名共计 40 个。其中，类别域名有：AC(科研院及科技管理部门)、GOV(国家政府部门)、ORG(各社会团体及民间非营利组织)、NET(互联网络，接入网络的信息和运行中心)、COM(工商和金融等企业)、EDU(教育单位)，共 6 个，地区域名有 34 个"行政区域名"，如：BJ(北京市)，SH(上海市)，TJ(天津市)，CQ(重庆市)，JS(江苏省)，7J(浙江省)，AH(安徽省)等。例如：pku.edu.cn 是北京大学的一个域名，其中 pku 是北京大学的英文缩写，edu 表示教育机构，cn 表示中国。

关于域名还有如下几点需要注意：

➢　因特网的域名不区分大小写。

➢　整个域名的长度不可超过 255 个字符。

➢　一台计算机一般只能拥有一个 IP 地址，但可以拥有多个域名地址。

（2）　Internet 接入方式。

Internet 接入方式通常有专线连接、局域网连接、无线连接和电话拨号连接 4 种，其中使用 ADSL(非对称数字用户线路)方式拨号连接对众多个人用户和小单位来说是最经济、最简单的，是采用最多的一种接入方式。

1）　ADSL。

这种接入技术的非对称性体现在上行、下行速率的不同。高速下行信道向用户传送视频、音频信息，速率一般在 1.5～8Mb/s。低速上行速率一般在 16～640Kb/s。

2）　无线连接。

无线局域网的构建不需要布线，因此为组网提供了极大的便捷，省时省力，并且在网络环境发生变化需要更改的时候，也易于更改和维护。

3）　ISP。

ISP 是 InternetServiceProvider 的缩写，即 Internet 服务供应商。

ISP 是用户接入 Internet 的入口，需要先通过某种通信线路连接到 ISP 的主机，再通过 ISP 的连接通道接入 Internet。ISP 提供的功能主要有分配 IP 地址和网关及 DNS、提供联网软件、提供各种 Internet 服务、接入服务。

（3）　万维网。

万维网(亦作"Web""WWW""W3-"，英文全称为"World Wide Web")。是一个由许多互相链接的超文本组成的系统，通过互联网访问。

（4）　超文本和超链接。

超文本（译作 Hyperlext）是用超链接的方法将各种不同空间的文字信息组织在一起的网状文本。超文本中不仅包含文本信息，而且还可以包含图形、声音、图像和视频等多媒体信息，因此称之为"超"文本。更重要的是超文本中还包含指向其他网页的链接。这种链接叫做超链接(HyperLink)。在一个超文本文件里可以包含多个超链接，它们把分布在本地或远程服务器中的各种形式的超文本文件链接在一起，形成一个纵横交错的链接网。用户可以打破传统阅读文本时顺序阅读的规矩，而从一个网页跳转到另一个网页进行阅读。因此，可以说超文本是实现 Web 浏览的基础。

超链接在本质上属于一个网页的一部分，它是一种允许我们同其他网页或站点之间进行连接的元素。各个网页链接在一起后，才能真正构成一个网站。所谓的超链接是指从一个网页指向一个目标的连接关系，这个目标可以是另一个网页，也可以是相同网页上的不同位置，还可以是一个图片、一个电子邮件地址、一个文件，甚至是一个应用程序。而在一个网页中用来超链接的对象，可以是一段文本或者是一个图片。当浏览者单击已经链接的文字或图片后，链接目标将显示在浏览器上，并且根据目标的类型来打开或运行。

（5） 统一资源定位器。

统一资源定位器 URL(Unifornl Resource Locater)是对 Internet 网络中的每个资源文件统一命名的机制，又叫网页地址（网址），用来描述 Web 页的地址和访问它时所用的协议。

（6） 浏览器。

浏览器是用于实现包括 WWW 浏览功能在内的多种网络功能的应用软件，是用来浏览 WWW 上丰富信息资源的工具。它能够把超文本标记语言描述的信息转换成便于理解的形式，还可以把用户对信息的请求转换成网络计算机能够识别的命令。

（7） FTP 文件传输协议。

FTP 是因特网提供的基本服务，它在 TCP/IP 协议体系结构中位于应用层，FTP 使用 C/S 模式工作。

在 FTP 服务器程序允许用户进入 FTP 站点并下载文件之前，必须使用一个 FTP 账号和密码进行登录，一般专有的 FTP 站点只允许使用特许的账号和密码登录。

7． 电子邮件

（1） 电子邮件地址。

Internet 的电子邮件地址是一串英文字母和特殊符号的组合，由"@"分成两部分，中间不能有空格和逗号。它的一般形式为：Username@hostname。其中，Username 是用户申请的账号，即用户名，hostname 是邮件服务器的域名，即主机名，用来标识服务器在 Internet 中的位置，简单地说就是用户在邮件服务器上的信箱所在。

因此，用公式表示 E-mail 地址的格式为：E-mail 地址=用户名+@+邮件服务器名域名。

（2） 电子邮件的格式。

电子邮件一般由两个部分组成：信头和信体。

1） 信头。

信头相当于信封，通常包括以下几项内容。

发送人：发送人的 E-mail 地址，是唯一的。

收件人：收件人的 E-mail 地址。我们可以一次给多个人发信，所以收件人的地址可以有多个，多个收件人地址用分号或逗号隔开。

抄送：表示发送给收件人的同时也可以发送到其他人的 E-mail 地址，可以是多个。

主题：信件的标题。作为一个可以被发送的信件，它必须包括"发送人""收件人"和"主题"3 个部分。

2）　信体。

信体相当于信件的内容，可以是单纯的文字，也可以是超文本，还可以包含附件。写邮件时，除了发件人地址之外，另一项必须要填写的是收件人地址。

（3）　电子邮箱。

电子邮箱是我们在网络上保存邮件的存储空间，一个电子邮箱对应一个 E-mail 地址，有了电子邮箱才能收发邮件。

五、答案解析

1. 答案：A，ADSL(Asymmetric Digital Subscriber Line)非对称数字用户线路，ISDN（Integrated Service Digital Network）综合业务数字网，ISP(Internet Services Provider)国际互联网络服务提供者，TCP(Transmission Control Protocol)传输控制协定。

2. 答案：C，域名服务器中存放 Internet 主机域名与 IP 地址的对照表。

3. 答案：C，Outlook Express 是微软提供的电子邮件管理程序，它的主要功能是接收、发送电子邮件，在使用它时首先要建立账户，步骤是：选择"工具"|"账户"|"邮件"|"添加"命令。

4. 答案：D，使用过电子邮件的人都知道，发送邮件时还可以添加附件，而附件可以是任何类型的文件，因此，发送邮件除了能发送文字和图像文件，还可以发送声音和视频文件等。

5. 答案：C，Telnet 为远程登录，BBS 为电子布告栏系统，WWW 为全球资讯网。

6. 答案：C，通过 BBS，可以实现：（1）网上学习交流，（2）网上兴趣交流，（3）网上特定话题讨论。

7. 答案：A，前面说过：域名左边第 1 个是主机名，然后是单位名、机构名、国家名。

8. 答案：C，如果要将 IE 页面中的图片作为桌面墙纸，可进行的操作是什么？答：也是用鼠标右键单击图片，在图片上单击鼠标右键，在弹出的快捷菜单中选择"设置为背景"命令。

9. 答案：A，Internet 是信息的海洋，如何在 WWW 上查找所需要的资源是一个重要的工作，搜索引擎就是完成这项工作的，两个比较有名的搜索引擎是：谷歌（网址：http://www.google.cn）和百度（网址：http://www.baidu.com）。

10. 答案：C，Ipconfig 是一个实用程序，在 DOS 提示符下使用。如果不带参数表示查看本机配置的 IP 地址、子网掩码和默认网关，如果写为：ipconfig/all，还可看网卡的物理地址即 MAC 地址。

11. 答案：C，怎么理解"代理服务器处在客户机和服务器之间，既是客户机又是服务器"呢？我们的机器不能直接访问 Internet，而是通过代理服务器去访问，从这点看"代理服务器"是服务器，为我服务，代理服务器受别人委托去访问 Internet 中的其他服务器，从这点看，它又是客户机。

12. 答案：A，访问 BBS 有两种方式，Telnet（远程登录）方式和 WWW 方式，比较起来，Telnet 方式是纯文本界面，传输量小，所以速度快，而后者还要传输图片等信息，因此传输量比较大。

13. 答案：B，在默认的情况下，将保存两个，其中一个是 HTML 文档（扩展名为.htm），而另一个是名为"海天.files"的文件夹，文件夹中保存着当前网页中的图片文件。

14. 答案：C，DNS 称为域名服务系统，它的作用是专门用来将主机域名解释为对应的 IP 地址，为什么要引进域名呢？考虑到 IP 地址不容易记忆，因此引入了"域名"概念。但是"域名"还必须用支持 DNS 协议的域名服务器来解析为相应的 IP 地址在访问服务器时，使用 IP 地址和域名是等价的。

15. 答案：C，Internet 实现了分布在世界各地的各类网络的互联，其最基础和核心的协议是 TCP/IP，HTTP 是超文本传输协议，HTML 是超文本标志语言，FTP 是文件传输协议。

16. 答案：C，Internet 应用有电子邮箱 E-mail 功能，远程登录 Telnet 功能，文件传输 FTP 功能，电子公告板 BBS 功能，信息浏览(Gopher)服务，WWW 超文本链接，文件查找(Archi 服务，广域网信息服务(Wais)。

17. 答案：D，Internet 是广域网中一种，因此有资源子网（它有主机、信息资源等）和通信子网（它由路由器和通信线路等）组成。

18. 答案：C，IP 地址是由 4 个字节组成的，习惯写法是将每个字节作为一段并以十进制数来表示，而且段间用"."分隔，每个段的十进制范围是 0～255，选项 C 中的第二个字节超出了范围，故答案选 C。

19. 答案：B，ISDN（Integrated Service Digital Network）综合业务数字网，ADSL(Asymmetric Digital Subscriber Line)非对称数字用户线路，ISP(Internet Services Provider)国际互联网络服务提供者，TCP(Transmission Control Protocol)传输控制协定。

20. 答案：D，调制解调器（即 Modem），是计算机与电话线之间进行信号转换的装置，由调制器和解调器两部分组成，调制器是把计算机的数字信号调制成可在电话线上传输的声音信号的装置，在接收端，解调器再把声音信号转换成计算机能接收的数字信号。

21. 答案：B，TCP 协议的主要功能是完成对数据报的确认、流量控制和网络拥塞，自动检测数据报，并提供错误重发的功能，将多条路径传送的数据报按照原来的顺序进行排列，并对重复数据进行择取，控制超时重发，自动调整超时值，提供自动恢复丢失数据的功能。

22. 答案：A，ISP 全称为 Internet Service Provider，即因特网服务提供商，RAM 为随机存取存储器，USB 为通用串行总线。

23. 答案：D，在 Internet 上浏览时，浏览器和 WWW 服务器之间传输网页使用的协议是超文本传输协议 Http。

24. 答案：D，电子邮件地址由以下几个部分组成：用户名@域名.后缀，地址中间不允许有空格或逗号。

25. 答案：C，电子邮箱建在 ISP 的邮件服务器上。

26. 答案：C，可以在内部网络和外部的 Internet 之间插入一个中介系统，竖起一道安全屏障，这道屏障的作用是阻断来自外部通过网络对内部网络的威胁和入侵，提供扼守本网络的安全和审计的关卡，这种中介系统也叫做防火墙或防火墙系统。

27. 答案：C，商业组织的域名为 ".com"，非盈利性组织的域名为 ".org"，从事互联网服务的机构的域名为.net。

28. 答案：D，计算机要接入局域网必须安装网卡，星型网连接就用到集线器，是一个中央存储转发设备，交换机与集线器类似，但功能比集线器强。

29. 答案：C，浏览器又称 Web 用户程序，它是一种用于获取 Internet 网上资源的应用程序，是察看万维网中的超文本文档及其他文档、菜单和数据库的重要工具。如果计算机要上网就需要安装浏览器。

30. 答案：A，数据通信系统的主要技术指标有带宽、比特率、波特率、误码率。

六、课后练习

1. 下列 IP 地址中，非法的 IP 地址组是（　　　）。
   A．255.255.255.0 与 10.10.3.1　　　C．202.196.64.1 与 202.197.176.16
   B．127.0.0.1 与 192.168.0.21　　　D．259.197.184.2 与 202.197.184.144

2. 当个人计算机以拨号方式接入 Internet 网时，必须使用的设备是（　　　）。
   A．网卡　　　　　　　　　　　　C．电话机
   B．调制解调器　　　　　　　　　D．浏览器软件

3. 计算机网络可以有多种分类，按拓扑结构分，可以分为（　　　）。
   A．局域网、城域网、广域网　　　C．总线网、环形网、星形网
   B．物理网、逻辑网　　　　　　　D．ATM 网

4. 下列关于网络的说法错误的是（　　　）。
   A．两台电脑用网线联一起就是一个网络
   B．网络按覆盖范围可以分为 LAN 和 WAN
   C．计算机网络有数据通信、资源共享等功能
   D．上网时我们享受的服务不只是眼前的电脑提供的

5. 为了提高使用浏览器的安全性，我们可以采取许多措施，下列措施无效的是（　　　）。
   A．加强口令管理，避免被别人获取账号
   B．安装病毒防火墙软件，防止病毒感染计算机
   C．改变 IE 中的安全设置，提高安全级别
   D．购买更高档的计算机上网

6. 在下列网络的传输介质抗干扰能力最好的一个是（　　　）。
   A．光缆　　　　　　　　　　　　C．双绞线
   B．同轴电缆　　　　　　　　　　D．电话线

7. LAN 通常是指（　　　）。
   A．广域网　　　　　　　　　　　C．资源子网
   B．局域网　　　　　　　　　　　D．城域网

8. 关于计算机网络资源共享的描述准确的是（　　　）。
   A．共享线路　　　　　　　　　　C．共享数据和软件
   B．共享硬件　　　　　　　　　　D．共享硬件、数据、软件

9. 计算机网络是下列什么技术相结合的产物（　　）。

    A．计算机技术与通信技术　　　　C．计算机技术与电子技术

    B．计算机技术与信息技术　　　　D．信息技术与通信技术

10. 目前存在的广域网（例如因特网）主要采用拓扑结构是（　　）。

    A．总线型　　　　　　　　　　　C．网状型

    B．星型　　　　　　　　　　　　D．环型

11. 下列有关计算机网络叙述错误的是（　　）。

    A．利用 Internet 网可以使用远程的超级计算中心的计算机资源

    B．计算机网络是在通信协议控制下实现的计算机互联

    C．建立计算机网络的最主要目的是实现资源共享

    D．以接入的计算机多少可以将网络划分为广域网、城域网和局域网

12. 和通信网络相比，计算机网络最本质的功能是（　　）。

    A．数据通信　　　　　　　　　　C．提高计算机的可靠性和可用性

    B．资源共享　　　　　　　　　　D．分布式处理

13. 计算机网络的主要目标是实现（　　）。

    A．数据处理　　　　　　　　　　C．快速通信和资源共享

    B．文献检索　　　　　　　　　　D．共享文件

14. 计算机网络的主要作用有集中管理和分布处理、远程通信以及（　　）。

    A．信息交流　　　　　　　　　　C．资源共享

    B．辅助教学　　　　　　　　　　D．自动控制

15. 有关网络叙述正确的是（　　）。

    A．3.321.23.233 可以是一个 IP 地址

    B．OutlookExpress 是一个电子邮件收发软件

    C．显示网页中的图片，不会影响网页的浏览速度

    D．因特网有些专门帮大家进行数据存储的网站，称为搜索引擎

16. 支持局域网与广域网互联的设备称为（　　）。

    A．转发器　　　　　　　　　　　C．路由器

    B．以太网交换机　　　　　　　　D．网桥

17. 下列关于网络的特点的几个叙述中不正确的一项是（　　）。

    A．网络中的数据可以共享

    B．网络中的外部设备可以共享

    C．网络中的所有计算机必须是同一品牌、同一型号

    D．网络方便了信息的传递和交换

18. Internet 采用的主要协议是 TCP/IP，在因特网上百种协议中，TCP/IP 是最基本的、必不可少的，但是从应用的角度看还有很多应用层协议，HTTP 协议是（　　）。

    A．邮件传输协议　　　　　　　　C．统一资源定位符

    B．传输控制协议　　　　　　　　D．超文本传输协议

19. 不属于网络协议的有（　　）。

    A．HTTP　　　　　　B．FTP　　　　　　C．TCP/IP　　　　　　D．HTML

20. 调制解调器（Modem）的功能是实现（　　　）。

　　A．数字信号的编码　　　　　　　C．模拟信号的放大

　　B．数字信号的整形　　　　　　　D．模拟信号与数字信号的互相转换

21. 网络信息资源最常用的组织方式有（　　　）。

　　A．主题树方式　　　　　　　　　C．文件方式

　　B．数据库方式　　　　　　　　　D．超媒体方式

22. 可以作为衡量网络性能优劣的重要指标之一是（　　　）。

　　A．时钟频率　　　　　　　　　　C．传输速率

　　B．采样频率　　　　　　　　　　D．显示分辨率

23. 从 http://www.ggpp.mil.uk 这个网址我们可以看出它代表了（　　　）。

　　A．一个美国的非营利组织　　　　C．一个中国的公司

　　B．一个日本的网络支持中心　　　D．一个英国的军事组织

24. 下列关于因特网信息资源的特点，叙述不正确的是（　　　）。

　　A．是涉及地域最广的资源

　　B．获取时不受时间、空间等因素的制约

　　C．资源分散存储，数量庞大

　　D．所有资源都是不收费资源

25. 网站的计算机域名地址是 www.163.net，其相应的地址是 202.108.255.203，下列说法正确的是（　　　）。

　　A．域名地址和 IP 地址没有任何联系

　　B．域名地址和 IP 地址是等价，域名地址便于记忆

　　C．上网浏览时只有键入 www.163.net 才可登录 163.net 网站

　　D．上网浏览时只有键入 202.108.255.203 才可登录 163.net 网站

26. 局域网的主要特点不包括（　　　）。

　　A．地理范围有限　　　　　　　　C．通信速率高

　　B．远程访问　　　　　　　　　　D．灵活，组网方便

27. 决定局域网特性的主要技术要素是：网络拓扑、传输介质与（　　　）。

　　A．数据库软件　　　　　　　　　C．体系结构

　　B．服务器软件　　　　　　　　　D．介质访问控制方法

28. 网络的有线传输媒体有双绞线、同轴电缆和（　　　）。

　　A．铜电线　　　　　　　　　　　C．光缆

　　B．信号线　　　　　　　　　　　D．微波

29. 典型的局域网硬件部分可以看成由以下五部分组成：网络服务器、工作站、传输介质、网络交换机与（　　　）。

　　A．IP 地址　　　　　　　　　　　C．TCP\IP 协议

　　B．路由器　　　　　　　　　　　D．网卡

30. 使用电子邮件时，有时收到的邮件有古怪字符，既出现了乱码，这是由于（　　　）。

　　A．病毒　　　　　　　　　　　　C．发送方计算机故障

　　B．接收方操作系统有问题　　　　D．编码未统一

任务 5-5　算法与数据结构

一、教学目标

1. 了解算法的基本概念，算法复杂度的概念和意义（时间复杂度与空间复杂度）。

2. 理解数据结构的定义，数据的逻辑结构与存储结构，数据结构的图形表示，线性结构与非线性结构的概念。

3. 理解线性表的定义，线性表的顺序存储结构及其插入与删除运算。

4. 理解栈和队列的定义，栈和队列的顺序存储结构及其基本运算。

5. 理解线性单链表、双向链表与循环链表的结构及其基本运算。

6. 理解树的基本概念，二叉树的定义及其存储结构，二叉树的前序、中序和后序遍历。

7. 理解顺序查找与二分法查找算法，基本排序算法（交换类排序，选择类排序，插入类排序）。

二、重难点

1. 二叉树的前序、中序和后序遍历。
2. 基本排序算法。

三、课堂练习

1. 下列叙述中正确的是（　　）。
   A. 程序执行的效率与数据的存储结构密切相关
   B. 程序执行的效率只取决于程序的控制结构
   C. 程序执行的效率只取决于所处理的数据量
   D. 以上三种说法都不对

2. 对于循环队列，下列叙述中正确的是（　　）。
   A. 队头指针是固定不变的
   B. 队头指针一定大于队尾指针
   C. 队头指针一定小于队尾指针
   D. 队头指针可以大于队尾指针，也可以小于队尾指针

3. 下列对队列的叙述正确的是（　　）。
   A. 队列按"先进后出"原则组织数据　　C. 队列在队尾删除数据
   B. 队列属于非线性表　　　　　　　　　D. 队列按"先进先出"原则组织数据

4. 某二叉树共有 12 个结点，其中叶子结点只有 1 个，则该二叉树的深度为（根结点在第 1 层）（　　）。

A. 3   B. 6   C. 8   D. 12

5. 某二叉树中有 n 个度为 2 的结点，则该二叉树中的叶子结点为（   ）。

A. n+1   B. n-1   C. 2n   D. n/2

6. 一棵二叉树共有 25 个结点，其中 5 个是叶子结点，则度为 1 的结点数为（   ）。

A. 16   B. 10   C. 6   D. 4

7. 在深度为 7 的满二叉树中，叶子结点的个数为（   ）。

A. 32   B. 31   C. 64   D. 63

8. 已知一棵二叉树前序遍历和中序遍历分别为 ABDEGCFH 和 DBGEACHF，则该二叉树的后序遍历为（   ）。

A. GEDHFBCA   C. ABCDEFGH

B. DGEBHFCA   D. ACBFEDHG

9. 在长度为 n 的有序线性表中进行二分查找，最坏情况下需要较的次数是（   ）。

A. O(n)   C. O($\log_2 n$)

B. O(n)   D. O($n\log_2 n$)

10. 下列链表中，其逻辑结构属于非线性结构的是（   ）。

A. 二叉链表   C. 双向链表

B. 循环链表   D. 带链的栈

11. n 个顶点的连通图中边的条数至少为（   ）。

A. 0   B. 1   C. n-1   D. n

12. 用链表表示线性表的优点是（   ）。

A. 花费的存储空间较顺序存储少   C. 便于插入和删除操作

B. 便于随机存取   D. 数据元素的物理顺序与逻辑顺序相同

13. 对长度为 10 的线性表进行冒泡排序，最坏情况下需比较的次数为（   ）。

A. 9   B. 10   C. 45   D. 90

14. 由两个栈共享一个存储空间的好处是（   ）。

A. 减少存取时间，降低下溢机率   C. 减少存取时间，降低上溢机率

B. 节省存储空间，降低上溢机率   D. 节省存储空间，降低下溢机率

15. 下列排序方法最坏情况下比较次数最少的是（   ）。

A. 冒泡排序   C. 直接插入排序

B. 简单选择排序   D. 堆排序

16. 树是结点的集合，它的根结点数目是（   ）。

A. 有且只有 1   C. 0 或 1

B. 1 或多于 1   D. 至少 2

17. 一棵度数为 4 的树，它的 4 度结点有 1 个，3 度结点有 2 个，2 度结点有 3 个，1 度结点 4 个，问它的叶子结点有多少个？（   ）

A. 5   B. 6   C. 9   D. 11

18. 下列叙述中正确的是（   ）。

A. 一个逻辑数据结构只能有一种存储结构

B. 数据的逻辑结构属于线性结构，存储结构属于非线性结构

C．一个逻辑数据结构可以有多种存储结构，且各种存储结构不影响数据处理的效率

D．一个逻辑数据结构可以有多种存储结构，且各种存储结构影响处理的效率

19．长度为 10 的顺序表的首地址是从 1023 开始的，顺序表中每个元素的长度为 2，在第 4 个元素前面插入一个元素和删除第 7 个元素后，顺序表的总长度还是不变。问在执行插入和删除操作前，顺序表中第 5 个元素在执行插入和删除操作后在顺序表中的存储地址是（　　　）。

　　A．1028　　　　　B．1029　　　　　C．1031　　　　　D．1033

20．在长度为 64 的有序线性表中进行顺序查找，最坏情况下需要比较的次数为（　　）。

　　A．63　　　　　B．64　　　　　C．6　　　　　D．7

21．下列叙述中正确的是（　　　）。

　　A．顺序存储结构的存储一定是连续的，链式存储结构的存储空间不一定是连续的

　　B．顺序存储结构只针对线性结构，链式存储结构只针对非线性结构

　　C．顺序存储结构能存储有序表，链式存储结构不能存储有序表

　　D．链式存储结构比顺序存储结构节省存储空间

22．下列叙述中正确的是（　　　）。

　　A．一个算法的空间复杂度大，则其时间复杂度也必定大

　　B．一个算法的空间复杂度大，则其时间复杂度必定小

　　C．一个算法的时间复杂度大，则其空间复杂度必定小

　　D．以上三种说法都不对

23．下列叙述中正确的是（　　　）。

　　A．算法的效率只与问题的规模有关，而与数据的存储结构无关

　　B．算法的时间复杂度是指执行算法所需要的计算工作量

　　C．数据的逻辑结构与存储结构是一一对应的

　　D．算法的时间复杂度与空间复杂度一定相关

24．下列关于线性链表的叙述中正确的是（　　　）。

　　A．各数据结点的存储空间可以不连续，但它们的存储顺序与逻辑顺序必须一致

　　B．各数据结点的存储顺序与逻辑顺序可以不一致，但它们的存储空间必须连续

　　C．进行插入与删除时，不需移动表中的元素

　　D．各数据结点的存储顺序与逻辑顺序可以不一致，它们的存储空间也可以不一致

25．下列叙述中正确的是（　　　）。

　　A．栈是一种先进先出的线性表　　　　C．栈与队列都是非线性结构

　　B．队列是一种后进先出的线性表　　　D．栈与队列都是线性结构

26．在线性链表的插入算法中，若要把结点 q 插在结点 P 后面，下列操作正确的是（　　　）。

　　A．使结点 P 指向结点 q，再使结点 q 指向结点 P 的后件结点

　　B．使结点 q 指向 P 的后件结点，再使结点 P 指向结点 q

　　C．使结点 q 指向结点 P，再使结点 P 指向结点 q 的后件结点

　　D．使结点 P 指向 q 的后件结点，再使结点 q 指向结点 P

27．设循环队列的存储空间为 Q：3，初始状态为 front=rear=35，现经过一系列入队与

退队运算后，front=15，rear=15，则循环队列中的元素个数为（　　）。

A．15　　　　　　　　　　　　C．20

B．16　　　　　　　　　　　　D．0 或 35

28．如果进栈序列为 e1，e2，e3，e4，则可能的出栈序列是（　　）。

A．e3，e1，e4，e2　　　　　　C．e3，e4，e1，e2

B．e2，e4，e3，e1　　　　　　D．任意顺序

29．下列关于栈的描述中错误的是（　　）。

A．栈是先进后出的线性表

B．栈只能顺序存储

C．栈具有记忆作用

D．对栈的插入与删除操作中，不需要改变栈底指针

30．对下列二叉树进行前序遍历的结果为（　　）。

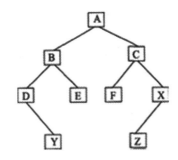

A．DYBEAFCZX　　　　　　C．ABDYECFXZ

B．YDEBFZXCA　　　　　　D．ABCDEFXYZ

四、知识点

1．算法

（1）算法的基本概念。

算法是对特定问题求解步骤的一种描述，它是指令的有限序列，其中每一条指令表示一个或多个操作。算法不等于程序，也不等于计算机方法，程序的编制不可能优于算法的设计。

（2）算法的基本特征：

1）可行性(Effectiveness)：针对实际问题而设计的算法，是一组严谨地定义运算顺序的规则，每一个规则都是有效的，执行后能够得到满意的结果。

2）确定性(Definiteness)：算法中的每一个步骤都必须有明确的定义，不允许有模棱两可的解释和多义性。

3）有穷性(Finiteness)：算法必须在有限时间内做完，即算法必须能在执行有限个步骤之后终止。

4）拥有足够的情报：要使算法有效必须为算法提供足够的情报，当算法拥有足够的情报时，此算法才最有效的，而当提供的情报不够时，算法可能无效。

（3）算法的两种基本要素。

1) 对数据的运算和操作：每个算法实际上是按解题要求从环境能进行的所有操作中选择合适的操作所组成的一组指令序列。

计算机可以执行的基本操作是以指令的形式描述的。一个计算机系统能执行的所有指令的集合，称为该计算机系统的指令系统。计算机程序就是按解题要求从计算机指令系统中选择合适的指令所组成的指令序列。

在一般的计算机系统中，基本的运算和操作有以下 4 类。

➢ 算术运算：主要包括加、减、乘、除等运算。

➢ 逻辑运算：主要包括"与""或""非"等运算。

➢ 关系运算：主要包括"大于""小于""等于""不等于"等运算。

➢ 数据传输：主要包括赋值、输入、输出等操作。

2) 算法的控制结构：算法中各操作运算和操作时间的顺序。

一个算法的功能不仅仅取决于所选用的操作，而且还与各操作之间的执行顺序有关，算法的控制结构给出了算法的基本框架，它不仅决定了算法中各操作的执行顺序，而且也直接反映了算法的设计是否符合结构化原则。

描述算法的工具通常有传统流程图、N-S 结构化流程图、算法描述语言等。一个算法一般都可以用顺序、选择、循环 3 种基本控制结构组合而成。

（4） 算法基本设计方法。

计算机算法不同于人工处理的方法，下面是工程上常用的几种算法设计，在实际应用时，各种方法之间往往存在着一定的联系。

1) 列举法。

列举法是计算机算法中的一个基础算法。列举法的基本思想是，根据提出的问题，列举所有可能的情况，并用问题中给定的条件检验哪些是需要的，哪些是不需要的。

列举法的特点是算法比较简单。但当列举的可能情况较多时，执行列举算法的工作量将会很大。因此，在用列举法设计算法时，使方案优化，尽量减少运算工作量，是应该重点注意的。

2) 归纳法。

归纳法的基本思想是，通过列举少量的特殊情况，经过分析，最后找出一般的关系。从本质上讲，归纳就是通过观察一些简单而特殊的情况，最后总结出一般性的结论。

3) 递推。

递推是指从已知的初始条件出发，逐次推出所要求的各中间结果和最后结果。其中初始条件或是问题本身已经给定，或是通过对问题的分析与化简而确定。递推本质上也属于归纳法，工程上许多递推关系式实际上是通过对实际问题的分析与归纳而得到的，因此，递推关系式往往是归纳的结果。对于数值型的递推算法必须要注意数值计算的稳定性问题。

4) 递归。

人们在解决一些复杂问题时，为了降低问题的复杂程度（如问题的规模等），一般总是将问题逐层分解，最后归结为一些最简单的问题。这种将问题逐层分解的过程，实际上并没有对问题进行求解，而只是当解决了最后那些最简单的问题后，再沿着原来分解的逆过程逐步进行综合，这就是递归的基本思想。

递归分为直接递归与间接递归两种。

5)　减半递推技术。

实际问题的复杂程度往往与问题的规模有着密切的联系。因此，利用分治法解决这类实际问题是有效的，工程上常用的分治法是减半递推技术。

所谓"减半"，是指将问题的规模减半，而问题的性质不变，所谓"递推"，是指重复"减半"的过程。

6)　回溯法。

在工程上，有些实际问题很难归纳出一组简单的递推公式或直观的求解步骤，并且也不能进行无限的列举。对于这类问题，一种有效的方法是"试"，通过对问题的分析，找出一个解决问题的线索，然后沿着这个线索逐步试探，若试探成功，就得到问题的解；若试探失败，就逐步回退，换别的路线再逐步试探。

（5）　算法复杂度。

算法复杂度包括时间复杂度和空间复杂度。

1)　算法的时间复杂度。

算法的时间复杂度，是指执行算法所需要的计算工作量。同一个算法用不同的语言实现，或者用不同的编译程序进行编译，或者在不同的计算机上运行，效率均不同。这表明使用绝对的时间单位衡量算法的效率是不合适的。撇开这些与计算机硬件、软件有关的因素，可以认为一个特定算法"运行工作量"的大小，只依赖于问题的规模（通常用整数 n 表示），它是问题的规模函数。即：算法的工作量=f(n)

例如，在 $N \times N$ 矩阵相乘的算法中，整个算法的执行时间与该基本操作（乘法）重复执行的次数 n^3 成正比，也就是时间复杂度为 n^3，即：f(n)=O(n^3)

在有的情况下，算法中的基本操作重复执行的次数还随问题的输入数据集不同而不同。例如在起泡排序的算法中，当要排序的数组 a 初始序列为自小至大有序时，基本操作的执行次数为氏当初始序列为自大至小有序时，基本操作的执行次数为 $n(n-1)/2$。对这类算法的分析，可以采用以下两种方法来分析。

①　平均性态(AverageBehavior)。

所谓平均性态是指各种特定输入下的基本运算次数的加权平均值来度量算法的工作量。

设 x 是所有可能输入中的某个特定输入，p(x)是 x 出现的概率（即输入为 x 的概率），t(x)是算法在输入为 x 时所执行的基本运算次数，则算法的平均性态定义为：

$$A(n)= \sum_{x \in D_n} p(x)t(x)$$

其中 Dn 表示当规模为 n 时，算法执行的所有可能输入的集合。

②　最坏情况复杂性(Worst-caseComplexity)。

所谓最坏情况复杂性分析，是指在规模为 n 时，算法所执行的基本运算的最大次数。

2)　算法的空间复杂度。

算法的空间复杂度是指执行这个算法所需要的内存空间。

一个算法所占用的存储空间包括算法程序所占的空间、输入的初始数据所占的存储空间以及算法执行中所需要的额外空间，其中额外空间包括算法程序执行过程中的工作单元以及某种数据结构所需要的附加存储空间。如果额外空间量相对于问题规模来说是常数，则称该算法是原地(Inplace)工作的。在许多实际问题中，为了减少算法所占的存储空间，通常采用压缩存储技术，以便尽量减少不必要的额外空间。

（6）　算法设计的要求。

通常一个好的算法应达到如下目标。

1）　正确性(Correctness)。

正确性大体可以分为以下 4 个层次：

① 程序不含语法错误。

② 程序对于几组输入数据能够得出满足规格说明要求的结果。

③ 程序对于精心选择的典型、苛刻而带有刁难性的几组输入数据能够得出满足规格说明要求的结果。

④ 程序对于一切合法的输入数据都能产生满足规格说明要求的结果。

2）　可读性(Readability)。

算法主要是为了方便人的阅读与交流，其次才是其执行。可读性好有助于用户对算法的理解，晦涩难懂的程序容易隐藏较多错误，难以调试和修改。

3）　健壮性(Robustness)。

当输入数据非法时，算法也能适当地做出反应或进行处理，而不会产生莫名其妙的输出结果。

4）　效率与低存储量需求。

效率指的是程序执行时，对于同一个问题如果有多个算法可以解决，执行时间短的算法效率高，存储量需求指算法执行过程中所需要的最大存储空间。

2. 数据结构

（1）　数据结构的基本概念。

1）　数据结构。

数据结构(datastructure)是指相互之间存在一种或多种特定关系的数据元素的集合，即数据的组织形式。

2）　数据结构研究的 3 个方面。

➢ 数据集合中各数据元素之间所固有的逻辑关系，即数据的逻辑结构。

➢ 在对数据进行处理时，各数据元素在计算机中的存储关系，即数据的存储结构。

➢ 对各种数据结构进行的运算。

讨论以上问题的目的是为了提高数据处理的效率，所谓提高数据处理的效率有两个方面：

➢ 提高数据处理的速度。

➢ 尽量节省在数据处理过程中所占用的计算机存储空间。

3）　常见概念。

➢ 数据(data)：是对客观事物的符号表示，在计算机科学中是指所有能输入到计算机中并被计算机程序处理的符号的总称。

➢ 数据元素(dataelement)：是数据的基本单位，在计算机程序中通常作为一个整体进行考虑和处理。

➢ 数据对象(dataobject)：是性质相同的数据元素的集合，是数据的一个子集。

在一般情况下，在具有相同特征的数据元素集合中，各个数据元素之间存在有某种关系（即连续），这种关系反映了该集合中的数据元素所固有的一种结构。在数据处理领域中，通常把数据元素之间这种固有的关系简单地用前后件关系（或直接前驱与直接后继关系）来描述。

前后件关系是数据元素之间的一个基本关系，但前后件关系所表示的实际意义随具体对象的不同而不同。一般来说，数据元素之间的任何关系都可以用前后件关系来描述。

（2） 逻辑结构。

数据的逻辑结构是对数据元素之间的逻辑关系的描述，它可以用一个数据元素的集合和定义在此集合中的若干关系来表示。

数据的逻辑结构有两个要素：一是数据元素的集合，通常记为 D，二是 D 上的关系，它反映了数据元素之间的前后件关系，通常记为 R。

一个数据结构可以表示成：B=(D，R)

例如，如果把一年四季看作一个数据结构，则可表示成：B=(D，R)

D={春季，夏季，秋季，冬季}

R={(春季，夏季)，(夏季，秋季)，(秋季，冬季)}

数据的逻辑结构包括集合、线性结构、树形结构和图形结构 4 种。

➢ 线性结构：数据元素之间构成一种顺序的线性关系。

➢ 树形结构：数据元素之间形成一种树形的关系。

（3） 存储结构。

数据的逻辑结构在计算机存储空间中的存放形式称为数据的存储结构（也称数据的物理结构）。

由于数据元素在计算机存储空间中的位置关系可能与逻辑关系不同，因此，为了表示存放在计算机存储空间中的各数据元素之间的逻辑关系（即前后件关系），在数据的存储结构中，不仅要存放各数据元素的信息，还需要存放各数据元素之间的前后件关系的信息。

一种数据的逻辑结构根据需要可以表示成多种存储结构，常用的结构有顺序、链接、索引等存储结构而采用不同的存储结构，其数据处理的效率是不同的。因此，在进行数据处理时，选择合适的存储结构是很重要的。

➢ 顺序存储方式主要用于线性的数据结构，它把逻辑上相邻的数据元素存储在物理上相邻的存储单元里，结点之间的关系由存储单元的邻接关系来体现。

➢ 链式存储结构就是在每个结点中至少包含一个指针域，用指针来体现数据元素之间逻辑上的联系。

（4） 数据结构的图形表示。

数据结构除了用二元关系表示外，还可以直观地用图形表示。

在数据结构的图形表示中，对于数据集合 D 中的每一个数据元素用中间标有元素值的方框表示，一般称之为数据结点，并简称为结点，为了进一步表示各数据元素之间的前后件关系，对于关系 R 中的每一个二元组，用一条有向线段从前件结点指向后件结点。

在数据结构中，没有前件的结点称为根结点，没有后件的结点称为终端结点（也称为叶子结点）。

一个数据结构中的结点可能是在动态变化的。根据需要或在处理过程中，可以在一个数据结构中增加一个新结点（称为插入运算），也可以删除数据结构中的某个结点（称为删除运算）。插入与删除是对数据结构的两种基本运算。除此之外，对数据结构的运算还有查找、分类、合并、分解、复制和修改等。

（5） 线性结构和非线性结构。

如果在一个数据结构中一个数据元素都没有，则称该数据结构为空的数据结构。

根据数据结构中各数据元素之间前后件关系的复杂程度，一般将数据结构分为两大类型：线性结构与非线性结构。

1） 线性结构。

非空数据结构满足有且只有一个根结点；每一个结点最多有一个前件，也最多有一个后件，则称该数据结构为线性结构。

线性结构又称线性表。在一个线性结构中插入或删除任何一个结点后还应是线性结构。栈、队列、串等都为线性结构。一个线性表是 n 个数据元素的有限序列，至于每个元素的具体含义，在不同的情况下各不相同，它可以是一个数或一个符号，也可以是一页书，甚至其他更复杂的信息。

线性结构与非线性结构都可以是空的数据结构。对于空的数据结构，如果对该数据结构的运算是按线性结构的规则来处理的，则属于线性结构，否则属于非线性结构。

2） 非线性结构。

如果一个数据结构不是线性结构，则称之为非线性结构。数组、广义表、树和图等数据结构都是非线性结构。

3. 线性表及其顺序存储结构

（1） 线性表的定义。

线性结构又称线性表，线性表是最简单也是最常用的一种数据结构，元素之间的相对位置是线性的。

线性表是 $n(n \geq 0)$ 个元素构成的有限序列 $(a_1, a_2, \cdots, a_n)$。表中的每一个数据元素，除了第一个外，有且只有一个前件，除了最后一个外，有且只有一个后件。即线性表是一个空表，或可以表示为：

$$(a_1, a_2, \cdots, a_n)$$

其中 $a_i(i=1, 2, \cdots, n)$ 是属于数据对象的元素，通常也称其为线性表中的一个结点。

其中，每个元素可以简单到是一个字母或是一个数据，也可能是比较复杂的由多个数据项组成的。在复杂的线性表中，由若干数据项组成的数据元素称为记录(Record)，而由多个记录构成的线性表又称为文件(File)。在非空表中的每个数据元素都有一个确定的位置，如 a_1 是第一个元素，a_n 是最后一个数据元素，a_i 是第 i 个数据元素，称 i 为数据元素 a_i 在线性表中的位序。

非空线性表有如下一些结构特征：

1） 有且只有一个根结点 a_1，它无前件。

2） 有且只有一个终端结点 a_n，它无后件。

3）除根结点与终端结点外，其他所有结点有且只有一个前件，也有且只有一个后件。线性表中结点的个数 n 称为线性表的长度。当 $n=0$ 时称为空表。

（2） 线性表的顺序存储结构。

线性表的顺序表指的是用一组地址连续的存储单元依次存储线性表的数据元素。

线性表的顺序存储结构具备如下两个基本特征：

➢ 线性表中的所有元素所占的存储空间是连续的。

➢ 线性表中各数据元素在存储空间中是按逻辑顺序依次存放的。

a_i 的存储地址为：$ADR(a_i)=ADR(a_1)+(i-1)k$。

式中 $ADR(a_1)$ 是线性表的第一个数据元素 a_1 的存储位置，通常称作线性表的起始位置或基址，k 代表每个元素占的字节数。

线性表的这种表示称作线性表的顺序存储结构或顺序映像，这种存储结构的线性表为顺序表。表中每一个元素的存储位置都和线性表的起始位置相差一个和数据元素在线性表中的位序成正比例的常数。由此只要确定了存储线性表的起始位置，线性表中任一数据元素都可以随机存取，所以线性表的顺序存储结构是一种随机存取的存储结构。

在程序设计语言中，通常定义一个一维数组来表示线性表的顺序存储空间。在用一维数组存放线性表时，该一维数组的长度通常要定义得比线性表的实际长度大一些，以便对线性表进行各种运算，特别是插入运算。在线性表的顺序存储结构下，可以对线性表做以下运算：

1） 在线性表的指定位置处加入一个新的元素（即线性表的插入）。

2） 在线性表中删除指定的元素（即线性表的删除）。

3） 在线性表中查找某个（或某些）特定的元素（即线性表的查找）。

4） 对线性表中的元素进行整序（即线性表的排序）。

5） 按要求将一个线性表分解成多个线性表（即线性表的分解）。

6） 按要求将多个线性表合并成一个线性表（即线性表的合并）。

7） 复制一个线性表（即线性表的复制）。

8） 逆转一个线性表（即线性表的逆转）等。

（3） 顺序表的插入运算。

线性表的插入运算是指在表的第 $i(1 \leq i \leq n+1)$ 个位置上，插入一个新结点 x，使长度为 n 的线性表

$(a_1, \cdots, a_{i-1}, a_i, \cdots, a_n)$

变成长度为 n+1 的线性表

$(a_1, \cdots, a_{i-1}, x, a_i, \cdots, a_n)$

在第 i 个元素之前插入一个新元素的步骤如下：

1） 把原来第 n 个节点至第 i 个节点依次往后移一个元素位置。

2） 把新节点放在第 i 个位置上。

3） 修正线性表的节点个数。

现在分析算法的复杂度，这里的问题规模是表的长度，设它的值为 n。该算法的时间主要花费在循环结点后移语句上，该语句的执行次数（即移动结点的次数）是 $n-i+1$，由此可看出，所需移动结点的次数不仅依赖于表的长度，而且还与插入位置有关。

当 $i=n+1$ 时，由于循环变量的终值大于初值，结点后移语句将不进行，这是最好情况，其时间复杂度 O(1)。

当 $i=1$ 时，结点后移语句，将循环执行 n 次，需移动表中所有结点，这是最坏情况，其时间复杂度为 O(n)。

由于插入可能在表中任何位置上进行，因此需分析算法的平均复杂度。

在长度为 n 的线性表中第 i 个位置上插入一个结点，令 Eis(n)表示移动结点的期望值（即移动的平均次数），则在第 i 个位置上插入一个结点的移动次数为 $n-i+1$。故不失一般性，假设在表中任何位置($1 \leq i \leq n+1$)上插入结点的机会是均等的，则 $p_1=p_2=p_3=\cdots=p_{n+1}=1/(n+1)$。

因此，在等概率插入的情况下，也就是说，在顺序表上做插入运算，平均要移动表上一半的结点。当表长 n 较大时，算法的效率相当低。虽然 Eis(n)中 n 的系数较小，但就数量级而言，它仍然是线性级的，因此算法的平均时间复杂度为 O(n)。

（4） 顺序表的删除运算。

线性表的删除运算是指将表的第 i($1 \leq i \leq n$)个结点删除，使长度为 n 的线性表：

$(a_1, \cdots, a_{i-1}, a_i, a_{i+1}, \cdots, a_n)$

变成长度为 n-1 的线性表

$(a_1, \cdots, a_{i-1}, a_{i+1}, \cdots, a_n)$

注意：找到删除的数据元素后，从该元素位置开始，将后面的元素一一向前移动，在移动完成后，线性表的长度减 1。

删除第 i 个位置的元素的步骤如下：

1） 把第 i 个元素之后不包括第 i 个元素的 $n-i$ 个元素依次前移一个位置。

2） 修正线性表的结点个数。

该算法的时间分析与插入算法相似，结点的移动次数也是由表长 n 和位置 i 决定。若 $i=n$，则由于循环变量的初值大于终值，前移语句将不执行，无需移动结点，若 $i=1$，则前移语句将循环执行 $n-1$ 次，需移动表中除开始结点外的所有结点。这两种情况下算法的时间复杂度分别为 O(1)和 O(n)。

删除算法的平均性能分析与插入算法相似。在长度为 n 的线性表中删除一个结点，令 Ede(n)表示所需移动结点的平均次数，删除表中第 i 个结点的移动次数为 $n-i$，故式子中，pi 表示删除表中第 i 个结点的概率。在等概率的假设下。

$p_1=p_2=p_3=\cdots=p_n=1/n$

由此可得：

即在顺序表上做删除运算，平均要移动表中约一半的结点，平均时间复杂度也是 O(n)。

注意：

当要删除元素的位置 i 不在表长范围（即 $i<1$ 或 $i>$L->length）时，为非法位置，不能做正常的删除操作。

4． 栈

（1） 栈的基本概念。

1） 基本概念：栈是一种特殊的线性表，其插入运算与删除运算都只在线性表的一端进行，也被称为"先进后出"（FILO）表或"后进先出"（LIFO）表。

例如，枪械的子弹匣就可以用来形象地表示栈结构。子弹匣的一端是完全封闭的，最后被压入弹匣的子弹总是最先被弹出，而最先被压入的子弹最后才能被弹出。

> 栈顶：允许插入与删除的一端，用 top 表示栈顶位置。
> 栈底：栈顶的另一端不允许插入与删除，用 bottom 表示栈底。
> 空栈：栈中没有元素的栈。

2) 特点。

> 栈顶元素是最后被插入和最早被删除的元素。
> 栈底元素是最早被插入和最后被删除的元素。
> 栈有记忆作用。
> 栈顶指针 top 动态反映了栈中元素的变化情况
> 在顺序存储结构下，栈的插入和删除运算不需移动表中其他数据元素。

（2） 栈的顺序存储及其运算。

栈的基本运算有 3 种：入栈、退栈与读栈顶元素。

1) 入栈运算：入栈运算是指在栈顶位置插入一个新元素。首先将栈顶指针加一（即 top 加 1），然后将元素插入到栈顶指针指向的位置。当栈顶指针已经指向存储空间的最后一个位置时，说明栈空间已满，不可能再进行入栈操作，这种情况称为栈"上溢"错误。

2) 退栈运算：退栈是指取出栈顶元素并赋给一个指定的变量。首先将栈顶元素（栈顶指针指向的元素）赋给一个指定的变量，然后将栈顶指针减一（即 top 减 1）。当栈顶指针为 0 时，说明栈空，不可进行退栈操作。这种情况称为栈的"下溢"错误。

3) 读栈顶元素：读栈顶元素是指将栈顶元素赋给一个指定的变量。这个运算不删除栈顶元素，只是将它赋给一个变量，因此栈顶指针不会改变。当栈顶指针为 0 时，说明栈空，读不到栈顶元素。

5. 队列

（1） 队列的基本概念。

队列(Queue)是指允许在一端进行插入，在另一端进行删除的线性表。

> 队尾：允许插入的一端，用尾指针 rear 指向队尾元素。
> 队头：允许删除的一端，用头指针 front 指向头元素的前一位置。

当队列中没有元素时称为空队列。

队列的修改是依照先进先出的原则进行的，因此队列也称为先进先出的线性表，或者后进后出的线性表。例如：火车进隧道，最先进隧道的是火车头，最后是火车尾，而火车出隧道的时候也是火车头先出，最后出的是火车尾。

若有队列：$Q=(q_1, q_2, \cdots, q_n)$

那么，q_1 为队头元素（排头元素），q_n 为队尾元素。队列中的元素是按照 $q_1, q_2, \cdots, q_n$ 的顺序进入的，退出队列也只能按照这个次序依次退出，即只有在 $q_1, q_2, \cdots, q_{n-1}$ 都退队之后，q_n 才能退出队列。因最先进入队列的元素将最先出队，所以队列具有先进先出的特性，体现"先来先服务"的原则。

队头元素 q_1 是最先被插入的元素，也是最先被删除的元素。队尾元素 q_n 是最后被插入的元素，也是最后被删除的元素。因此，与栈相反，队列又称为"先进先出"（FirstInFirstOut，简称 FIFO）或"后进后出"（LastInLastOut，简称 LILO）的线性表。

（2）队列运算。

1）入队运算。

入队运算是指在循环队列的队尾加入一个新元素。首先将队尾指针进一（即 rear=rear+1），并当 rear=m+1 时置 rear=1，然后将新元素插入到队尾指针指向的位置。当循环队列非空(s=l)且队尾指针等于队头指针时，说明循环队列已满，不能进行入队运算，这种情况称为"上溢"。

2）退队运算。

退队运算是指在循环队列的队头位置退出一个元素并赋给指定的变量。首先将队头指针一进一（即 from=front+1），并当 front=m+1 时，置 front=1 然后将排头指针指向的元素赋给指定的变量。当循环队列为空(s=0)时，不能进行退队运算，这种情况称为"下溢"。

在实际应用中，队列的顺序存储结构一般采用循环队列的形式。所谓循环队列，就是将队列存储空间的最后一个位置绕到第一个位置，形成逻辑上的环状空间。

在循环队列中，用队尾指针 rear 指向队列中的队尾元素，用排头指针 front 指向排头元素的前一个位置。因此，从排头指针 front 指向的后一个位置直到队尾指针 rear 指向的位置之间所有的元素均为队列中的元素。

循环队列的初始状态为空，即 rear=front=m。这里 m 即为队列的存储空间。

由于入队时尾指针向前追赶头指针，出队时头指针向前追赶尾指针，故队空和队满时头尾指针均相等。因此，我们无法通过 front=rear 来判断队列"空"还是"满"。

在实际使用循环队列时，为了能区分队列满还是队列空，通常还需增加一个标志 s，s 值的定义如下：当 s=0 时表示队列空，当 s=1 时表示队列非空。

计算循环队列的元素个数："尾指针减头指针"，若为负数，再加其容量即可。

6. 链表

（1）线性表顺序存储的缺点。

1）在一般情况下，要在顺序存储的线性表中插入一个新元素或删除一个元素时，为了保证插入或删除后的线性表仍然为顺序存储，则在插入或删除过程中需要移动大量的数据元素，因此采用顺序存储结构进行插入或删除的运算效率很低。

2）当为一个线性表分配顺序存储空间后，如果出现线性表的存储空间已满，但还需要插入新的元素时栈会发生"上溢"错误。

3）计算机空间得不到充分利用，并且不便于对存储空间的动态分配。

（2）线性链表的基本概念。

在链式存储方式中，结点由两部分组成：（1）用于存储数据元素值，称为数据域；（2）用于存放指针，称为指针域，用于指向前一个或后一个结点（即前件或后件）。

在链式存储结构中，存储数据结构的存储空间可以不连续，各数据结点的存储顺序与数据元素之间的逻辑关系可以不一致，而数据元素之间的逻辑关系是由指针域来确定的。

链式存储方式即可用于表示线性结构，也可用于表示非线性结构。

线性表的链式存储结构称为线性链表。

（3）线性单链表。

为了能正确表示结点间的逻辑关系，在存储每个结点值的同时，还必须存储指示其后件结点的地址（或位置）信息，这个信息称为指针(Pointer)或链(Link)。这两部分组成了链表中的结点结构。

链表正是通过每个结点的链域将线性表的 n 个结点按其逻辑次序链接在一起。由于上述链表的每一个结点只有一个链域，故将这种链表称为单链表(SingleLinked)。

显然，单链表中每个结点的存储地址是存放在其前驱结点 Next 域中，而开始结点无前驱，故应设头指针 HEAD 指向开始结点，HEAD=NULL（或 0）称为空表，同时，由于终端结点无后件，故终端结点的指针域为空，即 NULL。

（4）带链的栈与队列。

1）栈也是线性表，也可以采用链式存储结构。在实际应用中，带链的栈可以用来收集计算机存储空间中所有空闲的存储结点，这种带链的栈称为可利用栈。

2）队列也是线性表，也可以采用链式存储结构。

（5）线性链表的基本运算。

➢ 在线性链表中包含指定元素的结点之前插入一个新元素。

➢ 在线性链表中删除包含指定元素的结点。

➢ 将两个线性链表按要求合并成一个线性表。

➢ 将一个线性链表按要求进行分解。

➢ 逆转线性链表。

➢ 复制线性链表。

➢ 线性链表的排序。

➢ 线性链表的查找。

1）在线性链表中查找指定元素。

在对线性链表进行插入或删除的运算中，总是首先需要找到插入或删除的位置，这就需要对线性链表进行扫描查找，在线性链表中寻找包含指定元素的前一个结点。

在线性链表中，即使知道被访问结点的序号 a，也不能像顺序表中那样直接按序号 i 访问结点，而只能从链表的头指针出发，顺链域 Next 逐个结点往下搜索，直到搜索到第 i 个结点为止。因此，链表不是随机存取结构。

在链表中，查找是否有结点值等于给定值 x 的结点，若有的话，则返回首次找到的其值为 x 的结点的存储位置，否则返回 NULL。查找过程从开始结点出发，顺着链表逐个将结点的值和给定值 x 做比较。

2）线性链表的插入。

线性链表的插入是指在链式存储结构下的线性链表中插入一个新元素。

插入运算是将值为 X 的新结点插入到表的第 i 个结点的位置上，即插入到 a_{i-1}，与 a_i 之间。因此，我们必须首先找到 a_{i-1} 的存储位置 p，然后生成一个数据域为 x 的新结点*p，并令结点，p 的指针域指向新结点，新结点的指针域指向结点 a_i。

由线性链表的插入过程可以看出，由于插入的新结点取自于可利用栈，因此，只要可利用栈不空，在线性链表插入时总能取到存储插入元素的新结点，不会发生"上溢"的情况。而且，由于可利用栈是公用的，多个线性链表可以共享它，从而很方便地实现了存储空间的动态分配。另外，线性链表在插入过程中不发生数据元素移动的现象，只要改变有关结点的指针即可，从而提高了插入的效率。

3）线性链表的删除。

线性链表的删除是指在链式存储结构下的线性链表中删除包含指定元素的结点。

删除运算是将表的第 i 个结点删去。因为在单链表中结点 a 的存储地址是在其直接前趋结点 a_{i-1} 的指针域 Next 中，所以我们必须首先找到 a_{i-1} 的存储位置 p。然后令 p->Next 指向 a_i 的直接后件结点，即把 a_i 从链上摘下。最后释放结点 a 的空间。

从线性链表的删除过程可以看出，从线性链表中删除一个元素后，不需要移动表中的数据元素，只要改变被删除元素所在结点的前一个结点的指针域即可。另外，由于可利用栈是用于收集计算机中所有的空闲结点，因此，当从线性链表中删除一个元素后，该元素的存储结点就变为空闲，应将空闲结点送回到可利用栈。

线性链表，HEAD 称为头指针，HEAD=NULL（或 0）称为空表，如果是两指针：左指针（Llink）指向前件结点，右指针（Rlink）指向后件结点。

在线性链表中，虽然对数据元素的插入和删除操作比较简单，但由于它对第一个结点和空表需要单独处理，使得空表与非空表的处理不一致。

（6）线性双向链表。

1）什么是双向链表。

在单链表中，从某个结点出发可以直接找到它的直接后件，时间复杂度为 $O(1)$，但无法直接找到它的互接前件，在单循环链表中，从某个结点出发可以直接找到它的直接后件，时间复杂度仍为 $O(1)$，直接找到它的直接前件，时间复杂度为 $O(n)$。有时，希望能快速找到一个结点的直接前件，这时，可以在单链表中的结点中增加一个指针域指向它的直接前件，这样的链表，就称为双向链表（一个结点中含有两个指针）。如果每条链构成一个循环链表，则会得到双向循环链表。

如果是双项链表的两指针：左指针（Llink）指向前件结点，右指针（Rlink）指向后件结点。

2）双向链表的基本运算。

➢ 插入：在 HEAD 为头指针的双向链表中，在值为 Y 的结点之后插入值为 X 的结点，插入结点的指针变化。

➢ 删除：在以 HEAD 为头指针的双向链表中删除值为 X 的结点，删除算法的指针变化。

（7）循环链表。

单链表上的访问是一种顺序访问，从其中的某一个结点出发，可以找到它的直接后件，但无法找到它的直接前件。

在前面所讨论的线性链表中，其插入与删除的运算虽然比较方便，但还存在一个问题，在运算过程中对于空表和对第一个结点的处理必须单独考虑，使空表与非空表的运算不统一。

因此，我们可以考虑建立这样的链表，具有单链表的特征，但又不需要增加额外的存贮空间，仅对表的链接方式稍做改变，使得对表的处理更加方便灵活。从单链表可知，最后一个结点的指针域为 NULL，表示单链表已经结束。如果将单链表最后一个结点的指针域改为存放链表中头结点（或第一个结点）的地址，就使得整个链表构成一个环，又没有增加额外的存储空间。

循环链表具有以下两个特点：

➢ 在循环链表中增加了一个表头结点，其数据域为任意或者根据需要来设置，指针域指向线性表的第一个元素的结点。循环链表的头指针指向表头结点。

➢ 循环链表中最后一个结点的指针域不是空，而是指向表头结点。即在循环链表中，所有结点的指针构成了一个环状链。

在循环链表中，只要指出表中任何一个结点的位置，就可以从它出发访问到表中其他所有的结点，而线性单链表做不到这一点。

由于在循环链表中设置了一个表头结点，因此，在任何情况下，循环链表中至少有一个结点存在，从而使空表的运算统一。

循环链表的特点是无须增加存储量，仅对表的链接方式稍作改变，即可使得表处理更加方便灵活。

注意：

1）循环链表中没有 NULL 指针。涉及遍历操作时，其终止条件就不再是像非循环链表那样判别 p 或 p->next 是否为空，而是判别它们是否等于某一指定指针，如头指针或尾指针等。

2）在单链表中，从任一已知结点出发，只能访问到该结点及其后续结点，无法找到该结点之前的其他结点。而在单循环链表中，从任一结点出发都可访问到表中所有结点，这一优点使某些运算在单循环链表上易于实现。

7. 树和二叉树

（1）树。

1）树的定义。

树是简单的非线性结构，由 $n(n \geq 0)$ 个结点组成的有限集合。若 $n=0$，称为空树，若 $n>0$，则：

➢ 有一个特定的称为根(root)的结点。它只有直接后件，但没有直接前件。

➢ 除根结点以外的其他结点可以划分为 $m(m \geq 0)$ 个互不相交的有限集合 T_0，T_1，…，T_{m-1}，每个集合 $T_i(i=0, 1, …, m-1)$ 又是一棵树，称为根的子树，每棵子树的根结点有且仅有一个直接前件，但可以有 0 个或多个直接后件。

2）基本术语：

父结点（根）	在树结构中，每一个结点只有一个前件，称为父结点，没有前件的结点只有一个，称为树的根结点，简称树的根
子结点和叶子结点	在树结构中，每一个结点可以有多个后件，称为该结点的子结点。没有后件的结点称为叶子结点
度	在树结构中，一个结点所拥有的后件的个数为该结点的度，所有结点中最大的度称为树的度
深度	定义一棵树的根结点所在的层次为1，其他结点所在的层次等于它的父结点所在的层次加1。树的最大层次称为树的深度
子树	在树中，以某结点的一个子结点为根构成的树称为该结点的一棵子树

3）树的应用。

在计算机中，可以用树结构来表示算术表达式，用树来表示算术表达式的原则是：

➢ 表达式中的每一个运算符在树中对应一个结点，称为运算符结点。

➢ 运算符的每一个运算对象在树中为该运算符结点的子树（在树中的顺序为从左到右）。

➢ 运算对象中的单变量均为叶子结点。

4）树的实现。

树在计算机中通常用多重链表表示。

（2）二叉树。

1）二叉树的定义：二叉树是一种非线性结构，是有限的节点集合，该集合为空（空二叉树）或由一个根节点及两棵互不相交的左右二叉子树组成。

二叉树不是树的特殊情况，它们是两个概念。

二叉树具有以下特点：

➢ 非空二叉树只有一个根结点。

➢ 每一个结点最多有两棵子树，且分别称为该结点的左子树和右子树；在二叉树中，不存在度大于 2 的结点，并且二叉树是有序树（树为无序树）。

➢ 其子树的顺序不能颠倒。

2）二叉树的基本性质。

性质 1：在二叉树的第 k 层上至多有 2^{k-1} 个结点($k \geqslant 1$)。

性质 2：深度为 m 的二叉树至多有 $2^m - 1$ 个结点。

性质 3：对任何一棵二叉树，度为 0 的结点（即叶子结点）总是比度为 2 的结点多一个。如果叶子结点 n_0，度为 2 的结点数为 n_2，则 $n_0 = n_2 + 1$。

性质 4：具有 n 个结点的完全二叉树的深度至少为[$\log_2 n$]+1，其中[$\log_2 n$]表示 $\log_2 n$ 的整数部分。

➢ 满二叉树。

满二叉树是指这样的一种二叉树：除最后一层外，每一层上的所有结点都有两个子结点。满二叉树的每一层上的结点数都达到最大，即在满二叉树的第 k 层上有 2^{k-1} 个结点，深度为 k 的二叉树具有 $2^k - 1$ 个结点。

➢ 完全二叉树。

完全二叉树是指这样的二叉树：除最后一层外，每一层上的结点数均达到最大值，在最后一层上只缺少右边的若干结点。

如果一棵具有 n 个结点的深度为 k 的二叉树，它的每一个结点都与深度为 k 的满二叉树中编号为 $1 \sim n$ 的结点一一对应。

从完全二叉树定义可知，结点的排列顺序遵循从上到下、从左到右的规律。所谓从上到下，表示本层结点数达到最大后，才能放入下一层。从左到右，表示同一层结点必须按从左到右排列，若左边空一个位置时不能将结点放入右边。

满二叉树也是完全二叉树，反之完全二叉树不一定是满二叉树。

性质 5：具有 n 个结点的完全二叉树深度为[$\log_2 n$]+1 或[$\log_2 (n+1)$]。

性质 6：如果对一棵有 n 个结点的完全二叉树的结点按层序编号（从第 1 层到第[$\log_2 n$]+1 层，每层从左到右），则对任一结点 i($1 \leqslant i \leqslant n$)，有：

① 如果 $i=1$，则结点 i 无双亲，是二叉树的根，如果 $i>1$，则其双亲是结点[$i/2$]。

② 如果 $2i \leqslant n$，则结点 i 为叶子结点，无左孩子，否则，其左孩子是结点 $2i$。

③ 如果 $2i+1{\leqslant}n$，则结点 i 无右孩子，否则，其右孩子是结点 $2i+1$。

3）二叉树的存储结构。

二叉树通常采用链式存储结构，二叉树的链式存储结构也称二叉链表。存储结点由两部分组成：数据域与指针域；指针域有两个：一个用于指向该结点的左子结点的存储地址，称为左指针域，另一个用于指向该结点的右子结点的存储地址，称为右指针域。

对满二叉树和完全二叉树可按层次进行顺序存储。

4）二叉树的遍历。

所谓遍历二叉树，就是遵从某种次序，访问二叉树中的所有结点，使得每个结点仅被访问一次。

在遍历二叉树的过程中，一般先遍历左子树，再遍历右子树。在先左后右的原则下，根据访问根结点的次序，二叉树的遍历分为三类：前序遍历、中序遍历和后序遍历。

➤ 前序遍历（DLR）。

若二叉树为空，则执行空操作。否则：①访问根结点，②前序遍历左子树，③前序遍历右子树。

➤ 中序遍历（LDR）。

若二叉树为空，则执行空操作。否则：①中序遍历左子树，②访问根结点，③中序遍历右子树。

➤ 后序遍历（LRD）。

若二叉树为空，则执行空操作。否则：①后序遍历左子树，②后序遍历右子树，③访问根结点。

8. 查找

（1）顺序查找。

查找是指在一个给定的数据结构中查找某个指定的元素。从线性表的第一个元素开始，依次将线性表中的元素与被查找的元素相比较，若相等，则表示查找成功；若线性表中所有的元素都与被查找元素进行了比较但都不相等，则表示查找失败。

例如，在一维数组[21，46，24，99，57，77，86]中，查找数据元素 99，首先从第 1 个元素 21 开始进行比较，比较结果与要查找的数据不相等，接着与第 2 个元素 46 进行比较，以此类推，当进行到与第 4 个元素比较时，它们相等，所以查找成功。如果查找数据元素 100，则整个线性表扫描完毕，仍未找到与 100 相等的元素，表示线性表中没有要查找的元素。

在下列两种情况下也只能采用顺序查找：

1）如果线性表为无序表，则不管是顺序存储结构还是链式存储结构，只能用顺序查找。

2）即使是有序线性表，如果采用链式存储结构，也只能用顺序查找。

（2）二分法查找。

二分法查找，也称拆半查找，是一种高效的查找方法。能使用二分法查找的线性表必须满足用顺序存储结构和线性表是有序表两个条件。

"有序"是特指元素按非递减排列，即从小到大排列，但允许相邻元素相等。下一节排序中，有序的含义也是如此。

对于长度为 n 的有序线性表，利用二分法查找元素 X 的过程如下：

1）将 X 与线性表的中间项比较。

2）如果 X 的值与中间项的值相等，则查找成功，结束查找。

3）如果 X 小于中间项的值，则在线性表的前半部分以二分法继续查找。

4）如果 X 大于中间项的值，则在线性表的后半部分以二分法继续查找。

例如，长度为 8 的线性表关键码序列为：[6，13，27，30，38，46，47，70]，被查元素为 38，首先将与线性表的中间项比较，即与第 4 个数据元素 30 相比较，38 大于中间项 30 的值，则在线性表[38，46，47，70]中继续查找，接着与中间项比较，即与第 2 个元素 46 相比较，38 小于 46，则在线性表[38]中继续查找，最后一次比较相等，查找成功。

顺序查找法每一次比较，只将查找范围减少 1，而二分法查找，每比较一次，可将查找范围减少为原来的一半，效率大大提高。

对于长度为 n 的有序线性表，在最坏情况下，二分法查找只需比较 $\log_2 n$ 次。

而顺序查找需要比较 n 次。

9. 排序

排序是指将一个无序序列整理成按值非递减顺序排列的有序序列。

（1）交换类排序法。

1）冒泡排序法。

首先，从表头开始往后扫描线性表，逐次比较相邻两个元素的大小，若前面的元素大于后面的元素，则将它们互换，不断地将两个相邻元素中的大者往后移动，最后最大者到了线性表的最后。

然后，从后到前扫描剩下的线性表，逐次比较相邻两个元素的大小，若后面的元素小于前面的元素，则将它们互换，不断地将两个相邻元素中的小者往前移动，最后最小者到了线性表的最前面。

对剩下的线性表重复上述过程，直到剩下的线性表变空为止，此时已经排好序。

在最坏的情况下，冒泡排序需要比较次数为 $n(n-1)/2$。

2）快速排序法。

是迄今为止所有内排序算法中速度最快的一种。它的基本思想是：任取待排序序列中的某个元素作为基准（一般取第一个元素），通过一趟排序，将待排元素分为左右两个子序列，左子序列元素的排序码均小于或等于基准元素的排序码，右子序列的排序码则大于基准元素的排序码，然后分别对两个子序列继续进行排序，直至整个序列有序。最坏情况下，即每次划分，只得到一个序列，时间效率为 $O(n^2)$。

（2）插入类排序法。

1）简单插入排序法，最坏情况需要 $n(n-1)/2$ 次比较。

简单插入排序法：把 n 个待排序的元素看成为一个有序表和一个无序表，开始时有序表中只包含一个元素，无序表中包含有 $n-1$ 个元素，排序过程中每次从无序表中取出第一个元素，把它的排序码依次与有序表元素的排序码进行比较，将它插入到有序表中的适当位置，使之成为新的有序表。在最坏情况下，即初始排序序列是逆序的情况下，比较次数

为 $n(n-1)/2$，移动次数为 $n(n-1)/2$。

2）希尔排序法，最坏情况需要 $O(n1^5)$ 次比较。

希尔排序法：先将整个待排元素序列分割成若干个子序列（由相隔某个"增量"的元素组成的）分别进行直接插入排序。待整个序列中的元素基本有序（增量足够小）时，再对全体元素进行一次直接插入排序。

（3）选择类排序法。

1）简单选择排序法，最坏情况需要 $n(n-1)/2$ 次比较。

简单选择排序法：扫描整个线性表，从中选出最小的元素，将它交换到表的最前面，然后对剩下的子表采用同样的方法，直到子表空为止。对于长度为 n 的序列，需要扫描 $n-1$ 次，每一次扫描均找出剩余的子表中最小的元素，然后将该最小元素与子表的第一个元素进行交换，最坏情况下需要比较 $n(n-1)/2$ 次。

2）堆排序法，最坏情况需要 $O(n\log_2 n)$ 次比较。

堆排序的方法：首先将一个无序序列建成堆，然后将堆顶元素（序列中的最大项）与堆中最后一个元素交换（最大项应该在序列的最后）。不考虑已经换到最后的那个元素，只考虑前 $n-1$ 个元素构成的子序列，将该子序列调整为堆。反复做步骤②，直到剩下的子序列空为止。在最坏情况下，堆排序法需要比较的次数为 $O(n\log_2 n)$。

堆分为大根堆和小根堆，是完全二叉树。

大根堆的要求是每个节点的值都不大于其父节点的值，可以用一维数组或完全二叉树来表示堆的结构。用完全二叉树表示堆时，树中所有非叶子结点值均不小于其左右子树的根结点的值，因此堆顶（完全二叉树的根结点）元素必须为序列的 n 个元素中的最大项。

相比以上几种（除希尔排序法外），堆排序法的时间复杂度最小。

五、答案解析

1. 答案：A，程序的执行效率与算法和数据结构有密切的关系，瑞士科学家沃士说过"程序=算法+数据结构"。所以程序执行的效率与数据的存储结构密切相关，程序执行的效率与程序的控制结构、所处理的数据量有关，但不绝对相关。

2. 答案：D，循环队列的队头指针与队尾指针都不是固定的，随着入队与出队操作要进行变化因为是循环利用的队列结构所以对头指针有时可能大于队尾指针有时也可能小于队尾指针

3. 答案：D，队列是按"先进先出"原则组织数据的线性表。对队列实施的操作有：入队（又称为插入）和出队（又称为删除）。入队只能在队列的队尾进行，出队只能在队列的队头进行。

4. 答案：D，二叉树中，度为 0 的节点数等于度为 2 的节点数加 1，即 $n_2=n_0-1$，叶子节点即度为 0，$n_0=1$，则 $n_2=0$，总节点数为 $12=n_0+n_1+n_2=1+n_1+0$，则度为 1 的节点数 $n_1=11$，故深度为 12。

5. 答案：A，二叉树具有这样一个性质：在任意一棵二叉树中，度为 0 的结点（即叶子结点）总是比度为 2 的结点多一个。所以某二叉树中有 n 个度为 2 的结点，则该二叉树中的叶子结点数为 $n+1$。

6. 答案：A，根据二叉树的性质 3：在任意一棵二叉树度为 0 的叶子结点总是比度为 2 的结点多一个，所以本题中度为 2 的结点是 5-1＝4 个，所以度为 1 的结点的个数是 25-5-4＝16 个

7. 答案：C，在满二叉树中每层的结点数都达到最大值，而且叶子结点全部出现在最底层。第 1 层（根结点所在的层）有 2^0 个结点，第 2 层有 2^1 个结点，……，第 n 层有 2^{n-1} 个结点。在深度为 7 的满二叉树中，第 7 层有 2^{7-1}＝64 个结点（全部是叶子结点）。

8. 答案：B，利用前序和中序遍历的方法可以确定二叉树的结构，具体步骤如下：① 前序遍历的第一个结点 A 为树的根结点，②中序遍历中 A 的左边的结点为 A 的左子树，A 右边的结点为 A 的右子树，③再分别对 A 的左右子树进行上述两步处理，直到每个结点都找到正确的位置。

9. 答案：C，对于长度为 n 的线性表进行顺序查找，平均要进行 $n/2$ 次比较，在最坏情况下要进行 n 次比较，对于长度为 n 的线性表进行二分查找，在最坏情况下要进行 $log_2 n$ 次比较（但二分查找要求线性表是顺序存储的有序表）。

10. 答案：A，在定义的链表中，若只含有一个指针域来存放下一个元素地址，称这样的链表为单链表或线性链表。带链的栈可以用来收集计算机存储空间中所有空闲的存储结点，是线性表。在单链表的结点中增加一个指针域指向它的直接前件，这样的链表，就称为双向链表（一个结点中含有两个指针），也是线性链表。循环链表具有单链表的特征，但又不需要增加额外的存贮空间，仅对表的链接方式稍做改变，使得对表的处理更加方便灵活，属于线性链表。二叉链表是二叉树的物理实现，是一种存储结构，不属于线性结构。答案为 A 选项。

11. 答案：C，在无向图（边没有方向性的图）中，若从顶点 vi 到 vj 有路径，则称 vi 和 vj 是连通的，若该图中任意两个顶点都是连通的，则称该图为连通图。

12. 答案：C，链式存储结构克服了顺序存储结构的缺点：它的结点空间可以动态申请和释放，它的数据元素的逻辑次序靠结点的指针来指示，不需要移动数据元素，故链式存储结构下的线性表便于插入和删除操作。

13. 答案：C，在最坏情况下，冒泡排序的时间复杂度为 $n(n-1)/2$，为 45。

14. 答案：B，常常一个程序中要用到多个栈，为了不发生上溢错误，就必须给每个栈分配一个足够大的存储空间。但实际中，很难准确地估计，若每个栈都分配过大的存储空间，势必造成系统空间紧张，若让多个栈共用一个足够大的连续存储空间，则可利用栈的动态特性使他们的存储空间互补。

15. 答案：D，冒泡排序和简单插入排序与简单选择排序法在最坏情况下均需要比较 $n(n-1)/2$ 次，而堆排序在最坏情况下需要比较的次数是 $nlog_2^n$。

16. 答案：A，树是一个或多个结点组成的有限集合，其中一个特定的结点称为根，其余结点分为若干个不相交的集合，每个集合同时又是一棵树，树有且只有 1 个根结点。

17. 答案：D，如果注意观察树的结构，你会发现树中的结点数总是比树中的分支数多，其实也可以这么理解：如果在根结点前面加一条分支线，那么分支数和结点数就一样多了。在树的结点里，n 度结点可以射出条分支，叶子结点是 0 度结点，因此它射出的分支数为 0。此题中知道了 1 到 4 度结点的个数，就可以计算出树的总分支数：4×1+3×2+2×3+1×4=20。因此树的总结点数是 21，减去其他度数的结点数 10 就得到 0 度结点（叶子结点）的个数

11 了。本题还有另外一种解：由于问题的结果肯定不会和具体的哪棵树有关，读者可以自己画出一棵满足题目要求的具体的树出来，再去数树中叶子结点的个数，不过这种方法只适用于树不是很复杂（结点数不是很多）的场合。

18. 答案：D，数据的逻辑结构是指反映数据元素之间逻辑关系的数据结构，数据的存储结构是指数据的逻辑结构在计算机存储空间中的存放形式，数据的逻辑结构有线性，比如线性表、队列、栈等）和非线性（比如树、二叉树等）之分，而存储结构也有线性（比如磁带）和非线性（比如硬盘）之分，一般来说，一种数据的逻辑结构根据需要可以表示成多种存储结构，常用的存储结构有顺序、链接、索引等，采用不同的存储结构，其处理数据的效率是不同的。

19. 答案：D，由于问的是原来顺序表中的第 5 个元素，它在插入操作后变成了第 6 个元素（因为插入的元素在它前面）。由于删除的第 7 个元素在它后面，不会影响它在顺序表中的排位。因此在执行插入和删除操作后，原先顺序表中的第 5 个元素变成了新的顺序表中的第 6 个元素。再按照线性表的随机存取地址的计算公式 ADD(ai)=ADD(a)+(i-1)×k =1023+5×2=1033。

20. 答案：B，只要是顺序查找（不管线性表是有序还是无序），都是从表头到表尾逐个比较，若相同则结束查找，否则一直继续比较下一个表中元素，直到整个表都比较完。对于长度为 64 的线性表，平均要进行 64/2=32 次比较，在最坏情况下要进行 64 次比较。若采用二分（折半）查找，则最坏情况下需要比较的次数为 $\log_2^{64}$=6 次，但要注意采用二分（折半）查找的条件，必须是线性表采用顺序存储结构，而且线性表中的元素要有序，这两个条件缺一不可。若对线性链表进行查找，则不管线性链表中的元素是有序还是无序只能采用顺序查找。

21. 答案：A，顺序存储结构中各数据元素在存储空间中是按逻辑顺序依次连续存放的，在链式存储结构中元素之间的关系通过指针来连接，所以不要求存储空间一定是连续的，顺序存储结构（或链式存储结构）既可以针对线性结构，也可以针对非线性结构，但像栈、队列这样的线性结构一般采用顺序存储结构（但也可以采用链式结构），树、二叉树这样的非线性结构一般采用链式存储结构（但也可以采用顺序存储结构），链式存储结构既可以存储无序表，也可以存储有序表。注意，链式存储结构存储的即使是有序表，也不能进行二分查找，链式存储结构比顺序存储结构要多使用存储空间，由于链式存储结构中要用额外空间来保存指针。因此本题的正确答案是 A。顺序存储方式主要用于线性的数据结构，它把逻辑上相邻的数据元素存储在物理上相邻的存储单元里，结点之间的关系由存储单元的邻接关系来体现。而链式存储结构的存储空间不一定是连续的。

22. 答案：D，一个算法的好坏一般用时间复杂度和空间复杂度这两个指标来衡量。一般一个算法的时间复杂度和空间复杂度越小，这个算法就越好。若某算法用时最少、占用空间最小，我们就称此算法为最佳算法。比如二分（折半）查找算法在数学上就可以证明是最佳查找算法。一个算法的时间复杂度和空间复杂度之间没有必然的联系，也就是说一个算法的时间复杂度小，它的空间复杂度不一定也小，反之依然。

23. 答案：B，算法的效率与问题的规模和数据的存储结构都有关，A 错误。算法的时间复杂度，是指执行算法所需要的计算工作量，B 正确。由于数据元素在计算机存储空间中的位设置关系可能与逻辑关系不同，因此数据的逻辑结构和存储结构不是一一对应的，

C 错误。算法的时间复杂度和空间复杂度没有直接的联系，D 错误。

24. 答案：C，一般来说，在线性表的链式存储结构各数据结点的存储序号是不连续的，并且各结点在存储空间中的位置关系与逻辑关系也不一致线性链表中数据的插入和删除都不需要移动表中的元素，只需改变结点的指针域即可

25. 答案：D，栈是一种先进后出的线性表，队列是一种先进先出的线性表，栈与队列都是线性结构

26. 答案：B，在修改结点指针域的操作中，有一个操作顺序的问题。比较选项 A 和 B 只是操作顺序颠倒了一下。A 中先使结点 p 指向 q 后，q 就成为 P 新的后件结点了，原先通过结点 P 指向的后件结点与结点 P 脱节了那么后面的一步操作没有任何意义：使结点 q 指向 P 的后件结点即使结点 q 成为自己的后件结点。按照 B 指定的顺序操作就不会出现在引用结点 p 的指针域之前已经把它的值修改了的情形。至于 C 和 D 项是命题者设计的干扰项想让考生把 P 和的顺序搞混。总结，做这种类型的试题，最好画图。插入结点：若结点 p 的后面是结点 s，要在 p 和 s 之间插入结点 q，一般先将结点 q 指向结点 s，再将结点 p 指向 q，顺序不能颠倒。删除结点：若结点 p 的后面是结点 q 结点 q 的后面是结点 s，若要删除结点 q，只需将结点 p 指向结点 s 即可。

27. 答案：D，在循环队列中，用队尾指针 rear 指向队列中的队尾元素，用排头指针 front 指向排头元素的前一个位置。在循环队列中进行出队、入队操作时，头尾指针仍要加 1，朝前移动。只不过当头尾指针指向向量上界时，其加 1 操作的结果是指向向量的下界 0。由于入队时尾指针向前追赶头指针，出队时头指针向前追赶尾指针，故队空和队满时，头尾指针均相等。

28. 答案：B，由栈"后进先出"的特点可知：A）中 $e1$ 不可能比 $e2$ 先出，C）中 $e3$ 不可能比 $e4$ 先出，且 $e1$ 不可能比 $e2$ 先出，D）中栈是先进后出的，所以不可能是任意顺序。

29. 答案：B，栈是一种先进后出的线性表，栈既可以顺序存储，也可以链式存储。栈可以用来保护断点信息，具有记忆作用，只允许在栈顶插入和删除元素，所以对栈的插入与删除操作，不需要改变栈底指针。

30. 答案：C，题目解析：前序遍历是指在访问根结点、遍历左子树与遍历右子树这三者中，首先访问根结点，然后遍历左子树，最后遍历右子树，并且，在遍历左右子树时，仍然是先访问根结点，然后遍历左子树，最后遍历右子树。前序遍历描述为：若二叉树为空，则执行空操作。否则：①访问根结点，②前序遍历左子树，③前序遍历右子树。

六、课后练习

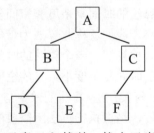

1. 对如右图二叉树进行后序遍历的结果为（   ）。
   A. ABCDEF
   B. DBEAFC
   C. ABDECF
   D. DEBFCA
2. 栈底至栈顶依次存放元素 A、B、C、D，在第 5 个元素 E 入栈前，栈中元素可以出

栈，则出栈序列可能是（　　　）。

　　A．ABCED　　　　　　　　　　C．DBCEA

　　B．DCBEA　　　　　　　　　　D．CDABE

3. 支持子程序调用的数据结构是（　　　）。

　　A．栈　　　　　　　　　　　　C．队列

　　B．树　　　　　　　　　　　　D．二叉树

4. 栈和队列的共同特点是（　　　）。

　　A．都是先进先出　　　　　　　C．只允许在端点处插入和删除元素

　　B．都是先进后出　　　　　　　D．没有共同点

5. 下列与队列结构有关联的是（　　　）。

　　A．函数的递归调用　　　　　　C．多重循环的执行

　　B．数组元素的引用　　　　　　D．先到先服务的作业调度

6. 设栈 S 和队列 Q 的初始状态为空，元素 a、b、c、d、e 和 f 依次通过栈 S，一个元素出栈后即进入队列 O，若 6 个元素出队的顺序是 b、d、c、f、e、a，则栈 s 的容量至少应该是（　　　）。

　　A．6　　　　　　B．4　　　　　　C．3　　　　　　D．2

7. 下列叙述中正确的是（　　　）。

　　A．循环队列有队头和队尾两个指针，因此，循环队列是非线性结构

　　B．在循环队列中，只需要队头指针就能反映队列中元素的动态变化情况

　　C．在循环队列中，只需要队尾指针就能反映队列中元素的动态变化情况

　　D．循环队列中元素的个数是由队头指针和队尾指针共同决定

8. 非空的循环单链表 head 的尾结点（由 p 所指向），满足

　　A．p->next=NULL　　　　　　　C．p->next=head

　　B．p=NULL　　　　　　　　　　D．p=head

9. 使用链式存储结构表示线性表的优点是（　　　）。

　　A．便于随机存取　　　　　　　C．花费的存储空间比顺序存储结构小

　　B．便于插入和删除操作　　　　D．数据元素的物理顺序与逻辑顺序相同

10. 已知线性表的首元素的地址是 1025，每个数据元素的长度为 2，则第 10 个元素的地址为（　　　）。

　　A．1035　　　　　　B．1045　　　　　　C．1027　　　　　　D．1043

11. 长度为 n 的有序线性表中进行二分查找，最坏情况下需比较的次数是（　　　）。

　　A．$O(n)$　　　　B．$O(n^2)$　　　　C．$O(\log_2^n)$　　　　D．$O(n\log_2^n)$

12. 常用于解决"是否存在"或"有多少种可能"等类型的问题（例如求解不定方程的问题）的算法设计的基本方法是（　　　）。

　　A．归纳法　　　　　　　　　　C．列举法

　　B．递推法　　　　　　　　　　D．减半递推技术

13. 下列叙述中正确的是（　　　）。

　　A．算法的效率只与问题的规模有关，而与数据的存储结构无关

　　B．算法的时间复杂度是指执行算法所需的计算工作量

  C．数据的逻辑结构与存储结构是一一对应的

  D．算法的时间复杂度与空间复杂度一定相关

14．在下列选项中，哪个不是一个算法一般应该具有的基本特征（　　　）。

  A．确定性   C．无穷性

  B．可行性   D．拥有足够的情报

15．具有 8 个结点的完全二叉树中编号为 4 的结点的右子结点的编号为（　　　）。

  A．8   C．无此结点

  B．9   D．8 或是 9

16．算法分析的目的是（　　　）。

  A．找出数据结构的合理性   C．分析算法的易懂性和可靠性

  B．找出算法中输入和输出之间的关系 D．分析算法的效率以求改进

17．以下关于顺序存储结构的叙述中，正确的是（　　　）。

  A．每个结点中至少包含一个指针域

  B．逻辑上相邻的结点物理上不必邻接

  C．可用于栈、队列、树等逻辑结构的存储表示

  D．插入、删除运算操作不方便

18．根据数据结构中各数据元素之间前后件关系的复杂程度，一般将数据结构分成（　　　）。

  A．动态结构和静态结构   C．线性结构和非线性结构

  B．紧凑结构和非紧凑结构   D．内部结构和外部结构

19．对长度为 n 的线性表排序，在最坏情况下，比较次数不是 $n(n-1)/2$ 的排序方法是（　　　）。

  A．快速排序   C．简单插入排序

  B．冒泡排序   D．堆排序

20．下列数据结构属于非线性结构的是（　　　）。

  A．循环队列   C．二叉树

  B．带链队列   D．带链栈

21．一棵二叉树中共有 80 个叶子结点与 70 个度为 1 的结点，则该二叉树中的总结点数为（　　　）。

  A．219   B．229   C．230   D．231

22．循环链表的主要优点是（　　　）。

  A．不再需要头指针了

  B．从表中任一结点出发都能访问到整个链表

  C．在进行插入、删除运算时，能更好地保证链表不断开

  D．已知某个结点的位置后，能够容易地找到它的直接前件

23．已知数据表 a 中每个元素距其最终位置不远，为节省时间，应采用的算法是（　　　）。

  A．堆排序   C．快速排序

  B．直接插入排序   D．直接选择排序

24．设一棵完全二叉树共有 699 个结点，则在该二叉树中的叶子结点数是（　　　）。

    A．349   B．350   C．351   D．255

25．链表不具有的特点是（   ）。

    A．不必事先估计存储空间   C．插入删除不需要移动元素

    B．可随机访问任一元素   D．所需空间与线性表长度成正比

26．算法一般都可以用哪几种控制结构组合而成（   ）。

    A．循环、分支、递归   C．循环、递归、选择

    B．顺序、循环、嵌套   D．顺序、选择、循环

27．待排序的关键码序列为33，18，9，25，67，82，53，95，12，7，如要按关键码值递增的顺序排序，并采取以第一个关键码为基准元素的快速排序法，则第一趟排序后关键码33被放到第（   ）个位置。

    A．3   B．6   C．7   D．9

28．已知一个有序线性表为3，18，24，35，47，50，62，83，90，115，13，当用二分法查找其中值为90的元素时，查找成功的比较次数为（   ）。

    A．1   B．2   C．3   D．9

29．在一棵二叉树的前序遍历、中序遍历、后序遍历所产生的序列中，所有叶结点的先后顺序（   ）。

    A．都不相同   C．前序和中序相同，而与后序不同

    B．完全相同   D．中序和后序相同，而与前序不同

30．若某二叉树的前序遍历访问顺序是 abdgcefh，中序遍历访问顺序是 dgbaechf，则其后序遍历的结点访问顺序是（   ）。

    A．bdgcefha   C．bdgaechf

    B．gdbecfha   D．gdbehfca

任务 5-6　程序设计基础

一、教学目标

1．了解程序设计方法与风格。

2．了解结构化程序设计。

3．了解面向对象的程序设计方法，对象，方法，属性及继承与多态性。

4．了解软件工程基本概念，软件生命周期概念，软件工具与软件开发环境。

5．了解结构化分析方法，数据流图，数据字典，软件需求规格说明书。

6．了解结构化设计方法，总体设计与详细设计。

7．了解软件测试的方法，白盒测试与黑盒测试，测试用例设计，软件测试的实施，单元测试、集成测试和系统测试。

8．了解程序的调试，静态调试与动态调试。

二、重难点

1. 面向对象的程序设计方法。
2. 软件测试的方法。

三、课堂练习

1. 结构化程序设计下列对 goto 语句使用描述正确的是（　　）。
   A. 禁止使用 goto 语句　　　　　　C. 应避免滥用 goto 语句
   B. 使用 goto 语句程序效率高　　　　D. 以上说法都不对

2. 下列属于白盒测试方法的是（　　）。
   A. 等价类划分法　　　　　　　　　C. 边界值分析法
   B. 逻辑覆盖　　　　　　　　　　　D. 错误推测法

3. 对建立良好的程序设计风格，下列描述正确的是（　　）。
   A. 程序应简单、清晰、可读性好　　C. 充分考虑程序的执行效率
   B. 符号名的命名只要符合语法　　　D. 程序的注释可有可无

4. 程序设计语言的基本成分是数据成分、运算成分、控制成分和（　　）。
   A. 对象成分　　　　　　　　　　　C. 语句成分
   B. 变量成分　　　　　　　　　　　D. 传输成分

5. 在设计程序时，应采纳的原则之一是（　　）。
   A. 不限制 goto 语句的使用　　　　　C. 程序越短越好
   B. 减少或取消注解行　　　　　　　D. 程序结构应有助于读者理解

6. 程序调试的任务是（　　）。
   A. 设计测试用例　　　　　　　　　C. 发现程序中的错误
   B. 验证程序的正确性　　　　　　　D. 诊断和改正程序中的错误

7. 下列有关对象概念的描述中正确的是（　　）。
   A. 对象间的通信靠消息传递　　　　C. 任何对象必须有继承性
   B. 对象是名字和方法的封装体　　　D. 多态性是指一个对象有多个操作

8. 以下不属于对象基本特点的是（　　）。
   A. 分类性　　　　　　　　　　　　C. 继承性
   B. 多态性　　　　　　　　　　　　D. 封装性

9. 下列属于黑盒测试方法的是（　　）。
   A. 语句覆盖　　　　　　　　　　　C. 边界值分析
   B. 逻辑覆盖　　　　　　　　　　　D. 路径覆盖

10. 结构化程序设计的三种基本控制结构是（　　）。
   A. 顺序、选择和转向　　　　　　　C. 模块、选择和循环
   B. 层次、网状和循环　　　　　　　D. 顺序、循环和选择

11. 按照结构化程序的设计原则和方法，下列叙述中正确的是（　　）。

A．语言中所没有的控制结构，应该采用前后一致的方法来模拟

B．基本结构在程序设计中不允许嵌套

C．在程序中不要使用 goto 语句

D．选用的结构只准有一个入口，但可以有多个出口

12．结构化分析方法是面向什么的自顶向下、逐步求精、进行需求分析的方法（　　）。

A．对象 C．数据流

B．数据结构 D．目标

13．下列不属于静态测试方法的是（　　）。

A．代码检查 C．静态结构分析

B．白盒法 D．代码质量度量

14．软件生命周期可分为定义阶段、开发阶段和维护阶段，下列不属于开发阶段任务的是（　　）。

A．测试 C．可行性研究

B．设计 D．实现

15．耦合性和内聚性是对模块独立性度量的两个标准。下列描述中正确的是（　　）。

A．提高耦合性降低内聚性有利于提高模块的独立性

B．降低耦合性提高内聚性有利于提高模块的独立性

C．耦合性是指一个模块内部各个元素间彼此结合的紧密程度

D．内聚性是指模块间互相连接的紧密程度

16．软件是指（　　）。

A．程序 C．算法加数据结构

B．程序和文档 D．程序、数据与相关文档的完整集合

17．下列不属于软件测试实施步骤的是（　　）。

A．集成测试 C．确认测试

B．回归测试 D．单元测试

18．软件测试的目的是（　　）。

A．评估软件可靠性 C．改正程序中的错误

B．发现并改正程序中的错误 D．发现程序中的错误

19．软件工程的出现是由于（　　）。

A．程序设计方法学的影响 C．软件危机的出现

B．软件产业化的需要 D．计算机的发展

20．下列不属于软件工程三个要素的是（　　）。

A．工具 C．方法

B．过程 D．环境

21．为了提高软件开发效率，开发软件时应尽量采用（　　）。

A．汇编语言 C．指令系统

B．机器语言 D．高级语言

22．下列描述中错误的是（　　）。

A．系统总体结构图支持软件系统的详细设计

    B．软件设计是软件需求转换为软件表示的过程

    C．数据结构与数据库计是软件设计的任务之一

    D．PAD 图是软件详细计的表示工具

23．软件设计中不使用的工具是（　　　　）。

    A．系统结构图　　　　　　　　　　C．数据流图（DFD 图）

    B．PAD 图　　　　　　　　　　　　D．程序流程图

24．软件生命周期是指（　　　）。

    A．软件产品从提出、实现、使用维护到停止使用退役的过程

    B．软件从需求分析、计、实现到测试完成的过程

    C．软件的开发过程

    D．软件的运行维护过程

25．软件生命周期中花费时间最多的阶段是（　　　）。

    A．详细设计　　　　　　　　　　　C．软件测试

    B．软件编码　　　　　　　　　　　D．软件维护

26．下列描述中不属于软件危机表现的是（　　　）。

    A．软件过程不规范　　　　　　　　C．软件质量难以控制

    B．软件开发生产率低　　　　　　　D．软件成本不断提高

27．软件开发中需求分析阶段可以使用的工具是（　　　）。

    A．N-S 图　　　　　　　　　　　　C．PAD 图

    B．DFD 图　　　　　　　　　　　　D．程序流程图

28．下列不属于软件需求分析阶段主要工作的是（　　　）。

    A．需求变更申请　　　　　　　　　C．需求评审

    B．需求分析　　　　　　　　　　　D．需求获取

29．数据字典(DD)所定义的对象都包含于（　　　）。

    A．数据流图(DFD 图)　　　　　　　C．软件结构图

    B．程序流程图　　　　　　　　　　D．方框图

30．详细设计的结果基本上决定了最终程序的（　　　）。

    A．代码的规模　　　　　　　　　　C．质量

    B．运行速度　　　　　　　　　　　D．可维护性

四、知识点

1．程序设计方法与风格

就程序设计方法和技术的发展而言，主要经过了结构化程序设计和面向对象的程序设计阶段。

程序设计风格是指编写程序时所表现出的特点、习惯和逻辑思路。程序是由人来编写的，为了测试和维护程序，往往还要阅读和跟踪程序，因此程序设计的风格总体而言应该强调易读和清晰，程序必须是可以理解的。

要形成良好的程序设计风格，主要应注重和考虑下述一些因素。

（1）源程序文档化。

源程序文档化应考虑如下几点。

➢ 符号名的命名：符号名的命名应具有一定的实际含义，以便于对程序功能的理解。

➢ 程序注释：合理的注释能够帮助读者理解程序。

➢ 有序组织：为使程序的结构一目了然，可以在程序中利用空格、空行、缩进等技巧使程序层次清晰。

（2）数据说明的方法。

编写程序时，为使程序中的数据说明更易于理解和维护，一般应注意如下几点：

➢ 数据说明的次序规范化鉴于程序理解、新闻记者和维护的需要，使数据说明次序固定，可以使数据的发生容易查找，也有利于测试、排错和维护。

➢ 说明语句中变量安排有序化。当一个说明语句说明多个变量时，变量按照字母顺序为好。

➢ 使用注释来说明复杂数据的结构。

（3）语句的结构。

程序应简单易懂，语句构造应简单直接，不应为提高效率而把语句复杂化，一般应注意如下几点。

➢ 在一行内只写一条语句。

➢ 程序编写应优先考虑清晰性。

➢ 除非对效率有特殊要求，程序编写要做到清晰第一，效率第二。

➢ 首先要保证程序正确，然后才要求提高速度。

➢ 避免使用临时变量而使程序的可读性下降。

➢ 避免不必要的转移。

➢ 尽可能使用库函数。

➢ 避免采用复杂的条件语句。

➢ 尽量减少使用"否定"条件的条件语句。

➢ 数据结构要有利于程序的简化。

➢ 要模块化，使模块功能尽可能单一化。

➢ 利用信息隐蔽，确保每一个模块的独立性。

➢ 从数据出发去构造程序。

➢ 不要修补不好的程序，要重新编写。

（4）输入和输出。

无论是批处理的输入和输出，还是交互式的输入和输出，在设计和编程时都应考虑如下原则：

➢ 对所有的输入数据都要检验数据的合法性。

➢ 检查输入项的各种重要组合的合理性。

➢ 输入格式要简单，以使得输入的步骤和操作尽可能简单。

➢ 输入数据时，应允许使用自由格式。

➢ 应允许默认值。

> ➢ 输入一批数据时，最好使用输入结束标志。
> ➢ 在以交互式输入/输出方式进行输入时，要在屏幕上使用提示符明确提示输入的请求，同时在数据输入过程中的输入结束时，应在屏幕上给出状态信息。
> ➢ 当程序设计语言对输入格式有严格要求时，应保持输入格式与输入语句的一致性，给所有的输入出加注释，并设计输出报表格式。

2. 面向对象的程序设计

面向对象方法以 20 世纪 60 年代末挪威奥斯陆大学和挪威计算机中心研制的 SIMULA 语言为标志。

面向对象的设计方法与传统的面向过程的方法有本质不同，基本原理是：使用现实世界的概念抽象地思考问题从而自然地解决问题。它强调模拟现实世界中的概念而不强调算法，它鼓励开发者在软件开发的绝大部分过程中都用应用领域的要领去思考。

面向对象方法的本质，就是主张从客观世界固有的事物出发来构造系统，提倡用人类在现实生活中常用的思维方法来认识、理解和描述客观事物，强调最终建立的系统能够映射问题域，也就是说，系统中的对象以及对象之间的关系能够如实地反映问题域中固有事物及其关系。

（1）面向对象方法的优点有以下几种。

1）与人类习惯的思维方法一致。

2）稳定性好。

3）可重用性好。

4）易于开发大型软件产品。

5）可维护性好。用面向对象的方法开发的软件比较容易修改，比较容易理解，易于测试和调试。

（2）面向对象的基本概念。

1）对象（object）。

面向对象方法和技术以对象为核心。对象可以用来表示客观世界中的任何实体，应用领域中有意义的、与所要解决的问题有关系的任何事物都可以作为对象，它既可以是具体的物理实体的抽象，也可以是人为的概念，或者是任何有明确边界意义的东西。总之，对象是对问题域中某个实体的抽象，设立某个对象就反映软件系统保存有关它的信息并具有与它进行交互的能力。

对象是构成系统的基本单位，由一组表示其静态特征的属性和可执行的一组操作组成，与客观实体有直接关系。对象之间通过传递消息互相联系，以模拟现实世界中不同事物彼此间的联系。

对象可以做的操作表示它的动态行为，通常把对象的操作也称为方法或服务。

属性即对象所包含的信息，它在设计对象时确定，一般只能通过挂靠对象的操作来改变。

对象有如下一些基本特点：

> ➢ 标识唯一性。指对象是可区分的，并且由对象有的内在本质来区分，而不是通过描述来区分。
> ➢ 分类性。指可以将具有相同属性的操作的对象抽象成类。

➤ 多态性。指同一个操作可以是不同对象的行为。

➤ 封装性。从外面看只能看到对象的外部特性，即只需知道数据的取值范围和可以对该数据施加的操作，根本无需知道数据的具体结构以及实现操作的算法。对象的内部，即处理能力的实行和内部状态，对外是不可见的。从外面不能直接使用对象的处理能力，也不能直接修改其内部状态，对象的内部状态只能由其自身改变。

➤ 模块独立性好。对象是面向对象的软件的基本模块，它是由数据及可以对这些数据施加的操作所组成的统一体，而且对象是以数据为中心的，操作围绕对其数据所需做的处理来设置，没有无关的操作，从模块的独立性考虑，对象内部各种元素彼此结合得很紧密，内聚性强。

2）　类（Class）和实例（Instance）。

将属性、操作相似的对象归为类，也就是说，类是具有共同属性、共同方法的对象的集合。所以，类是对象的抽象，它描述了属于该对象类型的所有对象的性质，而一个对象则是其对应类的一个实例。

要注意的是，当使用"对象"这个术语时，既可以指一个具体的对象，也可以泛指一般的对象，但是，当使用"实例"这个术语时，必然是指一个具体的对象。

例如：Integer 是一个整数类，它描述了所有整数的性质。因此任何整数都是整数类的对象，而一个具体的整数"123"是类 Integer 的实例。

由类的定义可知，类是关于对象性质的描述，它同对象一样，包括一组数据属性和在数据上的一组合法操作。

3）　消息（Message）。

面向对象的世界是通过对象与对象间彼此的相互合作来推动的，对象间的相互合作需要一个机制协助进行，这样的机制称为"消息"。消息是一个实例与另一个实例之间传递信息，它请示对象执行某一处理或回答某一要求的信息，它统一了数据流的控制流。消息的使用类似于函数调用，消息中指定了某一个实例、一个操作名和一个参数表（可空）。接收消息的实例执行消息中指定的操作，并将形式参数与参数表中相应的值结合起来。消息传递过程中，由发送消息的对象（发送对象）的触发操作产生输出结果，作为消息传送至接受消息的对象（接受对象），引发接受消息的对象一系列的操作，所传送的消息实质上是接受对象所具有的操作/方法名称，有时还包括相应参数。

消息中只包含传递者的要求，它告诉接受者需要做哪些处理，但并不指示接受者应该怎样完成这些处理。消息完全由接受者解释，接受者独立决定采用什么方式完成所需的处理，发送者对接受者不起任何控制作用。一个对象能够接受不同形式、不同内容的多个消息，相同形式的消息可以送往不同的对象，不同的对象对于形式相同的消息可以有不同的解释，能够做出不同的反映。一个对象可以同时往多个对象传递信息，两个对象也可以同时向某个对象传递消息。

例如，一个汽车对象具有"行驶"这项操作，那么要让汽车以时速 50 公里行驶的话，需传递给汽车对象"行驶"及"时速 50 公里"的消息。

通常，一个消息由下述三部分组成：

➤ 接收消息的对象的名称。

➤ 消息标识符（也称为消息名）。

➢ 零个或多个参数。

4） 继承（Inheritance）。

继承是面向对象的方法的一个主要特征。继承是使用已有的类定义作为基础建立新类的定义技术。已有的类可当作基类来引用，则新类相应地可当作派生类来引用。

广义地说，继承是指能够直接获得已有的性质和特征，而不必重复定义它们。

面向对象软件技术的许多强有力的功能和突出的优点，都来源于把类组成一个层次结构的系统：一个类的上层可以有父类，下层可以有子类。这种层次结构系统的一个重要性质是继承性，一个类直接继承其父类的描述（数据和操作）或特性，子类自动地共享基类中定义的数据和方法。

继承具有传递性，如果类 C 继承类 B，类 B 继承类 A，则类 C 继承类 A。因此一个类实际上继承了它上层的全部基类的特性，也就是说，属于某类的对象除了具有该类所定义的特性外，还具有该类上层全部基类定义的特性。

继承分为单继承与多重继承。单继承是指，一个类只允许有一个父类，即类等级为树形结构。多重继承是指，一个类允许有多个父类。多重继承的类可以组合多个父类的性质构成所需要的性质。因此，功能更强，使用更方便，便是，使用多重继承时要注意避免二义性。继承性的优点是，相似的对象可以共享程序代码和数据结构，从而大大减少了程序中的冗余信息，提高软件的可重用性，便于软件个性维护。此外，继承性便利用户在开发新的应用系统时不必完全从零开始，可以继承原有的相似系统的功能或者从类库中选取需要的类，再派生出新的类以实现所需要的功能。

5） 多态性（Polymorphism）。

对象根据所接受的消息而做出动作，同样的消息被不同的对象接受时可导致完全不同的行动，该现象称为多态性。在面向对象的软件技术中，多态性是指类对象可以像父类对象那样使用，同样的消息既可以发送给父类对象也可以发送给子类对象。

多态性机制不仅增加了面向对象软件系统的灵活性，进一步减少了信息冗余，而且显著地提高了软件的可重用性和可扩充性。当扩充系统功能增加新的实体类型时，只需派生出与新实体类相应的新的子类，完全无需修改原有的程序代码，甚至不需要重新编译原有的程序。利用多态性，用户能够发送一般形式的消息，而将所有的实现细节都留给接受消息的对象。

3. 软件工程基本概念

（1） 软件的定义与特点。

1） 定义：软件是指与计算机系统的操作有关的计算机程序、规程、规则，以及可能有的文件、文档和数据。

2） 特点。

➢ 是逻辑实体，有抽象性。

➢ 生产没有明显的制作过程。

➢ 运行使用期间不存在磨损、老化问题。

➢ 开发、运行对计算机系统有依赖性，受计算机系统的限制，导致了软件移植问题。

➢ 复杂性较高，成本昂贵。

➢ 开发涉及诸多社会因素。

（2）软件的分类。

软件可分为应用软件、系统软件和支撑软件（或工具软件）3 类。

1）应用软件是特定应用领域内专用的软件。

2）系统软件居于计算机系统中最靠近硬件的一层，是计算机管理自身资源，提高计算机使用效率并为计算机用户提供各种服务的软件。

3）支撑软件介于系统软件和应用软件之间，是支撑其他软件的开发与维护的软件。

（3）软件危机与软件工程。

1）软件危机指在计算机软件的开发和维护中遇到的一系列严重问题，主要表现在成本、质量、生产率等问题。

2）软件工程是应用于计算机软件的定义、开发和维护的一整套方法、工具、文档、实践标准和工序，包括软件开发技术和软件工程管理。

软件开发技术包括：软件开发方法学、开发过程、开发工具和软件工程环境。

软件工程管理包括：软件管理学、软件工程经济学、软件心理学等内容。

软件管理学包括人员组织、进度安排、质量保证、配置管理、项目计划等。

软件工程包括 3 个要素：方法、工具和过程。

软件工程过程是把软件转化为输出的一组彼此相关的资源和活动,包含 4 种基本活动：① P——软件规格说明,② D——软件开发,③ C——软件确认,④ A——软件演进。

（4）软件生命周期。

软件产品从提出、实现、使用维护到停止使用的过程称为软件生命周期。

在国家标准中，软件生命周期划分为 8 个阶段 1）软件定义期：包括问题定义、可行性研究和需求分析 3 个阶段，2）软件开发期：包括概要设计、详细设计、实现和测试 4 个阶段，3）运行维护期：即运行维护阶段。

（5）软件工程的目标和与原则：

目标：在给定成本、进度的前提下，开发出具有有效性、可靠性、可理解性、可维护性、可重用性、可适应性、可移植性、可追踪性和可互操作性且满足用户需求的产品。

基本目标：付出较低的开发成本，达到要求的软件功能，取得较好的软件性能，开发软件易于移植，需要较低的费用，能按时完成开发，及时交付使用。

基本原则：抽象、信息隐蔽、模块化、局部化、确定性、一致性、完备性和可验证性。

（6）软件开发工具与软件开发环境。

1）软件开发工具。

早期的软件开发，最早使用的是单一的程序设计语言，没有相应的开发工具，效率很低，随着软件开发工具的发展，提供了自动的或半自动的软件支撑环境，为软件开发提供了良好的环境。

2）软件开发环境。

软件开发环境或称软件工程环境是全面支持软件开发全过程的软件工具集合。

计算机辅助软件工程将各种软件工具、开发机器和一个存放开发过程信息的中心数据库组成起来，形成软件工程环境。

4. 结构化分析方法

（1）需求分析。

需求分析的任务是发现需求、求精、建模和定义需求的过程，可概括为：需求获取、需求分析、编写需求规格说明书和需求评审。

需求分析方法有结构化需求分析方法和面向对象的分析的方法。

从需求分析建立的模型的特性来分：静态分析和动态分析。

结构化分析方法的实质：着眼于数据流，自顶向下，逐层分解，建立系统的处理流程，以数据流图和数据字典为主要工具，建立系统的逻辑模型。

（2）结构化分析常用工具。

结构化分析常用工具包括数据流图、数字字典（核心方法）、判定树和判定表。

1）数据流图：即 DFD 图，描述数据处理过程的工具，是需求理解的逻辑模型的图形表示，它直接支持系统功能建模。以图形的方式描绘数据在系统中流动和处理的过程，它只反映系统必须完成的逻辑功能，是一种功能模型。

符号名称作用：

➢ 箭头代表数据流，沿箭头方向传送数据的通道。

➢ 圆或椭圆代表加工，输入数据经加工变换产生输出。

➢ 双杠代表存储文件，表示处理过程中存放各种数据文件。

➢ 方框代表源，表示系统和环境的接口。

2）数据字典：结构化分析方法的核心。数据字典是对所有与系统相关的数据元素的一个有组织的列表。以极精确的、严格的定义，使得用户和系统分析员对于输入、输出、存储成分和中间计算结果有共同的理解。

3）判定树：使用判定树进行描述时，应先从问题定义的文字描述中分清判定的条件和判定的结论，根据描述材料中的连接词找出判定条件之间的从属关系、并列关系、选择关系，根据它们构造判定树。

4）判定表：与判定树相似，当数据流图中的加工要依赖于多个逻辑条件的取值，即完成该加工的一组动作是由于某一组条件取值的组合引发的，使用判定表比较适宜。

（3）软件需求规格说明书。

软件需求规格说明书是需求分析阶段的最后成果，是软件开发的重要文档之一。

1）软件需求规格说明书的作用：①便于用户、开发人员进行理解和交流，②反映出用户问题的结构，可以作为软件开发工作的基础和依据，③作为确认测试和验收的依据。

2）软件需求规格说明书的内容：在软件计划中确定的软件范围加以展开，制定出完整的信息描述、详细的功能说明、恰当的检验标准以及其他与要求有关的数据。它包括：①概述，②数据描述，③功能描述，④性能描述，⑤参考文献，⑥附录。

3）软件需求规格说明书是确保软件质量的措施，它的内涵是：①正确性，②无歧义性，③完整性，④可验证性，⑤一致性，⑥可理解性，⑦可修改性，⑧可追踪性。

5. 结构化设计方法

（1）软件设计的基本概念和方法。

软件设计是一个把软件需求转换为软件表示的过程。

软件设计的基本目标是用比较抽象概括的方式确定目标系统如何完成预定的任务，软件设计是确定系统的物理模型。

软件设计是开发阶段最重要的步骤，是将需求准确地转化为完整的软件产品或系统的唯一途径。

从技术观点来看，软件设计包括软件结构设计、数据设计、接口设计和过程设计。

- ➢ 结构设计：定义软件系统各主要部件之间的关系。
- ➢ 数据设计：将分析时创建的模型转化为数据结构的定义。
- ➢ 接口设计：描述软件内部、软件和协作系统之间以及软件与人之间如何通信。
- ➢ 过程设计：把系统结构部件转换成软件的过程描述。

从工程管理角度来看：概要设计和详细设计。

软件设计的一般过程：软件设计是一个叠代的过程，先进行高层次的结构设计，后进行低层次的过程设计，穿插进行数据设计和接口设计。

（2）结构化程序设计。

结构化程序设计强调程序设计风格和程序结构的规范化，提倡清晰的结构。结构化设计的基本思想：将软件设计成由相对独立、单一功能的模块组成的结构。

结构化设计基本原理：抽象、模块化、信息隐藏、模块独立性(度量标准：耦合性和内聚性，高耦合、低内聚)。

结构化设计方法特点如下。

1）自顶向下：即先考虑总体，后考虑细节，先考虑全局目标，后考虑局部目标。不要一开始就过多追求众多的细节，先从最上层总目标开始设计，逐步使问题具体化。

2）逐步求精：对复杂问题，应设计一些子目标做过渡，逐步细化。

3）模块化：把程序要解决的总目标分解为分目标，再进一步分解为具体的小目标，把每个小目标称为一个模块。

（3）结构化程序的基本结构。

1）顺序结构：自始至终严格按照程序中语句的先后顺序逐条执行，是最基本、最普遍的结构形式。

2）选择结构：又称为分支结构，包括简单选择和多分支选择结构，可根据条件，判断应该选择哪一条分支来执行相应的语句序列。

3）重复结构：又称为循环结构，根据给定的条件，判断是否需要重复执行某一相同的或类似的程序段，利用重复结构可简化大量的程序行。分为两类：一是先判断后执行，二是先执行后判断。

优点：一是程序易于理解、使用和维护，二是编程工作的效率，降低软件开发成本。

（4）结构化程序设计原则。

1）使用程序设计语言中的顺序、选择、循环等有限的控制结构表示程序的控制逻辑。

2）选用的控制结构只准许有一个入口和一个出口。

3）程序语言组成容易识别的块，每块只有一个入口和一个出口。

4）复杂结构应该用嵌套的基本控制结构进行组合嵌套来实现。

5）语言中所没有的控制结构，应该采用前后一致的方法来模拟。

6）尽量避免 goto 语句的使用。

（5） 概要设计。

4 个任务：设计软件系统结构、数据结构及数据库设计、编写概要设计文档、概要设计文档评审。

（6） 面向数据流的设计方法：

典型的数据流类型有两种：变换型和事务型。

➢ 变换型系统结构图由输入、中心变换、输出三部分组成。

➢ 事务型数据流的特点是：接受一项事务，根据事务处理的特点和性质，选择分派一个适当的处理单元，然后给出结果。

（7） 详细设计。

详细设计：是为软件结构图中的每一个模块确定实现算法和局部数据结构，用某种选定的表达工具表示算法和数据结构的细节。

结构图的基本形式：基本形式、顺序形式、重复形式和选择形式。

结构图有四种模块类型：传入模块、传出模块、变换模块和协调模块。

模块用一个矩形表示，箭头表示模块间的调用关系。

在结构图中还可以用带注释的箭头表示模块调用过程中来回传递的信息。还可用带实心圆的箭头表示传递的是控制信息，空心圆箭头表示传递的是数据。

详细设计的工具包括以下几种。

➢ 图形工具：程序流程图、N-S、PAD、HIPO。

➢ 表格工具：判定表。

➢ 语言工具：PDL(伪码)。

6. 软件测试

软件测试定义：使用人工或自动手段来运行或测定某个系统的过程，其目的在于检验它是否满足规定的需求或是弄清预期结果与实际结果之间的差别。

（1） 目的。

为了发现错误而执行程序的过程。

（2） 准则。

➢ 所有测试应追溯到用户需求。

➢ 严格执行测试计划，排除测试的随意性。

➢ 充分注意测试中的群集现象。

➢ 程序员应避免检查自己的程序。

➢ 穷举测试不可能。

➢ 妥善保存设计计划、测试用例、出错统计和最终分析报告。

（3） 软件测试技术和方法。

软件测试的方法按是否需要执行被测软件的角度，可分为静态测试和动态测试。

静态测试包括代码检查、静态结构分析、代码质量度量。不实际运行软件，主要通过人工进行。

动态测试：是基本计算机的测试，主要包括白盒测试方法和黑盒测试方法。

1） 白盒测试：在程序内部进行，主要用于完成软件内部操作的验证，根据程序的内部逻辑设计测试用例，主要方法有逻辑覆盖测试、基本路径测试等。

2）　黑盒测试：主要诊断功能不对或遗漏、界面错误、数据结构或外部数据库访问错误、性能错误、初始化和终止条件错，用于软件确认。根据规格说明书的功能来设计测试用例，诊断方法有等价划分法、边界值分析法、错误推测法、因果图法等，主要用于软件确认测试。

（4）　软件测试的实施。

软件测试是保证软件质量的重要手段，软件测试是一个过程，其测试流程是该过程规定的程序，目的是使软件测试工作系统化。

软件测试过程分 4 个步骤，即单元测试、集成测试、验收测试和系统测试。

1）　单元测试：是对软件设计的最小单位——模块(程序单元)进行正确性检验测试。

单元测试的目的是发现各模块内部可能存在的各种错误。

单元测试的依据是详细的设计说明书和源程序。

单元测试的技术可以采用静态分析和动态测试。

2）　集成测试。

测试和组装软件的过程，主要用于发现与接口有关的错误。

集成测试包括的内容：软件单元的接口测试、全局数据结构测试、边界条件和非法输入的测试等。

集成测试分为：增量方式组装(包括自顶而下、自底而上、自顶向下和自底向上的混合增量方式)与非增量方式组装。

3）　确认测试。

验证软件的功能和性能及其他特征是否满足了需求规格说明中确定的各种需求，以及软件配置是否完全、正确。

4）　系统测试。

将经过测试后的软件，与计算机的硬件、外设、支持软件、数据和人员等其他元素组合在一起，在实际运行环境中进行一系列的集成测试和确认测试。

7．程序的调试

（1）　程序调试的任务：诊断和改正程序中的错误，主要在开发阶段进行。

（2）　程序调试的基本步骤：

1）错误定位，2）修改设计和代码，以排除错误，3）进行回归测试，防止引进新的错误。

软件调试可分为静态调试和动态调试。静态调试主要是指通过人的思维来分析源程序代码和排错，是主要的设计手段，而动态调试是辅助静态调试。

（3）　程序调试方法：强行排错法、回溯法和原因排除法。

1）　强行排错法。

通过内存全部打印来排错。

在程序特定部位设置打印语句，即断点法。

自动调试工具。

2）　回溯法。

适合小规模程序的排错。发现错误，分析错误表象，确定位置，再回溯到源程序代码，找到错误位置或确定错误范围。

3） 原因排除法。

原因排除法包括：演绎法、归纳法和二分法。

➤ 演绎法：是一种从一般原理或前提出发，经过排除和精化的过程来推导出结论的思考方法。

➤ 归纳法：从一种特殊推断出一般的系统化思考方法。其基本思想是从一些线索着手，通过分析寻找到潜在的原因，从而找出错误。

➤ 二分法：如果已知每个变量在程序中若干个关键点的正确值，则可以使用定值语句在程序中的某点附近给这些变量赋值，然后运行程序并检查程序的输出。

五、答案解析

1. 答案：C，结构化程序设计应尽量避免使用 goto 语句，但不是禁止使用。

2. 答案：B，白盒测试法主要有逻辑覆盖、基本路径测试等。逻辑覆盖测试包括语句覆盖、路径覆盖、判定覆盖、条件覆盖、判断一条件覆盖，选择 B。其余为黑盒测试法。

3. 答案：A，程序设计应该简单易懂，语句构造应该简单直接，不应该为提高效率而把语句复杂化。

4. 答案：D，程序设计语言是用于书写计算机程序的语言，其基本成分有以下 4 种，数据成分：用来描述程序中的数据；运算成分：描述程序中所需的运算；控制成分：用来构造程序的逻辑控制结构；传输成分：定义数据传输成分，如输入输出语言。

5. 答案：D，滥用 goto 语句将使程序流程无规律，可读性差，因此 A)不选，注解行有利于对程序的理解，不应减少或取消，B)也不选，程序的长短要依照实际情况而论，而不是越短越好，C)也不选。

6. 答案：D，程序调试的任务是诊断和改正程序中的错误。

7. 答案：A，对象之间进行通信的构造叫作消息，A 正确。多态性是指同一个操作可以是不同对象的行为，D 错误。对象不一定必须有继承性，C 错误。封装性是指从外面看只能看到对象的外部特征，而不知道也无须知道数据的具体结构以及实现操作，B 错误。

8. 答案：C，对象具有如下特征：标识唯一性、分类性、多态性、封装性和模块独立性。

9. 答案：C，黑盒测试不关心程序内部的逻辑，只是根据程序的功能说明来设计测试用例。在使用黑盒测试法时，手头只需要有程序功能说明就可以了。黑盒测试法分等价类划分法、边界值分析法和错误推测法、因果图等，答案为 C。而 A、B、D 均为白盒测试方法。

10. 答案：D，1966 年 Boehm 和 Jacopini 证明了程序设计语言仅仅使用顺序、选择和循环三种基本控制结构就足以表达出各种其他形式结构的程序设计方法。

11. 答案：A，结构化程序设计的思想包括：自顶向下、逐步求精、模块化、限制使用 goto 语句。

12. 答案：C，常见的需求分析方法有结构化分析方法和面向对象的分析方法两类。其中结构化分析方法又包括面向数据流的结构化分析方法（SA－Structuredanalysis），面向数据结构的 Jackson 方法（JSD－Jackson System Development）和面向数据结构的结构化数据系统开发方法（DSSD－Data Structured System Development）。

13. 答案：B，静态测试包括代码检查、静态结构分析和代码质量度量等，其中白盒测试属于动态测试。

14. 答案：C，开发阶段包括分析、设计和实施两类任务。其中分析、设计包括需求分析、总体设计和详细设计 3 个阶段，实施则包括编码和测试两个阶段，C 不属于开发阶段。

15. 答案：B，模块独立性是指每个模块只完成系统要求的独立的子功能，并且与其他模块的联系最少且接口简单一般较优秀的软件设计，应尽量做到高内聚、低耦合，即减弱模块之间的耦合性和提高模块内的内聚性，有利于提高模块的独立性，耦合性是模块间互相连接的紧密程度的度量，而内聚性是指一个模块内部各个元素间彼此结合的紧密程度。

16. 答案：D，软件（software）是计算机系统中与硬件相互依存的另一部分，是包括程序、数据及相关文档的完整集合。

17. 答案：B，软件测试的过程一般按照四个步骤进行，即单元测试、集成测试、验收测试（确认测试）和系统测试。

18. 答案：D，软件测试是为了发现错误而执行程序的过程，测试要以查找错误为中心，而不是为了演示软件的正确功能，也不是为了评估软件或改正错误。

19. 答案：C，软件工程概念的出现源自于软件危机。为了消除软件危机，通过认真研究解决软件危机的方法，认识到软件工程是使计算机软件走向工程科学的途径，逐步形成了软件工程的概念。

20. 答案：C，软件工程包括 3 个要素，即方法、工具和过程。方法是完成软件工程项目的技术手段，工具支持软件的开发、管理、文档生成，过程支持软件开发的各个环节的控制、管理。

21. 答案：D，汇编语言的开发效率很低，但运行效率高，高级语言的开发效率高，但运行效率较低。

22. 答案：A，详细设计的任务是为软件结构图中而非总体结构图中的每一个模块确定实现算法和局部数据结构，用某种选定的表达工具表示算法和数据结构的细节。

23. 答案：C，系统结构图是对软件系统结构的总体设计的图形显示在需求分析阶段，已经从系统开发的角度出发，把系统按功能逐次分割成层次结构，是在概要设计阶段用到的 PAD 图是在详细设计阶段用到的程序流程图是对程序流程的图形表示，在详细设计过程中用到数据流图是结构化分析方法中使用的工具，它以图形的方式描绘数据在系统中流动和处理的过程，由于它只反映系统必须完成的逻辑功能，所以它是一种功能模型，是在可行性研究阶段用到的而非软件设计时用到的。

24. 答案：A，通常，将软件产品从提出、实现、使用维护到停止使用退役的过程称为软件生命周期。也就是说，软件产品从考虑其概念开始，到该软件产品不能使用为止的整个时期都属于软件生命周期。

25. 答案：D，软件生命周期分为软件定义、软件开发及软件运行维护 3 个阶段。本题中，详细设计、软件编码和软件测试都属于软件开发阶段，维护是软件生命周期的最后一个阶段，也是持续时间最长，花费代价最大的一个阶段，软件工程学的一个目的就是提高软件的可维护性，降低维护的代价。

26. 答案：A，软件危机主要表现在：软件需求的增长得不到满足，软件开发成本和进度无法控制，软件质量难以保证，软件不可维护或维护程度非常低，软件的成本不断提高，软件开发生产率的提高赶不上硬件的发展和应用需求的增长。

27. 答案：B，在需求分析阶段可以使用的工具有数据流图 DFD 图，数据字典 DD，判定树与判定表。

28. 答案：A，需求分析阶段的工作可概括为 4 个方面：（1）需求获取，（2）需求分析，（3）编写需求规格说明书，（4）需求审评。

29. 答案：A，在数据流图中，对所有元素都进行了命名，数据字典是用来定义数据流图中各个成分的具体含义的，所有名字的定义集中起来就构成了数据字典。

30. 答案：C，详细设计阶段的根本目标是确定应该怎样具体的实现所要求的系统，但详细设计阶段的任务还不是具体的编写程序，而是要设计出程序的"蓝图"，以后程序员将根据这个蓝图写出实际的程序代码，因此，详细设计阶段的结果基本上就决定了最终的程序代码的质量。

六、课后练习

1. 程序流程图(PFD)中的箭头代表的是（　　）。
   A．数据流　　　　　　　　　　C．调用关系
   B．控制流　　　　　　　　　　D．组成关系

2. 软件需求规格说明书的作用不包括（　　）。
   A．软件验收的依据
   B．用户与开发人员对软件要做什么的共同理解
   C．软件设计的依据
   D．软件可行性研究的依据

3. 在软件生产过程中，需求信息的给出者是（　　）。
   A．程序员　　　　　　　　　　C．软件分析设计人员
   B．项目管理者　　　　　　　　D．软件用户

4. 数据流图中带有箭头的线段表示的是（　　）。
   A．控制流　　　　　　　　　　C．模块调用
   B．事件驱动　　　　　　　　　D．数据流

5. 软件生命周期中的活动不包括（　　）。
   A．市场调研　　　　　　　　　C．软件测试
   B．需求分析　　　　　　　　　D．软件维护

6. 下列选项中不属于软件生命周期开发阶段任务的是（　　）。
   A．软件测试　　　　　　　　　C．软件维护
   B．概要设计　　　　　　　　　D．详细设计

7. 两个或两个以上模块之间关联的紧密程度称为（　　）。
   A．耦合度　　　　　　　　　　C．复杂度

    B．内聚度   D．数据传输特性

8. 下列选项中不属于面向对象程序设计特征的是（   ）。

    A．继承性   C．类比性

    B．多态性   D．封装性

9. 黑盒测试方法设计测试的主要是（   ）。

    A．程序内部逻辑   C．程序数据结构

    B．程序外部功能   D．程序流程图

10. 在软件工程中，白盒测试法可用于测试程序的内部结构，此方法将程序看作是（   ）。

    A．路径的集合   C．目标的集合

    B．循环的集合   D．地址的集合

11. 下列对消息机制的描述错误的是（   ）。

    A．一个对象能接受不同形式、不同内容的多个消息

    B．相同形式的消息可以送往不同的对象

    C．不同对象对于形式相同的消息可以有不同的解释，能够做出不同的反应

    D．一个对象一次只能向一个对象传递消息，但允许多个对象同时向某个对象传递消息

12. 下列哪一项不是从源程序文档化角度要求考虑的因素（   ）。

    A．符号的命名   C．视觉组织

    B．程序的注释   D．避免采用复杂的条件语句

13. 为了避免流程图在描述程序逻辑时的灵活性，提出了用方框图来代替传统的程序流程图，通常也把这种图称为（   ）。

    A．pad 图   C．结构图

    B．n-s 图   D．数据流图

14. 下列叙述中正确的是（   ）。

    A．程序设计就是编制程序   C．程序经调试改错后还应进行再测试

    B．程序的测试必须由程序员自己完成 D．程序经调试改错后不必进行再测试

15. 在软件生命周期中，能准确地确定软件系统必须做什么和必须具备哪些功能的阶段是（   ）。

    A．概要设计   C．可行性分析

    B．详细设计   D．需求分析

16. 软件需求分析阶段的工作，可以分为四个方面：需求获取、需求分析、编写需求规格说明书以及（   ）。

    A．阶段性报告   C．总结

    B．需求评审   D．都不正确

17. 数据流图用于抽象描述一个软件的逻辑模型，数据流图由一些特定的图符构成。下列标识的图符不属于数据流图合法图符的是（   ）。

    A．控制流   C．数据存储

    B．加工   D．源

18．软件调试的目的是（　　　）。

　　A．发现错误　　　　　　　　　　C．改善软件的性能

　　B．改正错误　　　　　　　　　　D．挖掘软件的潜能

19．下列不属于软件设计原则的是（　　　）。

　　A．抽象　　　　　　　　　　　　C．自底向上

　　B．模块化　　　　　　　　　　　D．信息隐蔽

20．下列软件工程要素中的哪一项提供软件工程项目的软件开发的各个环节的控制、管理的支持（　　　）。

　　A．方法　　　　　　　　　　　　C．过程

　　B．工具　　　　　　　　　　　　D．技术

21．在结构化方法中，软件功能分解属于下列软件开发中的阶段是（　　　）。

　　A．详细设计　　　　　　　　　　C．总体设计

　　B．需求分析　　　　　　　　　　D．编程调试

22．下列叙述中正确的是（　　　）。

　　A．软件交付使用后还需要进行维护

　　B．软件一旦交付使用就不需要再进行维护

　　C．软件交付使用后其生命周期就结束

　　D．软件维护是指修复程序中被破坏的指令

23．软件开发模型包括：Ⅰ、瀑布模型，Ⅱ、扇形模型，Ⅲ、快速原型法模型，Ⅳ、螺旋模型（　　　）。

　　A．Ⅰ、Ⅱ、Ⅲ　　　　　　　　　C．Ⅰ、Ⅲ、Ⅳ

　　B．Ⅰ、Ⅱ、Ⅳ　　　　　　　　　D．Ⅱ、Ⅲ、Ⅳ

24．下列哪一项不符合软件工程的原则？（　　　）

　　A．把程序分解成独立的模块

　　B．采用封装技术把程序模块的实现细节隐藏起来

　　C．采用全局变量传递的方式，以简化模块之间的通信接口和通信量

　　D．程序的内外部接口保持一致，系统规格说明与系统行为保持一致

25．下列对于软件测试的描述中正确的是（　　　）。

　　A．软件测试的目的是证明程序是否正确

　　B．软件测试的目的是使程序运行结果正确

　　C．软件测试的目的是尽可能多地发现程序中的错误

　　D．软件测试的目的是使程序符合结构化原则

26．下列描述中正确的是（　　　）。

　　A．程序就是软件

　　B．软件开发不受计算机系统的限制

　　C．软件既是逻辑实体，又是物理实体

　　D．软件是程序、数据与相关文档的集合

27．软件测试中的白盒和黑盒测试通常属于是（　　　）。

　　A．静态测试　　　　　　　　　　C．系统测试

B．动态测试　　　　　　　　　　D．验证测试

28．软件设计中划分模块的一个准则是（　　　）。

　　A．低内聚低耦合　　　　　　　C．低内聚高耦合

　　B．高内聚低耦合　　　　　　　D．高内聚高耦合

29．下列关于类、对象、属性和方法的叙述中，错误的是（　　　）。

　　A．类是对一类相似对象的描述，这些对象具有相同的属性和方法

　　B．属性用于描述对象的状态，方法用于表示对象的行为

　　C．基于同一个类产生的两个对象可以分别设置自己的属性值

　　D．通过执行不同对象的同名方法，其结果必然是相同的

30．面向对象的设计方法与传统的的面向过程的方法有本质不同，它的基本原理是
（　　　）。

　　A．模拟现实世界中不同事物之间的联系

　　B．强调模拟现实世界中的算法而不强调概念

　　C．使用现实世界的概念抽象地思考问题从而自然地解决问题

　　D．鼓励开发者在软件开发的绝大部分中都用实际领域的概念去思考

任务 5-7　数据库设计基础

一、教学目标

1．了解数据库的基本概念：数据库，数据库管理系统，数据库系统。

2．理解数据模型，实体联系模型及 E-R 图，从 E-R 图导出关系数据模型。

3．了解关系代数运算，包括集合运算及选择、投影、连接运算，数据库规范化理论。

4．了解数据库设计方法和步骤：需求分析、概念设计、逻辑设计和物理设计的相关策略。

二、重难点

1．数据模型，实体联系模型及 E-R 图，从 E-R 图导出关系数据模型。

2．关系代数运算，包括集合运算及选择、投影、连接运算，数据库规范化理论。

三、课堂练习

1．数据库设计中 E-R 图转换成关系数据模型的过程属于（　　　）。

　　A．需求分析阶段　　　　　　　C．逻辑设计阶段

　　B．概念设计阶段　　　　　　　D．物理设计阶段

2．下列叙述中，正确的是（　　　）。

A．用 E-R 图能够表示实体集间一对一的联系、一对多的联系和多对多的联系

B．用 E-R 图只能表示实体集之间一对一的联系

C．用 E-R 图只能表示实体集之间一对多的联系

D．用 E-R 图表示的概念数据模型只能转换为关系数据模型

3．在 E-R 图中，用来表示实体的图形是（ ）。

A．矩形   C．菱形

B．椭圆形   D．三角形

4．SQL 语言又称为（ ）。

A．结构化定义语言   C．结构化查询语言

B．结构化控制语言   D．结构化操纵语言

5．层次模型属于（ ）。

A．概念数据模型   C．物理数据模型

B．逻辑数据模型   D．用户数据模型

6．下列 4 项中，必须进行查询优化的是（ ）。

A．关系数据库   C．层次数据库

B．网状数据库   D．非关系模型

7．数据库管理系统 DBMS 中用来定义模式、内模式和外模式的语言为（ ）。

A．C   C．DDL

B．Basic   D．DML

8．分布式数据库系统不具有的特点是（ ）。

A．数据分布性和逻辑整体性   C．位置透明性和复制透明性

B．分布性   D．数据冗余

9．数据库概念设计过程中，视图设计一般有三种设计次序，以下各项中不对的是（ ）。

A．自顶向下   C．由内向外

B．由底向上   D．由整体到局部

10．当对关系 R 和 S 进行自然连接时，求 R 和 S 含有一个或者多个共有的（ ）。

A．记录   C．属性

B．行   D．元组

11．关系数据库管理系统应能实现的专门的关系运算包括（ ）。

A．排序、索引、统计   C．关联、更新、排序

B．选择、投影、连接   D．显示、打印、制表

12．设有表示学生选课的三张表，学生 s（学号，姓名，性别，年龄，身份证号），课程 c（课号，课名），选课 sc（学号，课号，成绩），则表 sc 的关键字（键或码）为（ ）。

A．课号，成绩   C．学号，课号

B．学号，成绩   D．学号，姓名，成绩

13．数据库设计中反映用户对数据求的模式是（ ）。

A．内模式   C．外模式

B．概念模式   D．设计模式

14. 一个教师讲授多门课程，一门课程由多个教师讲授则实体教师和课程间的联系是（   ）。

    A．1：1 联系　　　　　　　　C．m：1 联系

    B．1：m 联系　　　　　　　　D．m：n 联系

15. 数据独立性是数据库技术的重要特点之一，所谓数据独立性是指（   ）。

    A．数据与程序独立存放

    B．不同的数据被存放在不同的文件中

    C．不同的数据只能被对应的应用程序使用

    D．以上三种说法都不对

16. 数据管理技术发展的三个阶段数据共享最好的是（   ）。

    A．人工管理阶段　　　　　　C．数据库系统阶段

    B．文件系统阶段　　　　　　D．三个阶段相同

17. 当数据库中的数据遭受破坏后要实施的数据库管理是（   ）。

    A．数据库的备份　　　　　　C．数据库的监控

    B．数据库的恢复　　　　　　D．数据库的加载

18. 下列有关数据库的描述，正确的是（   ）。

    A．数据处理是将信息转化为数据的过程

    B．数据的物理独立性是指当数据的逻辑结构改变时，数据的存储结构不变

    C．关系中的每一列称为元组，一个元组就是一个字段

    D．如果一个关系中的属性或属性组合并非该关系的关键字，但它是另一个关系的关键字，则称其为本关系的外关键字

19. 数据库 DB、数据库系统 DBS、数据库管理系统 DBMS 之间的关系是（   ）。

    A．DB 包含 DBS 和 DBMS　　　C．DBS 包含 DB 和 DBMS

    B．DBMS 包含 DB 和 DBS　　　D．没有任何关系

20. 数据库技术的根本目标是要解决数据的（   ）。

    A．存储问题　　　　　　　　C．安全问题

    B．共享问题　　　　　　　　D．保护问题

21. 数据库管理系统是（   ）。

    A．操作系统的一部分　　　　C．一种编译系统

    B．操作系统支持下的系统软件　　D．一种操作系统

22. 数据库设计包括两个方面的设计内容，它们是（   ）。

    A．概念设计和逻辑设计　　　C．内模式设计和物理设计

    B．模式设计和内模式设计　　D．结构特性设计和行为特性设计

23. 数据库设计的四个阶段是：需求分析、概念设计、逻辑设计和（   ）。

    A．编码设计　　　　　　　　C．运行阶段

    B．测试阶段　　　　　　　　D．物理设计

24. 下列 4 项中说法不正确的是（   ）。

    A．数据库减少了数据冗余　　C．数据库避免了一切数据的重复

    B．数据库中的数据可以共享　　D．数据库具有较高的数据独立性

25. 数据库系统的核心是（　　　）。

    A．数据模型　　　　　　　　　　C．数据库

    B．数据库管理系统　　　　　　　D．数据库管理员

26. 满足实体完整性约束的条件下（　　　）。

    A．一个关系中应该有一个或多个候选关键字

    B．一个关系中只能有一个候选关键字

    C．一个关系中必须有多个候选关键字

    D．一个关系中可以没有候选关键字

27. 有三个关系 R、S 和 T 如下：

R		
A	B	C
a	1	2
b	2	1
c	3	1

S		
A	B	C
d	3	2
c	3	1

T		
A	B	C
a	1	2
b	2	1

则由关系 R 和 S 得到关系 T 的操作是（　　　）。

    A．选择　　　　　　B．差　　　　　　C．交　　　　　　D．并

28. 有三个关系 R，S 和 T 如下：

R		
A	B	C
a	1	2
b	2	1
c	3	1

S		
A	B	C
d	3	2
c	3	1

T		
A	B	C
a	1	2
b	2	1
c	3	1
d	3	2

则由关系 R 和 S 得到关系 T 的操作是（　　　）。

    A．选择　　　　　　B．投影　　　　　　C．交　　　　　　D．并

29. 有两个关系 R 和 S 如下：

R		
A	B	C
a	1	2
b	2	1
c	3	1

S		
A	B	C
c	3	1

则由关系 R 得到关系 S 的操作是（　　　）。

    A．选择　　　　　　B．投影　　　　　　C．自然连接　　　　　　D．并

30. 有三个关系 R、S 和 T 如下：

R		
A	B	C
a	1	2
b	2	1
c	3	1

S	
A	D
c	4
a	5

T			
A	B	C	D
a	3	1	4
c	1	2	5

则由关系 R 和 S 得到关系 T 的操作是（　　　）。

    A．自然连接　　　　　　B．交　　　　　　C．投影　　　　　　D．并

四、知识点

1. 数据库系统的基本概念

（1）　数据(Data)：实际上就是描述事物的符号记录。数据的特点：有一定的结构，有型与值之分，如整型、实型、字符型等，数据的值给出了符合定型的值，如整型值 15。

（2）　数据库(DataBase)：长期存储在计算机内的、有组织的、可共享的数据集合，数据是按所提供的数据模式存放，具有集成与共享的特点，具有统一的结构形式并存放于统一的存储介质内，是多种应用数据的集成，并可被各个应用程序共享。

（3）　数据库管理系统(DataBase Management System，DBMS)是一种系统软件，负责数据库中的数据组织、数据操纵、数据维护、数据控制及保护和数据服务等，是数据库系统的核心。

（4）　数据库管理员：对数据库进行规划、设计、维护、监视等的专业管理人员。

（5）　数据库系统：由数据库（数据）、数据库管理系统（软件）、数据库管理员（人员）、硬件平台（硬件）、软件平台（软件）五个部分构成的运行实体。

（6）　数据库应用系统：由数据库系统、应用软件及应用界面三者组成。

2. 数据库管理系统功能

（1）　数据模式定义：即为数据库构建其数据框架。

（2）　数据存取的物理构建：为数据模式的物理存取与构建提供有效的存取方法与手段。

（3）　数据操纵：为用户使用数据库的数据提供方便，如查询、插入、修改、删除等，以及简单的算术运算及统计。

（4）　数据的完整性、安全性定义与检查。

（5）　数据库的并发控制与故障恢复。

（6）　数据的服务：如复制、转存、重组、性能监测、分析等。

为完成以上六个功能，数据库管理系统提供以下的数据语言。

1）　数据定义语言：负责数据的模式定义与数据的物理存取构建。

2）　数据操纵语言：负责数据的操纵，如查询与增、删、改等。

3）　数据控制语言：负责数据完整性、安全性的定义与检查，以及并发控制、故障恢复等。

数据语言按其使用方式具有两种结构形式：交互式命令（又称自含型或自主型语言）和宿主型语言（一般可嵌入某些宿主语言中）。

3. 数据库的发展

数据库的发展经历三个阶段：人工管理阶段→文件系统阶段→数据库系统阶段。

4. 数据库系统的内部结构体系

（1）　数据库系统的三级模式。

1）　概念模式：数据库系统中全局数据逻辑结构的描述，全体用户公共数据视图，概念模式主要描述数据的概念记录类型以及它们之间的关系，还包括一些数据间的语义约束。

2）　外模式：也称子模式与用户模式。是用户的数据视图，也就是用户所见到的数据模式，外模式则给出每个用户的局部数据描述。

3）　内模式：又称物理模式，它给出了数据库物理存储结构与物理存取方法。如数据存储的文件结构、索引、集簇及 hash 等存取方式与存取路径，内模式的物理性主要体现在操作系统及文件级上，内模式对一般的用户是透明的，但它的设计直接影响到数据库系统的性能。

（2）　数据库系统的两级映射。

数据库系统的三级模式是对数据的三个级别抽象，反映了模式的三个不同环境以及它们的不同要求，其中内模式处于最底层，它反映数据在计算机物理结构中的实际存储形式，概念模式处于中层，它反映了设计者的数据全局逻辑要求，而外模式处于最外层。它把数据的具体物理实现留给物理模式，使得全局设计者不必关心数据库的具体实现与物理背景，通过两级映射建立了模式间的联系与转换，使得概念模式与外模式虽然并不物理存在，但也能通过映射获得实体。同时，两级映射也保证了数据库系统中数据的独立性。

1）　概念模式到内模式的映射：该映射给出概念模式中数据的全局逻辑结构到数据的物理存储结构间的对应关系。

2）　外模式到概念模式的映射：该映射给出了外模式与概念模式之间的对应关系。

5.　数据模型

数据模型是数据特征的抽象，从抽象层次上描述了系统的静态特征、动态行为和约束条件，描述的内容有数据结构、数据操作和数据约束，为数据库系统的信息表与操作提供一个抽象的框架。有 3 个层次：概念数据模型、逻辑数据模型和物理数据模型。

（1）　E-R 模型的基本概念。

1）　实体：现实世界中的事物。

2）　属性：事物的特性。

3）　联系：现实世界中事物间的关系。实体集的关系有一对一、一对多、多对多的联系。

三者间的连接关系：实体是概念世界中的基本单位，属性有属性域，每个实体可取属性域内的值。一个实体的所有属性值叫元组。

（2）　E-R 模型的图示法：实体集表示法，属性表法，联系表示法。

1）　层次模型：利用树形结构表示实体及其之间联系。其中节点是实体，树枝是联系，从上到下是一对多关系。

具有以下特点：

➢　每棵树有且仅有一个无双亲结点，称为根。

➢　树中除根外所有结点有且仅有一个双亲。

2）　网状模型：用网状结构表示实体及其之间联系，是层次模型的扩展。网络模型以记录型为节点，反映现实中较为复杂的事物联系，从图论上看，网状模型是一个不加任何条件限制的无向图。

3） 关系模型：采用二维表（由表框架和表的元组组成）来表示，简称表，可进行数据查询、增加、删除及修改操作，一个二维表就是一个关系。

关系中的数据约束。

➤ 实体完整性约束：约束关系的主键中属性值不能为空值。

➤ 参照完全性约束：是关系之间的基本约束。

➤ 用户定义的完整性约束：它反映了具体应用中数据的语义要求。

关系中的常用术语。

➤ 键（码）：二维表中唯一能标识元组的最小属性集。

➤ 候选键（候选码）：二维表中可能有的多个键。

➤ 主键：被选取的一个使用的键。

➤ 外键（码）：表 A 中的某属性是某表 B 的键，则称该属性集为 A 的外键。

6. 关系代数

关系数据库系统的特点之一是它建立在数据理论的基础之上，有很多数据理论可以表示关系模型的数据操作，其中最为著名的是关系代数与关系演算。

（1） 关系模型的基本运算：插入、删除、修改、查询。

（2） 关系代数与关系演算的主要内容如下。

1） 关系代数的基本运算：投影、选择、笛卡尔积。

2） 关系代数的扩充运算：交、连接与自然连接、除。

7. 数据库设计与管理

（1） 数据库设计概述。

数据库设计是数据应用的核心。

1） 基本思想：过程叠代和逐步求精。

2） 方法：面向数据，以信息需求为主，兼顾处理需求；面向过程，以处理需求为主，兼顾信息需求。

3） 设计过程：需求分析→概念设计→逻辑设计→物理设计→编码→测试→运行→进一步修改，也称为数据库的生命周期。

（2） 数据库设计的需求分析。

需求收集和分析是数据库设计的第一阶段，常用结构化分析方法和面向对象的方法，主要工作有绘制数据流程图、数据分析、功能分析、确定功能处理模块和数据间关系。

结构化分析（简称 SA）方法用自顶向下、逐层分解的方式分析系统，用数据流图表达数据和处理过程的关系。

对数据库设计来讲，数据字典是进行详细的数据收集和数据分析所获得的主要结果。数据字典是各类数据描述的集合，包括 5 个部分：数据项、数据结构、数据流（可以是数据项，也可以是数据结构）、数据存储、处理过程。

（3） 数据库的设计。

1） 数据库的概念设计：目的是分析数据间内在的语义关联，以建立数据的抽象模型。

设计方法：E-R 模型与视图集成。

视图设计一般有三种设计次序：自顶向下、由底向上、由内向外。

视图集成的几种冲突：命名冲突、概念冲突、域冲突、约束冲突。

2） 数据库的逻辑设计：从 E-R 图向关系模型转换，逻辑模式规范化，关系视图设计可以根据用户需求随时创建。实体转换为元组，属性转换为关系的属性，联系转换为关系。

关系视图设计：关系视图的设计又称外模式设计。

关系视图的主要作用：

① 提供数据逻辑独立性，② 能适应用户对数据的不同需求，③ 有一定数据保密功能。

3） 数据库的物理设计：主要目标是数据在物理设备上的存储结构与存取方法，目的是对数据库内部物理结构作出调整并选择合理的存取路径，以提高数据库访问速度有效利用存储空间。一般 RDBMS 中留给用户参与物理设计的内容大致有索引设计、集成簇设计和分区设计。

（4） 数据库管理的内容：数据库的建立、数据库的调整、数据库的重组、数据库安全性与完整性控制、数据库的故障恢复、数据库监控。

五、答案解析

（1） 答案：C，E-R 图转换成关系模型数据则是把图形分析出来的联系反映到数据库即设计出表，所以属于逻辑设计阶段。

（2） 答案：A。

（3） 答案：A，在 E-R 图中用矩形表示实体，用椭圆表示实体的属性，用菱形表示实体之间的联系，用线段来连接矩形、椭圆和菱形。

（4） 答案：C。

（5） 答案：B。

（6） 答案：A，关系数据模型诞生之后迅速发展，深受用户喜爱，但关系数据模型也有缺点，其最主要的缺点是由于存取路径对用户透明，查询效率往往不如非关系数据模型，因此为了提高性能，必须对用户的查询请求进行优化。

（7） 答案：C，选项 A)、B)显然不合题意。数据定义语言（Data Definition Language，简称 DDL）负责数据的模式定义与数据的物理存取构建，数据操纵语言（Data Manipulation Language，简称 DML）负责数据的操纵，包括查询及增、删、改等操作。

（8） 答案：D，分布式数据库系统具有数据分布性、逻辑整体性、位置透明性和复制透明性的特点，其数据也是分布的，但分布式数据库系统中的数据经常重复存储，数据也并非必须重复存储，主要视数据的分配模式而定。若分配模式是一对多，即一个片段分配到多个场地存放，则是冗余的数据库，否则是非冗余的数据库。

（9） 答案：D。

（10） 答案：C，进行自然连接时要求两个关系具有相同列，即属性。

（11） 答案：B，关系数据库建立在关系数据模型基础上，具有严格的数学理论基础。关系数据库对数据的操作除了包括集合代数的并、差等运算之外，更定义了一组专门的关系运算：连接、选择和投影。关系运算的特点是运算的对象都是表。

（12）　答案：C，能唯一标识元组且不包括多余属性的属性组合称为关系的关键字。学生表 S 的关键字为学号、课程表 C 的关键字为课号、选课表 SC 的关键字为学号和课号的组合。

（13）　答案：C，数据库系统的三级模式是概念模式、外模式和内模式。概念模式是数据库系统中全局数据逻辑结构的描述，是全体用户公共数据视图；外模式也称子模式或用户模式，它是用户的数据视图，给出了每个用户的局部数据描述；内模式又称物理模式，它给出了数据库物理存储结构与物理存取方法。

（14）　答案：D，因为一个教师可讲授多门课程，而一门课程又能由多个老师讲授，所以它们之间是多对多的关系，可以表示为 m: n。

（15）　答案：D。

16）　答案：C，数据管理发展至今已经历了三个阶段：人工管理阶段、文件系统阶段和数据库系统阶段，其中最后一个阶段结构简单，使用方便，逻辑性强，物理性少，在各方面的表现都最好，一直占据数据库领域的主导地位。

17）　答案：B。

18）　答案：D。

19）　答案：C，数据库系统(DBS)由数据库(DB)、数据库管理系统(DBMS)、数据库管理员(DBA)、硬件平台、软件平台这五个部分构成，所以可以得出 DBS 包含 DB 和 DBMS。

20）　答案：B，数据管理经历了人工管理、文件系统和数据库系统 3 个阶段。数据库系统阶段解决了以下问题：数据的集成性、数据的共享性与冗余性、数据的独立性、数据的统一管理和控制，所以数据库设计的根本目标是要解决数据共享问题。

21）　答案：B，数据库管理系统是数据库的机构，它是一种系统软件，负责数据库中数据组织、数据操纵、数据维护、控制及保护和数据服务等，是一种在操作系统之上的系统软件。

22）　答案：A。

23）　答案：D，数据库设计的基本任务是根据用户对象的信息需求、处理需求和数据库的支持环境设计出数据模式。数据库设计目前一般采用生命周期法。在数据库设计中主要采用需求分析、概念设计、逻辑设计、物理设计四个阶段。

24）　答案：C，数据库系统具有以下几个特点，一是数据的集成性、二是数据的高共享性与低冗余性、三是数据的独立性、四是数据统一管理与控制。

25）　答案：B。

26）　答案：A，实体完整性约束要求关系的主键中属性值不能为空值。

27）　答案：B，关系 T 是关系 R 的一部分，并且是关系 R 去掉 R 和 S 相同的元素，符合差操作。

28）　答案：D，关系 T 中的元素与关系 R 和关系 S 中不同元素的总和，因此为并操作。

29）　答案：A，由关系 R 到关系 S 为一元运算，排除 C 和 D。关系 S 是关系 R 的一部分，是通过选择之后的结果。

30）　答案：A，关系 R 和关系 S 有公共域，关系 T 是通过公共域的等值进行连接的结果，符合自然连接。

六、课后练习

1. E-R 图转换为关系模式时，实体和联系都可以表示为（　　）。
    A．属性　　　　　　　　　　　　　C．关系
    B．键　　　　　　　　　　　　　　D．域

2. 下列描述中不属于数据库系统特点的是（　　）。
    A．数据共享　　　　　　　　　　　C．数据冗余度高
    B．数据完整性　　　　　　　　　　D．数据独立性高

3. 层次型、网状型和关系型数据库划分原则是（　　）。
    A．记录长度　　　　　　　　　　　C．联系的复杂程度
    B．文件的大小　　　　　　　　　　D．数据之间的联系方式

4. 相对于数据库系统，文件系统的主要缺陷有数据关联性差、数据不一致性和（　　）。
    A．可共用性差　　　　　　　　　　C．非持久性
    B．安全性差　　　　　　　　　　　D．冗余性

5. 关系表中的每一横行称为一个（　　）。
    A．元组　　　　　　　　　　　　　C．属性
    B．字段　　　　　　　　　　　　　D．码

6. 在关系模型中，对一个关系的删除操作基本单位是（　　）。
    A．元组　　　　　　　　　　　　　C．元组属性
    B．元组分量　　　　　　　　　　　D．属性列

7. 有表示公司和职员及工作的三张表，职员可多家公司兼职其中公司 C（公司号，公司名，地址，注册资本，法人代表，员工数），职员 S（职员号，姓名，性别，年龄，学历），工作 W（公司号，职员号，工资），则表 W 的键（码）为（　　）。
    A．公司号，职员号　　　　　　　　C．职员号
    B．职员号，工资　　　　　　　　　D．公司号，职员号，工资

8. 设有如下三个关系表，下列操作中正确的是（　　）。
    A．T=R∩S
    B．T=R∪S
    C．T=R×S
    D．T=R/S

R

A
m
n

S

B	C
1	3

T

A	B	C
m	1	3
n	1	3

9. 设有如下关系表，下列操作中正确的是（　　）。
    A．T＝R∩S
    B．T＝R∪S
    C．T＝R×S
    D．T＝R/S

S

A	B	C
3	1	3

R

A	B	C
1	1	2
2	2	3

T

A	B	C
1	1	2
2	2	3
3	1	3

10. 有三个关系 R、S 和 T 如下，由关系 R 和 S 通过运算得到关系 T，则所使用的运算为（　　）。

A. 并

B. 自然连接

C. 笛卡尔积

D. 交

R

B	C	D
a	0	k1
b	1	x1

S

B	C	D
f	3	h2
a	0	k1
n	2	x1

T

B	C	D
a	0	k1

11. 数据库应用系统中的核心问题是（　　）。

A. 数据库设计　　　　　　　C. 数据库维护

B. 数据库系统设计　　　　　D. 数据库管理员

12. 负责数据库中查询操作的数据库语言是（　　）。

A. 数据定义语言　　　　　　C. 数据操纵语言

B. 数据管理语言　　　　　　D. 数据控制语言

13. 下列说法中，不属于数据模型所描述的内容的是（　　）。

A. 数据结构　　　　　　　　C. 数据查询

B. 数据操作　　　　　　　　D. 数据约束

14. 单个用户使用的数据视图的描述称为（　　）。

A. 外模式　　　　　　　　　C. 内模式

B. 概念模式　　　　　　　　D. 存储模式

15. 下列列出的条目是数据库的主要特点：I、存储大量数据，II、高效检索，III、管理操作方便，IV、通过网络实现数据共享（　　）。

A. I、II和III　　　　　　　C. I、II和IV

B. I和II　　　　　　　　　D. 都是

16. 为提高数据库的运行性能和速度而对数据库实施的管理活动有（　　）。

A. 数据库的建立和加载　　　C. 数据库安全性控制和完整性控制

B. 数据库的调整和重组　　　D. 数据库的故障恢复

17. 关于数据库系统的叙述中正确的是（　　）。

A. 数据库系统减少了数据冗余

B. 数据库系统避免了一切冗余

C. 数据库系统中数据的一致性是指数据类型的一致

D. 数据库系统比文件系统能管理更多的数据

18. 下列关于数据库设计的叙述中正确的是（　　）。

A. 需求分析阶段建立数据字典　　C. 逻辑设计阶段建立数据字典

B. 概念设计阶段建立数据字典　　D. 物理设计阶段建立数据字典

19. 下列叙述中正确的是（　　）。

A. 数据库是一个独立的系统，不需要操作系统的支持

B. 数据库设计是指设计数据库管理系统

C. 数据库技术的根本目标是要解决数据共享的问题

D. 数据库系统中，数据的物理结构必须与逻辑结构一致

20. 下列有关数据库的描述，正确的是（　　）。
    A. 数据库是一个 dbf 文件   C. 数据库是一个结构化的数据集合
    B. 数据库是一个关系   D. 数据库是一组文件

21. 下列模式能够给出数据库物理存储结构与物理存取方法的是（　　）。
    A. 外模式   C. 概念模式
    B. 内模式   D. 逻辑模式

22. 实体 A 和 B 是一对多的联系，实体 B 和 C 是一对一的联系，则实体 A 和 C 的联系是（　　）。
    A. 一对一   C. 多对一
    B. 一对多   D. 多对多

23. 数据库的三级模式中不涉及具体的硬件环境与平台，也与具体的软件环境无关的模式是（　　）。
    A. 概念模式   C. 内模式
    B. 外模式   D. 子模式

24. 在数据库设计中，将 E-R 图转换成关系数据模型的过程属于（　　）。
    A. 需求分析阶段   C. 逻辑设计阶段
    B. 概念设计阶段   D. 物理设计阶段

25. 下列关系运算的叙述中，正确的是（　　）。
    A. 投影、选择、连接是从二维表行的方向进行的运算
    B. 并、交、差是从二维表的列的方向来进行运算
    C. 投影、选择、连接是从二维表列的方向进行的运算
    D. 以上 3 种说法都不对

26. 在下列关系运算中，不改变关系表中的属性个数但能减少元组个数的是（　　）。
    A. 并   C. 投影
    B. 交   D. 笛卡尔乘积

27. 下列数据模型中，具有坚实理论基础的是（　　）。
    A. 层次模型   C. 关系模型
    B. 网状模型   D. 以上 3 个都是

28. 数据库概念设计过程分三个步骤进行：首先选择局部应用，再进行局部视图设计，最后进行（　　）。
    A. 数据集成   C. 过程集成
    B. 视图集成   D. 视图分解

29. 在关系模型中，每一个二维表称为一个（　　）。
    A. 关系   C. 元组
    B. 属性   D. 主码（键）

30. 在 E-R 图中，用来表示实体之间联系的图形是（　　）。
    A. 矩形   C. 菱形
    B. 椭圆形   D. 平行四边形